Wie der Zufall will?

L. Tarassow

Wie
der Zufall will?

Vom Wesen der Wahrscheinlichkeit

Aus dem Russischen von Walter Warmuth

Mit 75 Abbildungen

Spektrum Akademischer Verlag Heidelberg · Berlin

Originaltitel: Mir, postroenny na verojatnosti
Aus dem Russischen von Walter Warmuth
Russische Originalausgabe 1984 bei Prosvešenie, Moskau
© 1984 Lew Tarassow

Titelbild: Red Dice von Garry Gay
(© THE IMAGE BANK/Garry Gay)

Die Deutsche Bibliothek – CIP-Einheitsaufnahme

Tarasov, Lev V.:
Wie der Zufall will? : Vom Wesen der Wahrscheinlichkeit /
L. Tarassow. Aus dem Russ. von Walter Warmuth. – Heidelberg ; Berlin
: Spektrum, Akad. Verl., 1998
  Einheitssacht.: Mir, postroennyj na verojatnosti <dt.>
  ISBN 3-8274-0474-6

© 1998, 1993 Spektrum Akademischer Verlag GmbH, Heidelberg · Berlin

Wir haben uns bemüht, sämtliche Rechteinhaber von Abbildungen zu ermitteln.
Sollte dem Verlag gegenüber dennoch der Nachweis der Rechtsinhaberschaft geführt
werden, wird das branchenübliche Honorar nachträglich gezahlt.

Lektorat: Gisela Sauer
Produktion: Erdmute Wendland, Hendrik Bäßler, Berlin
Umschlaggestaltung: Kurt Bitsch, Birkenau
Satz und Grafik: Satz + Grafik – Studio Stephan Meyer, Dresden
Druck und Verarbeitung: Franz Spiegel Buch GmbH, Ulm

Inhaltsverzeichnis

Vorwort

Das Gewebe dieser Welt ist aus Notwendigkeit und Zufall gebildet; die Vernunft des Menschen stellt sich zwischen beide und weiß sie zu beherrschen; sie behandelt das Notwendige als den Grund ihres Daseins; das Zufällige weiß sie zu lenken, zu leiten und zu nutzen, ...

Johann Wolfgang von Goethe[1]

Bei allem, was uns umgibt, haben wir es mit einer Vielzahl von Ereignissen und Erscheinungen zu tun. Diese stehen in engem Zusammenhang – die einen sind Folge (Ergebnis) anderer und verursachen ihrerseits die nächsten. Bei näherer Betrachtung des gigantischen Kreislaufs der Dinge können wir zwei wichtige Schlüsse ziehen. Erstens müssen wir nicht nur völlig bestimmte, eindeutige Ergebnisse, sondern zwei- und mehrdeutige Ergebnisse in Kauf nehmen. Während sich die einen genau vorhersagen lassen, kommen für die anderen lediglich Vorhersagen mit einem gewissen Grad an Wahrscheinlichkeit in Frage. Die zweite, nicht minder wichtige Schlußfolgerung besteht darin, daß wir mit nicht eindeutigen Ergebnissen viel häufiger zu tun haben als mit eindeutigen. Sie betätigen die Drucktaste, und die Tischlampe leuchtet auf. Hier ist das zweite Ereignis (das Aufleuchten der Lampe) ein eindeutiges Ergebnis des ersten Ereignisses (das Betätigen der Drucktaste). In diesem Fall spricht man vom *streng determinierten* Ereignis (lateinisch *determinare*, bestimmen). Ein anderes Beispiel: Sie werfen einen Würfel, dessen Seiten mit verschiedenen Ziffern versehen sind. Der Würfel fällt so, daß die Ziffer 4 erscheint. In diesem Fall ist das zweite Ergebnis (man hat eine Vier gewürfelt) kein eindeutiges Ergebnis des ersten (des Würfelwerfens). Möglich ist doch auch, daß man eine Eins, eine Zwei, eine Drei, eine Fünf oder eine Sechs würfelt. Hier haben wir es also mit einem *zufälligen* Ereignis zu tun. Die angeführten Beispiele lassen den Unterschied zwischen streng determinierten und zufälligen Ereignissen erkennen. Mit zufälligen Ereignissen (überhaupt mit Zufällen verschiedener Art) haben wir sehr oft zu tun, viel häufiger sogar als mit Ereignissen, die unseren Erwartungen entsprechen. Zufällig ist die Folge der Gewinnzahlen in einer Lotterie. Zufällig ist das Spielergebnis zweier Mannschaften von gleicher Klasse. Die Anzahl der sonnigen Tage verändert sich jahraus, jahrein auf zufällige Weise. Eine Gesamtheit zufälliger Faktoren liegt jedem Vorgang im Dienstleistungsbereich zugrunde – im Fernsprechverkehr, im Handel, im Transport, in der medizinischen Betreuung usw.

In dem Buch „Wahrscheinlichkeit zum Spaß und Spiel", das von den Pädagogen Maurice Glaymann und Tamas Varga geschrieben wurde, findet man die folgende Bemerkung: »Bei eintretender zufälliger Situation glauben Kleinkinder, daß es möglich sei, ihren Ausgang *vorherzusagen*; die etwas älteren Kinder antworten, daß man *nichts mit Sicherheit behaupten* kann; nach und nach stellen sie allerdings fest, daß das scheinbare Chaos der Welt des Zufalls Gesetze regeln, die man entdecken kann, die es erlauben, sich in der Wirklichkeit gar nicht schlecht zurechtzufinden«[2]. Die Autoren haben hier drei aufeinanderfolgende Etappen abgegrenzt: Zunächst herrscht ein Mangel an Verständnis, was Zufall ist, danach steht man ihm fassungslos gegenüber und nähert sich schließlich einer aufgeklärten Auffassung. Verweilen wir nicht bei den Kleinkindern, legen wir das Maß an uns selbst an. Wir müssen gestehen, daß wir recht oft in der ersten Etappe steckenbleiben: Wir glauben ganz naiv, jeder Ausgang lasse sich genau voraussagen. Wie vor vielen Jahrhunderten ist auch heute der Irrtum verbreitet, der Zufall sei nichts anderes als Chaos und habe keine Ursachen. Auch heute sind sich bei weitem nicht alle darüber im klaren, daß spezifische Gesetzmäßigkeiten den Zufall regieren (es sind *Wahrscheinlichkeits*gesetzmäßigkeiten).

Es gab also Gründe, weshalb dieses Buch geschrieben wurde. Der Leser möge erkennen, daß die Wahrscheinlichkeit in der ihn umgebenden Welt herrscht; er lernt ferner, was für zufällige Erscheinungen es so gibt, und kommt hoffentlich zu dem Schluß, daß man sich in der Welt des Zufälligen recht gut zurechtfinden kann. Mehr als das: Man kann in dieser Welt aktiv wirken.

Einleitend unterhält sich der Autor mit einem imaginären Leser über die Rolle des Zufalls, abschließend über den Zusammenhang zwischen dem Zufall und der Symmetrie. Das Buch gliedert sich in zwei Teile. Im ersten werden der Begriff Wahrscheinlichkeit behandelt und verschiedene Anwendungen der Wahrscheinlichkeit in der praktischen Tätigkeit des Menschen erörtert. Es geht um das Auffinden von Lösungen in komplizierten Situationen, das Treffen von Entscheidungen in der Bedienungssphäre, auch in Spielsituationen, die Optimierung der Steuerung verschiedener Prozesse, die Suche auf gut Glück usw. Im ersten Teil werden auch Vorstellungen von der Kybernetik und der Informationstheorie, von so faszinierenden Richtungen wie der Operationsforschung und der Spieltheorie vermittelt. Bereits dieser Teil des Buches läßt erkennen, daß die Welt des Zufälligen gar keine Grenzen kennt, da die gesamte Tätigkeit der Menschen heute auf Wahrscheinlichkeitsverfahren beruht. Im zweiten Teil des Buches behandelt der Verfasser die grundlegende Rolle des Zufalls in der Natur, und zwar am Beispiel der Wahrscheinlichkeitsgesetze der modernen Physik und Biologie. Der Leser lernt hier Elemente der Quantenmechanik kennen. Ihm wird also die Allgegenwärtigkeit der Wahrscheinlichkeitsgesetze vor Augen geführt, weil sie auch in der Ebene der Mikrophänomene wirken. Schließlich wird dem Leser klar, daß die Wahrscheinlichkeit nicht nur überall herrscht, sondern auch allen Erscheinungen zugrunde liegt.

Der Autor möchte all denjenigen, die an der Entstehung dieses Buches beteiligt waren, danken. Die Idee zum Schreiben geht auf I. I. Gurewitsch zurück. Er steuerte eine Reihe von Ideen zur Auswahl des Materials und zur Struktur des Buches bei. Das handschriftliche Manuskript lasen der Mathematiker B. W. Gnedenko, der Philosoph G. J. Mjakischew und der Naturwissenschaftler O. F. Kabardin. Sie steuerten eine Reihe von wertvollen Bemerkungen bei. Während der Arbeit am Manuskript wurde der Autor von W. A. Jeschow und A. N. Tarassowa unterstützt und beraten.

Einleitung

Ein Gespräch des Autors mit dem Leser über die Rolle des Zufalls

Leser: Im Vorwort wurde die Rolle des Zufalls lobend hervorgehoben. Trotzdem habe ich das Gefühl, daß der Zufall im großen und ganzen eine negative Rolle spielt. Sicher, es gibt auch glückliche Zufälle. Doch bekanntlich sollte man sein Glück nicht dem Zufall überlassen. Die Zufälligkeiten stören uns, durchkreuzen unsere Pläne. Besser ist, nicht von ihnen abzuhängen. Wir sollten lieber versuchen, uns von ihnen zu befreien; es ist ratsam, den Zufall nach Möglichkeit auszuschließen.

Autor: So ist im allgemeinen unsere Einstellung dem Zufall gegenüber. Heutzutage bedarf sie allerdings einer grundlegenden Revision. Überlegen Sie doch: Ist es wirklich möglich, den Zufall aus unserem Leben auszuschalten?

Leser: Ich behaupte nicht, daß es immer möglich ist. Ich empfehle nur, danach zu streben.

Autor: Angenommen, Sie sind in einer Unfallhilfsstation tätig. Ihnen muß doch klar sein, daß Sie nicht von vornherein wissen können, zu welchem Zeitpunkt eine Unfallmeldung eintreffen wird, wohin der Wagen zu schicken ist, wie lange die Behandlung eines Patienten dauern wird. Davon hängt allerdings die Antwort auf eine praktische Frage ab: Wieviele Ärzte werden in der Station Dienst haben mit Rücksicht darauf, daß sie einerseits nicht zu lange untätig auf ihren Einsatz warten müssen, aber andererseits auch die Patienten nicht lange der Hilfe entbehren? Den Zufall können sie nicht ausklammern. Um die Antwort auf diese Frage zu bekommen, müssen Sie alle Zufälligkeiten bestens berücksichtigen. Ich betone nochmals, nicht *ausklammern*, sondern *berücksichtigen*.

Leser: Ich gebe zu, daß wir hierbei Zufälligkeiten in Kauf nehmen müssen.

Autor: Wir sehen, daß der Zufall nicht immer zu bekämpfen, sondern mitunter als Mitstreiter zu behandeln ist. Wir können jedoch noch einen Schritt weiter gehen. Es gibt Situationen, wo Zufälligkeiten kein negativer, sondern ein positiver Faktor sind, so daß der Grad des Zufälligen mit Absicht erhöht werden sollte.

Leser: Das begreife ich nicht.

Autor: Gewiß können Zufälligkeiten unsere Pläne vereiteln. Zugleich veranlassen sie uns, nach neuen Lösungswegen zu suchen, entwickeln unsere Fähigkeiten, aktiv zu handeln.

Leser: Entwicklung im Prozeß der Überwindung von Schwierigkeiten ...?

Autor: Wichtig ist, daß der Zufall neue Möglichkeiten erzeugen kann. Der amerikanische Schriftsteller R. F. Jones hat eine Science-fiction-Erzählung mit dem Titel „Der Rauschpegel" geschrieben. Einem Team von Wissenschaftlern, die Fachleute auf verschiedenen Wissensgebieten sind, wird offiziell mitgeteilt, daß eine aufsehenerregende Entdeckung gemacht worden sei. Leider sei der Erfinder bei einer Explosion während der Vorführung umgekommen und habe niemanden vor dem Unfall in seine Erfindung eingeweiht. In Wirklichkeit gab es weder die Erfindung noch den tödlich verunglückten Erfinder. Den Wissenschaftlern wird zur Untersuchung alles vorgelegt, was angeblich nach seinem Tod übrigblieb. Es waren unleserliche Notizfragmente, ein Laboratorium mit zahlreichen verschiedenartigsten Geräten und Einrichtungen, eine Bibliothek. Kurzum, den Wissenschaftlern wurden umfangreiche, nicht systematisierte Informationen zur Verfügung gestellt, reich an zufälligen Angaben aus verschiedenen Branchen von Wissenschaft und Technik; solche Informationen lassen sich als Informationsrauschen bezeichnen. Davon überzeugt, daß die Erfindung existiert hatte, somit die gestellte Aufgabe durchaus lösbar sei, verwerteten die Wissenschaftler die ihnen zur Verfügung gestellten Informationen mit Erfolg. Sie konnten das Geheimnis der nicht existenten Erfindung lüften. Sie haben mit Erfolg nützliche Informationen aus dem Rauschen gewonnen.

Leser: Das ist doch nur eine phantastische Erzählung, nichts weiter.

Autor: Das stimmt. Aber die Idee der Erzählung ist alles andere als phantastisch. Jede Entdeckung geht mit der Ausnutzung zufälliger Faktoren einher.

Leser: Ich glaube nicht, daß eine nützliche Entdeckung ohne tiefe Fachkenntnisse ganz zufällig gemacht werden kann.

Autor: Da stimme ich Ihnen zu. Eine Entdeckung setzt darüber hinaus nicht nur einen hohen Qualifikationsgrad des Forschers, sondern auch einen gewissen Entwicklungsgrad der Wissenschaft insgesamt voraus. Trotzdem spielt der Zufallsfaktor bei einer Entdeckung eine fundamentale Rolle.

Leser: Darf man den Begriff *fundamental* wirklich mit dem Zufall in Verbindung bringen? Ich kann mir vorstellen, daß Zufälle nützlich sein können. Wieso jedoch dann grundlegend? Letzten Endes haben wir es mit Zufälligkeiten erst zu tun, wenn wir etwas nicht wissen, etwas nicht berücksichtigen können.

Autor: In festem Glauben, daß sich ein Zufall aus unseren unvollständigen Kenntnissen ergibt, ordnen Sie ihn den *subjektiven* Begriffen zu. Daraus folgt, daß das Zufällige gleichsam an der Oberfläche liegt, während den Erscheinungen nichts Zufälliges zugrunde liegen kann, nicht wahr?

Leser: So ist es. Deshalb darf man von der grundlegende Rolle des Zufälligen auch nicht sprechen. Je nach der Entwicklung der Wissenschaft erweitern sich auch unsere Möglichkeiten, verschiedene Faktoren zu berücksichtigen, im Ergebnis wird der Bereich immer enger werden, in dem der Zufall eine Rolle spielt. Nicht von ungefähr heißt es doch, daß die Wissenschaft ein Feind des Zufälligen ist.

Autor: Nicht in allem haben sie recht. Mit der Entwicklung der Wissenschaft werden die Möglichkeiten für wissenschaftliche Prognosen wirklich größer, die Wissenschaft wirkt also gegen den Zufallsfaktor. Zugleich stellt sich heraus, daß mit der Vertiefung der wissenschaftlichen Kenntnisse, genauer gesagt, beim Übergang auf die molekulare bzw. atomare Ebene der Betrachtung von Erscheinungen der Zufall nicht nur keine geringere, sondern im Gegenteil, eine vorherrschende Rolle zu spielen beginnt. Es zeigt sich, daß seine Existenz vom Grad unserer Kenntnisse nicht mehr abhängt. Gerade in der Ebene der Mikrowelt läßt der Zufall seine *grundlegende Rolle* erkennen.

Leser: Das ist ganz neu für mich. Darf ich mehr darüber erfahren?

Autor: Vorausschicken möchte ich, daß dieses Problem eine recht lange Geschichte hat. Tatsächlich kam es bereits in der Antike auf, als die Philosophen zwei Auffassungen des Zufälligen vertraten. Die eine ist mit dem Namen Demokrits, die andere mit Epikur verknüpft. Demokrit identifizierte das Zufällige mit dem *Nichterkannten* und glaubte, die Natur sei in ihrer Grundlage streng determiniert. Seiner Meinung nach schufen sich die Menschen aus dem Zufall den Abgott, um den ihnen innewohnenden Unverstand zu verschleiern. Epikur war jedoch der Ansicht, daß der Zufall der eigentlichen Natur der Erscheinungen innewohnt, daß er folglich *objektiv* ist. Lange Zeit gab man dem Standpunkt Demokrits den Vorzug. Über den Unterschied zwischen Epikurs und Demokrits Naturphilosophie promovierte 1841 Karl Marx, der die Ansichten Epikurs über den Zufall positiv bewertete und darauf hinwies, daß die Lehre von der Deklination der Atome (d. h. ihrer *willkürlichen* Abweichung vom senkrechten Fall), die Epikur aufstellte, von großer philosophischer Bedeutung sei. Freilich darf man den Beitrag Epikurs zur Lehre vom Zufälligen nicht übermäßig hoch einschätzen, es waren nur vage Vorstellungen. Die Entwicklung der Wissenschaft ließ erst im 20. Jahrhundert erkennen, daß die Auffassungen Epikurs richtiger waren als die von Demokrit.

Leser: Mir fällt auf, daß ich Auffassungen ähnlich denen Demokrits über den Zufall vertrat, ohne es zu wissen. Würden Sie bitte konkrete Beispiele anführen, die die grundlegende Rolle des Zufälligen zeigen.

Autor: Nehmen wir ein atomgetriebenes U-Boot. Als Antrieb besitzt es einen Kernreaktor. Was passiert nun aber dort?

Leser: Soweit ich informiert bin, muß man aus der aktiven Zone des Reaktors Sondenstäbe langsam herausziehen, die Neutronen absorbieren. Dann läuft die gesteuerte Kettenreaktion der Urankernspaltung ab...

Autor (fällt ins Wort):   Wir wollen genau verfolgen, wie sie abläuft.

Leser: Beim Eindringen in den Urankern bewirkt ein Neutron seine Spaltung. Dabei wird eine bestimmte Energiemenge freigesetzt, und es entstehen zwei freie Neutronen. Diese neuen Neutronen bewirken die Spaltung weiterer zwei Urankerne; es ergeben sich vier Neutronen, die ihrerseits die Spaltung von vier Kernen bewirken. Der Vorgang läuft weiter lawinenartig ab.

Autor: Soweit ganz gut. Woraus ergibt sich aber das erste Neutron?

Leser: Woher soll ich das wissen? Vielleicht spielt hier die kosmische Strahlung eine Rolle.

Autor: Das U-Boot befindet sich tief unter der Wasseroberfläche. Über ihm lastet eine dicke Wasserschicht, die keine kosmische Strahlung eindringen läßt.

Leser: Da bin ich ratlos...

Autor: Es liegt daran, daß sich ein Urankern nicht nur beim Eindringen des Neutrons, sondern auch von selbst, mit anderen Worten *spontan*, spalten kann. Die *spontane Kernspaltung* läuft zufällig ab.

Leser: Vielleicht ist die spontane Kernspaltung letzten Endes auf Faktoren zurückzuführen, die uns derzeit nicht bekannt sind?

Autor: Mit dieser Frage befaßten sich die Physiker immer und immer wieder. Sie führten Versuche durch, um die sogenannten latenten Parameter herauszufinden, die als Faktoren zur Prozeßsteuerung in der Mikrowelt betrachtet werden könnten. Schließlich kamen sie zu dem Ergebnis, daß solche Parameter nicht existieren. Folglich spielt der Zufall in Erscheinungen der Mikrowelt eine grundlegende Rolle. Mit dieser wichtigen Frage befaßt sich die *Quantenmechanik*, eine physikalische Theorie, die sich in der ersten Hälfte des 20. Jahrhunderts bei Untersuchungen der im Atom ablaufenden Prozesse herausbildete.

Leser: Ich weiß nur, daß die Quantenmechanik Gesetze der Elementarteilchenbewegung beschreibt.

Autor: Auf die Quantenmechanik wollen wir später auch eingehen. Hier sei nur angedeutet, daß sie die fundamentale Rolle der spontanen Prozesse und somit die grundlegende Rolle des Zufälligen beschreibt. Ich möchte späteren Betrachtungen vorgreifend darauf hinweisen, daß ohne spontane Prozesse die Funktion eines jeden Strahlungserzeugers – sei es ein normaler Röhrengenerator oder ein Laser – undenkbar wäre. Diese Prozesse spielen eine bedeutende Rolle als Startsignal, ein Beginn des Erzeugungsvorgangs wäre ohne diese nicht möglich.

Leser: Es fällt mir trotzdem schwer, die Idee von der grundlegenden Rolle des Zufälligen zu akzeptieren. Greifen wir auf unser Beispiel mit dem atomgetriebenen U-Boot zurück. Der U-Boot-Kapitän gibt das Kommando, die Triebwerke anzulassen, und rechnet mit keinem Zufall dabei. Er betätigt wohl einen Druckknopf, und die Triebwerke laufen an, vorausgesetzt, daß sie in Ordnung sind. Dasselbe gilt auch für den Röhrengenerator usw. Was hat hier der Zufall zu tun?

Autor: Nichtsdestoweniger sind diese Prozesse in den aufgeführten Baueinheiten auf der Ebene der Erscheinungen der Mikrowelt von Zufallsfaktoren abhängig.

Leser: In der Praxis haben wir es allerdings mit Prozessen zu tun, die in der Makrowelt ablaufen.

Autor: Bei unseren Untersuchungen der uns umgebenden Dinge, bei der Ergründung des *kausalen* Zusammenhangs zwischen Ursache und Wirkung, dringen wir erstens unumgänglich auf die atomare Ebene vor, d. h. auf die Ebene der Mikrowelterscheinungen. Zweitens kann sich das Zufällige in Erscheinungen der Mikrowelt im Charakter der Vorgänge der Makrowelt widerspiegeln. Als ein solches Beispiel kann die

Evolution, die sich in der Pflanzen- und Tierwelt pausenlos vollzieht, dienen. Der Evolution liegen *Mutationen* zugrunde – zufällige Veränderungen in der Genstruktur. Eine zufällig entstandene Mutation kann sich bei der Zellvermehrung im Organismus rasch verstärken. Von Bedeutung ist, daß zeitgleich mit den Mutationen (zufälligen Wandlungen der genetischen Programme) eine *Selektion* der Organismen abläuft. Die Selektion erfolgt nach dem Anpassungsgrad an die jeweiligen Umweltverhältnisse. Die Evolution beruht somit auf der *Auslese zufälliger Veränderungen genetischer Programme*.

Leser: Mir ist nicht ganz klar, wie die Selektion wirkt.

Autor: Nehmen wir ein Beispiel. Bei einigen Orchideenarten erinnern die Blüten an Brummerweibchen[2]. Sie werden von Brummermännchen[2] bestäubt. Angenommen, es sei eine Mutation entstanden, die die Form oder die Farbe der Blüte verändert hat. Dann bleibt diese Blüte unbestäubt. Es folgt daraus, daß diese Mutation der nächsten Generation nicht überliefert wird. Man kann feststellen, daß die Selektion die Mutation, die das Aussehen der Blüte veränderte, zurückgewiesen hat. Beachtenswert ist, daß Blüten einer Orchideenart durch Mutationen ganz verschiedene Formen und Farben erwarben, nachdem sie gelernt hatten, sich selbst zu bestäuben.

Leser: Soweit ich weiß, verfolgt die Evolution den Weg zu immer komplizierteren Arten. Ist das kein Hinweis darauf, daß die der Evolution zugrundeliegenden Mutationen gar nicht so zufällig sind?

Autor: Sie irren sich. Die Evolution geht nicht den Weg der Auslese immer komplizierterer Organismen, sondern der Selektion *besser angepaßter* Organismen. Auf diesem Wege gibt sie bald einem höheren, bald einem niedrigeren Organisationsgrad den Vorzug. Nicht von ungefähr existieren in der heutigen Welt gleichzeitig sowohl der Mensch, die Qualle als auch das Grippevirus. Wesentlich ist, daß die Evolution grundsätzlich unberechenbar neue Arten aufkommen läßt. Man kann sagen, daß *jede Art einzigartig* ist, weil sie *prinzipiell zufällig* entsteht.

Leser: Ich muß gestehen, daß der Zufall hier tatsächlich eine grundlegende Rolle zu spielen scheint.

Autor: Ein weiterer recht wichtiger Umstand soll erwähnt werden: Da wir die tragende Rolle des Zufälligen belegt haben, können wir die Idee verwerfen, es gäbe einen übernatürlichen Schöpfer. Bei der Antwort auf die Frage, wie Pflanzen, Tiere und der Mensch entstanden sind, verweisen religiöse Lehren auf Gott. Wirkliche Urheber sind hier der *Zufall* und die *Selektion*.

Leser: Hier spielen Sie auf die „*sa sacrée Majesté le Hazard*" (Seine geheiligte Majestät der Zufall) in dem Zitat von Friedrich II. an. Wenn über Auslese und Selektion gesprochen wird, dann soll wohl anscheinend die *Selektion von Informationen aus dem Rauschen* gemeint sein? Das erinnert zumindestens an die Diskussion der Erzählung „Der Rauschpegel".

Autor: Ganz recht.

Leser: Da muß ich der Behauptung zustimmen, daß die Zufälligkeiten nicht zu bekämpfen sind, daß man ihnen eher entgegenkommen muß.

Autor: Dieses sollten wir präzisieren. Die Zufälligkeit, die mit der Unvollständigkeit unserer Kenntnisse zusammenhängt, ist natürlich nicht erwünscht. Während der

Mensch die ihn umgebende Welt erforscht, bekämpft er diese Unvollkommenheit und wird immer gegen sie antreten. Zugleich muß er einsehen, daß neben dem *subjektiven* Zufall, der auf den Mangel an Angaben über diese oder jene Erscheinungen zurückzuführen ist, ein *objektiver* Zufall existiert, der den Erscheinungen zugrunde liegt. Man beachte auch die positive, schöpfende Rolle des Zufälligen. In diesem Zusammenhang sollte der Mensch dem Zufall wirklich entgegenkommen. Der Mensch sollte erkennen, wann es zweckmäßig ist, Situationen speziell zu schaffen, die mit Zufälligkeiten gesättigt sind, um sich solche Situationen zunutze zu machen.

Leser: Kann man denn den Zufall im Prinzip auf diese Weise behandeln? Ähnelt das nicht dem Versuch, *das Unsteuerbare* zu *steuern?*

Autor: Die Wissenschaft und die Praxis haben gezeigt, daß man sich in Situationen, die voller Zufälligkeiten sind, bewußt zurechtfinden kann. Es gibt spezielle Berechnungsverfahren, die den Zufallsfaktor ausnutzen. Es gibt besondere Theorien, wie zum Beispiel die *Bedienungstheorie*, die *Spieltheorie*, *Theorie der zufälligen Suche* und andere.

Leser: Es fällt schwer, sich eine wissenschaftliche Theorie vorzustellen, die auf dem Zufall beruht.

Autor: Ich will gleich betonen, daß das Zufällige die Möglichkeit der wissenschaftlichen Voraussage ganz und gar nicht ausschließt. Der grundlegende Charakter des Zufalls läßt durchaus nicht den Schluß zu, die uns umgebende Welt sei ungeordnet und chaotisch aufgebaut. Der Zufall bedeutet bei weitem nicht, daß kausale Beziehungen fehlen. Dem wenden wir uns allerdings erst später zu. Stellen Sie sich mal eine Welt vor, in der der Zufall als objektiver Faktor *überhaupt nicht existiert*.

Leser: Das wäre eine ideal geordnete Welt.

Autor: Der Zustand jedes Objekts in dieser Welt wäre zu jedem Zeitpunkt eindeutig auf seine früheren Zustände zurückzuführen und würde seinerseits seine künftigen Zustände bestimmen. Die Vergangenheit wäre mit der Gegenwart, die Gegenwart mit der Zukunft starr verknüpft.

Leser: Sämtliche Vorgänge in einer solchen Welt wären von vornherein vorherbestimmt.

Autor: Der berühmte französische Gelehrte des 17. Jahrhunderts Pierre Simon Marquis de Laplace schlug in diesem Zusammenhang vor, sich ein Überwesen (Dämon) vorzustellen, das die Vergangenheit und Zukunft solch einer Welt *en detail* kennt. »Der Geist, der alle die Natur beseelenden Kräfte und relativen Lagen aller die Natur zusammenhaltenden Teile zu einem gewissen Zeitpunkt gekannt hätte«, schrieb P. Laplace, »und der sich außerdem in der Lage befände, diese Angaben zu analysieren, hätte in einer Formel die Bewegungen der größten Körper des Alls neben den Bewegungen der leichtesten Atome erfaßt. Es wäre nichts geblieben, was für ihn zweifelhaft wäre, und er hätte vor seinen Augen sowohl die Zukunft als auch die Vergangenheit.«[3]

Leser: Eine ideal geordnete Welt scheint nicht real zu sein.

Autor: Es ist also nicht schwer, sich vorzustellen, daß eine reale Welt die Existenz des objektiven Zufalls zulassen muß. Greifen wir nun auf Ursache-Wirkungs-Beziehungen zurück. In der realen Welt sind die Kausalbeziehungen *wahrscheinlichkeitsbedingte* Beziehungen. Nur in Einzelfällen (insbesondere bei der Lösung von Aufgaben aus Schullehrbüchern) haben wir es mit eindeutigen, streng determinierten Beziehungen zu tun. Hier nähern wir uns einem der wichtigsten Begriffe der modernen Wissenschaft – dem Begriff *Wahrscheinlichkeit.*

Leser: Ich kenne den Begriff. Werfe ich zum Beispiel einen Würfel, so kann ich mit gleichem Erfolg eine der sechs Ziffern erwarten. Man kann behaupten, daß die Wahrscheinlichkeiten dafür, daß eine der sechs Ziffern fällt, gleich groß sind und 1/6 betragen.

Autor: Und wie groß ist die Wahrscheinlichkeit, daß die zwei ersten Ziffern einer vierstelligen Autonummer des zufällig an Ihnen vorbeifahrenden Wagens (angenommen, Sie stehen am Straßenrand) gleich sind?

Leser: Diese Wahrscheinlichkeit ist gleich 1/10.

Autor: Wenn Sie also Geduld aufbringen und eine recht große Zahl der Autos beobachten, so wird etwa ein Zehntel aller vorbeifahrenden Wagen Autonummern mit zwei gleichen ersten Ziffern haben? Sagen wir etwa 30 von 300 Wagen werden solche Autonummern haben. Vielleicht werden es 27 bzw. 32 sein, aber nicht 10 oder 100.

Leser: So wird es vermutlich sein.

Autor: In diesem Fall brauchen Sie allerdings nicht am Straßenrand zu stehen. Das Ergebnis kann von vornherein vorausgesagt werden. Das ist eben ein Beispiel für eine *wahrscheinlichkeitsbasierte Vorhersage.* Beachten Sie, wie viele zufällige Faktoren in dieser Situation wirksam sind. Ein Wagen konnte abbiegen, bis er die Beobachtungsstelle erreichte, ein anderer konnte anhalten oder sogar seine Fahrt in entgegengesetzter Richtung fortsetzen. Nichtsdestoweniger werden heute und morgen und später etwa 30 von 300 Wagen Autonummern mit zwei gleichen ersten Ziffern haben.

Leser: Es fällt auf, daß diese Situation eine gewisse Stabilität aufweist, obwohl es dabei viele zufällige Faktoren gibt.

Autor: Diese festgestellte Konstanz nennt man für gewöhnlich *statistische Stabilität.* Wesentlich ist, daß die statistische Stabilität nicht trotz der zufälligen Faktoren zu verzeichnen ist, sondern dank dieser Faktoren.

Leser: Mir ist bisher nicht aufgefallen, daß wir es mit wahrscheinlichkeitsbedingten Voraussagen auf Schritt und Tritt zu tun haben. Zu ihnen gehören wohl zum Beispiel auch Sportprognosen oder Wettervorhersagen.

Autor: Sie haben ganz recht. Beachtenswert ist, daß die wahrscheinlichkeitsbedingten (statistischen) Kausalbeziehungen eine allgemeine Art von Beziehungen sind, während Beziehungen, die eindeutige Voraussagen bewirken, lediglich einen Extremfall darstellen. Während die eindeutigen Voraussagen nur die Notwendigkeit in einem betrachteten Phänomen voraussetzen, sind die wahrscheinlichkeitsbedingten Voraussagen zugleich mit der Notwendigkeit und der Zufälligkeit verknüpft. So sind die Mutationen zufällig, der Auslesevorgang ist hingegen folgerichtig, oder, anders gesagt, notwendig.

Leser: Das sehe ich ein. Einzelne Akte der spontanen Urankernspaltung sind zufällig, die Entwicklung der Kettenreaktion ist jedoch notwendig.

Autor: An und für sich ist diese oder jene Entdeckung zufällig. Es muß jedoch eine Situation geben, die die Entstehung dieser Zufälligkeit begünstigt. Sie setzt die Entwicklung der Wissenschaft, einen gewissen Grad der Entwicklung der Meßtechnik und der Ausbildung der Forscher voraus. Die Entdeckung ist zufällig, notwendig (und gesetzmäßig) ist aber die Logik der Entwicklung, die letzten Endes eine Entdeckung bewirkt.

Leser: Nun verstehe ich, warum die grundlegende Rolle des Zufälligen keine Unordnung in unserer Welt verursacht. Das Zufällige und das Notwendige gehen immer Hand in Hand.

Autor: Das stimmt. Bei F. Engels liest sich das so: »In der Natur, wo auch der Zufall zu herrschen scheint, haben wir längst auf jedem einzelnen Gebiet die innere Notwendigkeit und Gesetzmäßigkeit nachgewiesen, die in diesem Zufall sich durchsetzt.«[4] In dem sehr empfehlenswerten Buch des ungarischen Mathematikers Alfréd Rényi „Briefe über die Wahrscheinlichkeit" treffen wir auf die Sätze: »Unlängst habe ich in den Meditationen von Marcus Aurelius geblättert und das Buch zufällig an der Stelle aufgeschlagen, wo er schreibt, es seien nur zwei Fälle möglich: entweder herrsche in der Welt ein großes Chaos oder aber Ordnung und Gesetz; ... Ich habe zwar diese Zeilen schon oft gelesen, doch habe ich jetzt zum ersten Mal darüber nachgedacht, wieso Marcus Aurelius es eigentlich als selbstverständlich ansieht, daß in der Welt entweder der Zufall oder aber Ordnung und Gesetz regieren, warum er also glaubt, daß diese beiden Möglichkeiten einander ausschließen. Ich bin der Überzeugung, daß diese beiden Behauptungen einander nicht widersprechen, vielmehr beide zugleich wahr sind; in der Welt herrscht der Zufall, und eben deshalb gibt es in der Welt Ordnung und Gesetz, die sich in den Massen von zufälligen Ereignissen, den Gesetzen der Wahrscheinlichkeit entsprechend, entfalten.«[5]

Leser: Soweit ich verstehen kann, hat die Formierung der Ordnung und Gesetzmäßigkeit aus der Menge der Zufälligkeiten den Begriff Wahrscheinlichkeit zur Folge?

Autor: Ganz recht. Beachten Sie: *Einzelne Elemente* ändern sich ab und zu. Zugleich zeigt *das Bild insgesamt* eine Stabilität. Diese läßt sich durch *Wahrscheinlichkeiten* ausdrücken. Deshalb erweist sich unsere Welt als recht flexibel, dynamisch, entwicklungsfähig.

Leser: Daraus resultiert, daß unsere Umwelt mit Fug und Recht als Wahrscheinlichkeitswelt bezeichnet werden kann.

Autor: Wir sollten sie besser als *die Welt* bezeichnen, *die auf der Wahrscheinlichkeit aufgebaut ist*. Wir nehmen nun die Untersuchung dieser Welt in Angriff und werden unsere Aufmerksamkeit auf zwei Gruppen von Fragen konzentrieren. Erstens werden wir zeigen, wie der Mensch die Zufälligkeit zähmen konnte und sie somit von seinem ewigen Gegner in den Mitstreiter und Helfer verwandelte, und zwar durch eine vielseitige Anwendung der Wahrscheinlichkeit in seiner wissenschaftlichen und praktischen Tätigkeit. Zweitens werden wir unter Einsatz der Errungenschaften der modernen Physik und Biologie vor Augen führen, daß grundlegende Gesetze der Natur wahrscheinlichkeitsbedingt sind. Wir werden offenlegen, daß die gesamte uns umgebende Welt (sowohl die Natur als auch die Welt, die der Mensch bei seiner Tätigkeit formt) tatsächlich auf der Wahrscheinlichkeit beruht.

I

Gezähmter Zufall

1 Mathematik des Zufälligen

Somit kann diese Lehre, die die Exaktheit der mathematischen Beweisführung mit der Unsicherheit des Zufalls verknüpft und diese anscheinend vollständig einander widersprechenden Elemente miteinander versöhnt, mit Recht Anspruch auf die folgende, die Namen ihrer beiden gegensätzlichen Bestandteile ausborgende, wohl verblüffende Benennung erheben: Die Mathematik des Zufalls.

Blaise Pascal[1]

Die Wahrscheinlichkeit

Klassische Definition der Wahrscheinlichkeit. Wenn wir eine Münze hochwerfen, wissen wir nicht, wie sie landen wird – mit der Wappen- oder mit der Zahlseite nach oben. Einiges ist uns trotzdem bekannt. Wir wissen, daß die Chancen für beide Seiten gleich sind. Wir wissen auch genau, daß die Chancen beim Würfeln für alle sechs Spielwürfelseiten gleich sind. In beiden Beispielen ergibt sich die Gleichheit der Chancen aus der *Symmetrie*. Symmetrisch ist die Münze, symmetrisch ist der Spielwürfel. Wir werden Ergebnisse, die gleiche Chancen haben, als *gleichmöglich* bezeichnen. Beim Werfen der Münze kann sie entweder Wappen oder Zahl zeigen, das sind gleichmögliche Ergebnisse. Wollen wir nur bestimmte Ereignisse beim Würfeln in Betracht ziehen – das Ergebnis sei z.B. eine Zahl, die sich ohne Rest durch drei dividieren läßt – so werden wir solche Ergebnisse als *günstig* bezeichnen. In diesem Fall haben wir zwei solche Möglichkeiten – der Würfel zeigt eine Drei bzw. eine Sechs. Schließlich bezeichnen wir Ereignisse als *unvereinbar*, falls das eine Ereignis das andere im gleichen Versuch ausschließt. Beim Würfeln können nicht gerade und ungerade Zahlen auf einmal oben liegen, das wären also unvereinbare Ereignisse.

Jetzt läßt sich die klassische Definition der Wahrscheinlichkeit formulieren. *Als Wahrscheinlichkeit eines Ereignisses bezeichnet man das Verhältnis der Anzahl der günstigen Ergebnisse zur Gesamtzahl der unvereinbaren gleichmöglichen Ergebnisse.* $P(A)$ sei die Wahrscheinlichkeit des Ereignisses A, $m(A)$ die Anzahl der günstigen Ergebnisse, n die Gesamtzahl der unvereinbaren gleichmöglichen Ergebnisse. Nach der klassischen Definition der Wahrscheinlichkeit gilt

$$P(A) = \frac{m(A)}{n} \ . \tag{1.1}$$

Ist $m(A) = n$, so ergibt sich $P(A) = 1$. Das Ereignis A ist ein sicheres Ereignis, da es bei jedem Ergebnis realisiert wird. Gilt $m(A) = 0$, so ist $P(A) = 0$. Das Ereignis A ist ein *unmögliches* Ereignis, da es überhaupt keine Ergebnisse gibt, die in Frage kommen. Die Wahrscheinlichkeit eines *zufälligen* Ereignisses liegt zwischen 0 und 1.

Als Ereignis *A* betrachten wir die Punktzahl beim Würfeln, die sich ohne Rest durch drei dividieren läßt. In diesem Fall beträgt $m(A) = 2$. Da $n = 6$ ist, beträgt die Wahrscheinlichkeit des Ereignisses 1/3.

Wir wollen noch ein Beispiel untersuchen. In einer Urne befinden sich 15 Kugeln, die sich nur der Farbe nach unterscheiden: 7 weiße, 2 grüne und 6 rote Kugeln. Sie nehmen aufs Geratewohl (auf gut Glück) eine Kugel aus der Urne. Wie groß ist die Wahrscheinlichkeit, daß die gezogene Kugel weiß (rot, grün) sein wird? Das Ziehen einer weißen Kugel betrachten wir als Ereignis *A*, einer roten als Ereignis *B*, einer grünen als Ereignis *C*. Die Zahl der günstigen Ergebnisse für das Ziehen einer Kugel von dieser oder jener Farbe ist gleich der Zahl der Kugeln von der jeweiligen Farbe: $m(A) = 7$, $m(B) = 6$, $m(C) = 2$. Mit Hilfe der Formel (1.1) finden wir die gesuchten Wahrscheinlichkeiten:

$$P(A) = \frac{m(A)}{n} = \frac{7}{15}, \quad P(B) = \frac{m(B)}{n} = \frac{2}{5}, \quad P(C) = \frac{m(C)}{n} = \frac{2}{15} .$$

Addition und Multiplikation von Wahrscheinlichkeiten. Wie groß ist die Wahrscheinlichkeit, daß eine auf gut Glück gezogene Kugel entweder rot oder grün ist? Die Zahl der günstigen Ergebnisse ist $m(B) + m(C) = 6 + 2 = 8$, deshalb erhalten wir für die gesuchte Wahrscheinlichkeit

$$P(B \cup C) = \frac{m(B) + m(C)}{n} = \frac{8}{15} .$$

Wir sehen, daß $P(B \cup C) = P(B) + P(C)$ gilt. Die Wahrscheinlichkeit, entweder eine rote oder eine grüne Kugel zu ziehen, ist gleich der Summe von zwei Wahrscheinlichkeiten: Der Wahrscheinlichkeit, eine rote Kugel zu ziehen, und der Wahrscheinlichkeit, eine grüne Kugel zu ziehen. Die Wahrscheinlichkeit, entweder eine rote oder eine grüne oder eine weiße Kugel zu ziehen, setzt sich aus drei Wahrscheinlichkeiten zusammen: $P(A) + P(B) + P(C)$. Diese Summe beträgt eins (7/15 + 2/5 + 2/15 = 1). Das ist selbstverständlich, weil die in Frage kommende Wahrscheinlichkeit die Wahrscheinlichkeit des sicheren Ereignisses ist.

Die Regel für die Addition der Wahrscheinlichkeiten kann wie folgt formuliert werden: *Die Wahrscheinlichkeit, daß irgendeins von mehreren unvereinbaren Ereignissen eintritt, ist gleich der Summe der Wahrscheinlichkeiten der in Betracht kommenden Ereignisse.* Angenommen, wir würfeln zugleich mit zwei Würfeln. Wie groß ist die Wahrscheinlichkeit, daß beide Würfel eine Vier zeigen? Die Gesamtzahl der unvereinbaren gleichmöglichen Ergebnisse beträgt $n = 6 \cdot 6 = 36$. Alle Ergebnisse sind in der Abbildung 1.1 dargestellt, wobei die Ziffer vor dem Trennzeichen in der Klammer die Punktzahl des einen Würfels, die rechte Ziffer die Punktzahl des anderen bedeutet. Es gibt nur ein günstiges Ergebnis, nämlich (4; 4). Folglich beträgt die gesuchte Wahrscheinlichkeit 1/36. Diese Wahrscheinlichkeit wird gebildet als Produkt zweier Wahrscheinlichkeiten, der Wahrscheinlichkeit, daß der eine Würfel eine Vier zeigt, und der Wahrscheinlichkeit, daß der andere Würfel eine Vier zeigt:

$$P((4;4)) = P(\{4\}) \cdot P(\{4\}) = \frac{1}{6} \cdot \frac{1}{6} = \frac{1}{36} \ .$$

Die Regel für die Multiplikation der Wahrscheinlichkeiten läßt sich wie folgt formu-lieren: *Die Wahrscheinlichkeit, daß Ereignisse zugleich eintreten, ist gleich dem Produkt der Wahrscheinlichkeiten dieser Ereignisse* . (Dabei kann die Wahrschein-lichkeit eines Ereignisses vom Eintreten anderer Ereignisse abhängen, vgl. S. 32.)

(1;1)	(2;1)	(3;1)	(4;1)	(5;1)	(6;1)
(1;2)	(2;2)	(3;2)	(4;2)	(5;2)	(6;2)
(1;3)	(2;3)	(3;3)	(4;3)	(5;3)	(6;3)
(1;4)	(2;4)	(3;4)	(4;4)	(5;4)	(6;4)
(1;5)	(2;5)	(3;5)	(4;5)	(5;5)	(6;5)
(1;6)	(2;6)	(3;6)	(4;6)	(5;6)	(6;6)

Abb. 1.1

Die Gleichzeitigkeit der Ereignisse ist übrigens nicht unbedingt wörtlich zu neh-men. Wir müssen nicht unbedingt mit zwei Würfeln spielen. Wir können ebenso ein und denselben Würfel zweimal rollen lassen. Die Wahrscheinlichkeit, daß zwei Würfel beim Spiel zugleich eine Vier zeigen, stimmt mit der Wahrscheinlichkeit überein, daß ein und derselbe Würfel zweimal nacheinander eine Vier zeigt.

Um die Wahrscheinlichkeit eines Ereignisses zu berechnen, setzt man in vielen Fällen beide Regeln (die der Addition und der Multiplikation der Wahrscheinlichkeiten) ein. Uns interessiert die Wahrscheinlichkeit p, daß beim Spiel mit zwei Würfeln beide die gleiche Augenzahl zeigen. Da belanglos ist, welche Augenzahl gezeigt wird (es kommt nur darauf an, daß die Augenzahlen gleich sind), läßt sich die Regel für die Addition der Wahrscheinlichkeiten einsetzen:

$$p = P((1;1)) + P((2;2)) + P((3;3)) + P((4;4)) + P((5;5)) + P((6;6)) \ .$$

Ihrerseits ist jede der Wahrscheinlichkeiten $P((k;k))$ das Produkt $P(\{k\}) \cdot P(\{k\})$. Somit gilt

$$\begin{aligned}
p &= P(\{1\}) \cdot P(\{1\}) + P(\{2\}) \cdot P(\{2\}) + P(\{3\}) \cdot P(\{3\}) + P(\{4\}) \cdot P(\{4\}) \\
&\quad + P(\{5\}) \cdot P(\{5\}) + P(\{6\}) \cdot P(\{6\}) \\
&= 6 \cdot \frac{1}{6} \cdot \frac{1}{6} = \frac{1}{6} \ .
\end{aligned}$$

Das ergibt sich auch unmittelbar aus der Abbildung 1.1, wo die günstigen Ergebnisse hervorgehoben sind: (1;1), (2;2), (3;3), (4;4), (5;5), (6;6). Insgesamt gibt es sechs günstige Ergebnisse. Folglich ist $p = 6/36 = 1/6$.

Häufigkeit und Wahrscheinlichkeit. Ausgehend von der klassischen Definition der Wahrscheinlichkeit läßt sich mit Hilfe der Regeln für die Addition und Multiplikation der Wahrscheinlichkeiten die Wahrscheinlichkeit eines zufälligen Ereignisses berechnen. Welchen praktischen Wert haben jedoch solche Berechnungen? Was bedeutet z. B. in der Praxis die Behauptung, die Wahrscheinlichkeit für eine Vier beim Würfeln beträgt 1/6? Diese Aussage bedeutet natürlich nicht, daß der Würfel bei sechs Würfen genau einmal eine Vier zeigen wird. Möglich ist, daß er eine Vier einmal zeigt, möglich ist auch, daß er sie zwei-, dreimal usw. oder gar nicht zeigen wird. Damit sich die Wahrscheinlichkeit offenbart, müssen wir den Würfel sehr oft rollen lassen und verfolgen, wie oft eine Vier fällt.

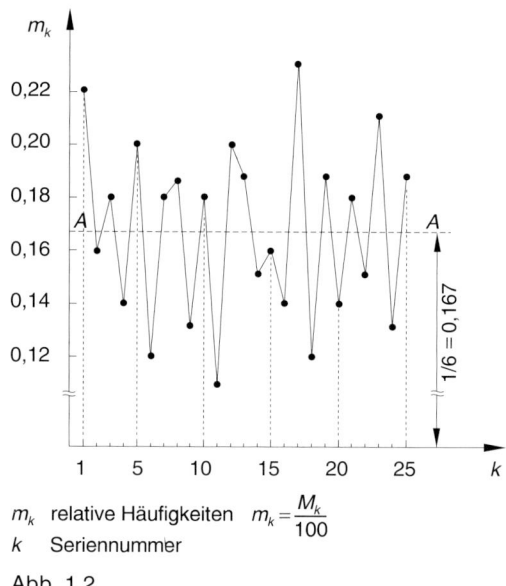

m_k relative Häufigkeiten $m_k = \dfrac{M_k}{100}$

k Seriennummer

Abb. 1.2

Wir führen mehrere Wurfserien durch, wobei jede Serie, sagen wir, aus 100 Versuchen bestehen soll. Wir bezeichnen die Häufigkeit der Vier in der 1., 2., 3. und den weiteren Serien jeweils durch m_1, m_2, m_3 usw. Die Quotienten

$$\frac{m_1}{100}, \; \frac{m_2}{100}, \; \frac{m_3}{100} \; \cdots$$

sind die relativen Häufigkeiten einer Vier in den jeweiligen Serien. Nachdem mehrere Wurfserien durchgeführt wurden, können wir feststellen, daß die relativen Häufigkeiten der Vier von Folge zu Folge *zufällig um die Wahrscheinlichkeit des Ereignisses* „eine Vier wird gewürfelt", also um 1/6, *schwanken*. Das ist aus Abbildung 1.2 ersichtlich, wo die Seriennummern k auf der x-Achse und die in einer Serie gewonnenen relativen

Häufigkeiten der Vier auf der *y*-Achse aufgetragen sind. Wenn ein solcher Versuch erneut wiederholt wird, so werden sich freilich andere Häufigkeitswerte $m_k/100$ ergeben. Das Schwankungsbild der relativen Häufigkeiten des interessierenden Ereignisses wird jedoch eine Stabilität aufweisen: Die Abweichungen nach oben und nach unten von der Geraden *AA*, die der Wahrscheinlichkeit des Ereignisses entspricht, werden einander ausgleichen, die Schwankungsamplitude, die sich zwar von Folge zu Folge verändern wird, wird jedoch zugleich keinen Trend, weder zum Anstieg noch zum Abklingen, zeigen. Das resultiert aus der *Gleichberechtigung* der Serien. Die Anzahl der Versuche ist ja in jeder Serie gleich. Hinzu kommt noch, daß das in der jeweiligen Serie gewonnene Versuchsergebnis von den Versuchsergebnissen der vorangegangenen Serien nicht abhängt.

Gehen wir einen wichtigen Schritt weiter, indem wir die *Anzahl der Versuche immer größer wählen*. Unter Benutzung der in Abbildung 1.2 dargestellten Versuchsergebnisse wollen wir weitere Serien betrachten, die sich bei der *Vereinigung* der zwei ersten früheren Serien, der drei ersten, der vier ersten Serien usw. ergeben. Mit anderen

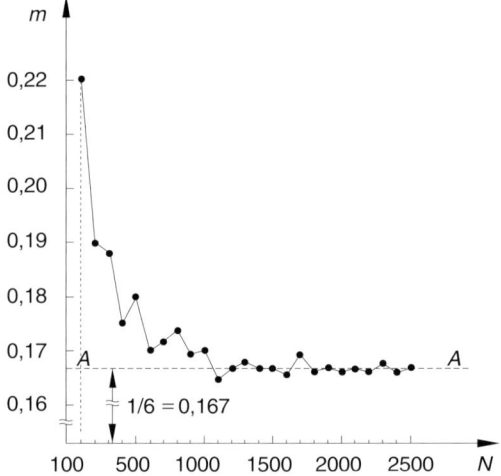

m relative Häufigkeiten
N Anzahl der Versuche

Abb. 1.3

Worten, wir untersuchen, wie groß die Zahl der Versuche in den zusammengefaßten Serien ist, wo der Würfel eine Vier zeigt, zunächst bei den ersten 100 Würfen (in unserem Fall $m_1 = 22$), dann bei den ersten 200 Würfen ($m_1 + m_2 = 22 + 16 = 38$), bei den ersten 300 Würfen ($m_1 + m_2 + m_3 = 22 + 16 + 18 = 56$) usw. Wir notieren die relativen Häufigkeiten der Vier in den neuen Serien:

$$\frac{m_1}{100} = 0,22 \, , \quad \frac{m_1 + m_2}{200} = 0,19 \, , \quad \frac{m_1 + m_2 + m_3}{300} = 0,187...$$

In Abbildung 1.3 sind diese relativen Häufigkeiten für Serien mit Wurfzahlen von 100, 200, ..., 2500 dargestellt. Die Abbildung läßt eine sehr wichtige Tatsache erkennen: Die Abweichung der relativen Häufigkeiten eines Ereignisses von dessen Wahrscheinlichkeit verringert sich tendenziell mit der Vergrößerung der Versuchszahl. Anders ausgedrückt, *bei einer Vergrößerung der Versuchszahl nähern sich die relativen Häufigkeiten eines zufälligen Ereignisses seiner Wahrscheinlichkeit an.*

Kann die Wahrscheinlichkeit durch relative Häufigkeiten definiert werden? Da sich bei einer Vergrößerung der Versuchsanzahl die relativen Häufigkeiten eines Ereignisses seiner Wahrscheinlichkeit nähern, ergibt sich die Frage, ob es möglich ist, die Wahrscheinlichkeit eines Ereignisses als Grenzwert der relativen Häufigkeiten dieses Ereignisses zu definieren? N sei die Versuchsanzahl, $m_N(A)$ die Anzahl der Versuche, in denen das Ereignis A eintritt. Zu klären ist, ob es möglich ist, die Wahrscheinlichkeit $P(A)$ des Ereignisses A wie folgt zu bestimmen:

$$P(A) = \lim_{m \to \infty} \frac{m_N(A)}{N} \tag{1.2}$$

Der deutsche Mathematiker Richard von Mises (1883 – 1953) war der Ansicht, daß sich der Ausdruck (1.2) als Definition der Wahrscheinlichkeit eines zufälligen Ereignisses betrachten läßt. Er nannte ihn *Häufigkeitsdefinition der Wahrscheinlichkeit.* R. v. Mises wies darauf hin, daß die klassische Definition der Wahrscheinlichkeit (1.1) erst dann wirksam wird, wenn eine *endliche* Anzahl von *gleichmöglichen* Ergebnissen vorliegt. Dies ist z. B. in Situationen der Fall, wenn man würfelt oder eine Münze wirft.

In der Praxis haben wir es jedoch häufig mit Situationen zu tun, wo es keine *Symmetrie* gibt, die die gleichen Chancen für die Ergebnisse hervorruft. In diesen Fällen ist die klassische Definition der Wahrscheinlichkeit ungeeignet. In Betracht komme hier, behauptete von Mises, die Häufigkeitsdefinition, da sie keiner endlichen Anzahl gleichmöglicher Ergebnisse bedarf und die Berechnung der Wahrscheinlichkeit außerdem gar nicht voraussetzt. Bei der von der relativen Häufigkeit ausgehenden Auffassung wird die Wahrscheinlichkeit nicht berechnet, sondern beim Versuch ermittelt.

Ist es jedoch möglich, die Wahrscheinlichkeit eines zufälligen Ereignisses *in der Praxis* zu bestimmen, indem die Relation (1.2) benutzt wird? Diese Relation setzt voraus, daß eine *unendlich große Anzahl typengleicher Versuche* angestellt wird. In der Praxis müßte man eine endliche Versuchsanzahl festlegen. Dabei ist ganz unklar, wie groß sie sein soll. Beträgt sie etwa einhundert? Oder eintausend, eine Million, hundert Millionen? Mit welcher Genauigkeit wird dabei die gesuchte Wahrscheinlichkeit bestimmt? Darauf weiß niemand eine Antwort. Hinzu kommt noch, daß es unmöglich ist, in der Praxis gleiche Bedingungen für eine sehr große Anzahl von Versuchen sicherzustellen, geschweige denn, daß der Charakter der Versuche selbst deren mehrfache Wiederholung ausschalten kann. Somit erweist sich der Quotient in (1.2) als nutzlos für die Praxis. Darüber hinaus kann man zeigen (das tun wir aber nicht), daß der in (1.2) auftretende Grenzwert so einfach auch gar nicht existiert. Das bedeutet, daß der von Mises vorgeschlagene Grenzwert (1.2) nicht nur praktisch nutzlos, sondern auch sinnlos wäre. Folglich dürfte er nicht als Wahrscheinlichkeitsdefinition betrachtet werden. Mit anderen Worten, die Häufigkeitsdefinition der Wahrscheinlichkeit erwiese sich als nicht stichhaltig. Scheinbar besteht der Fehler von R. von Mises darin, daß er, ausgehend von der richtigen Prämisse (bei einer Vergrößerung der Versuchszahl nähere sich die relative Häufigkeit eines zufälligen Ereignisses seiner Wahrscheinlichkeit an), die nicht genügend untermauerte Schlußfolgerung zog, die Wahrscheinlichkeit eines Ereignisses sei der Grenzwert relativer Häufigkeiten bei unbegrenztem Anstieg der Versuchsanzahl.

Geometrische Definition der Wahrscheinlichkeit. Nehmen wir an, zwei Menschen haben zwischen neun und zehn Uhr eine Verabredung an einem bestimmten Ort. Sie haben verabredet, daß jeder auf den anderen eine Viertelstunde wartet und danach weggeht. Wie groß ist die Wahrscheinlichkeit, daß ihr Treffen stattfindet? Die eine Person komme zum Treffpunkt zum Zeitpunkt x, die andere zum Zeitpunkt y. Den Punkt auf der Ebene mit den Koordinaten (x, y) betrachten wir als eines der Ergebnisse des Treffens. Alle möglichen Ergebnisse liegen auf der Quadratfläche, wobei die Länge einer Quadratseite der Zeitspanne von einer Stunde entspricht (Abbildung 1.4). Das Ergebnis wird günstig sein (das Treffen wird stattfinden), wenn der Punkt (x, y) die Bedingung $|x - y| \leq 1/4$ erfüllt. Solche Punkte liegen im schraffierten Bereich der Quadratfläche. Alle Ergebnisse sind gleichmöglich und unvereinbar, deshalb ist die Wahrscheinlichkeit des Treffens gleich dem Verhältnis des schraffierten Bereichs zur Gesamtfläche des Quadrats.

Das erinnert an das Verhältnis der Anzahl der günstigen Ergebnisse zur Gesamtzahl der gleichmöglichen Ergebnisse, das in der klassischen Definition der Wahrscheinlichkeit Anwendung fand. Beachten wir, daß die Anzahl der Ergebnisse (sowohl aller als auch der günstigen) in diesem Fall unendlich ist. Deshalb spricht man hier nicht vom Zahlenverhältnis der jeweiligen Ergebnisse, sondern vom Verhältnis der Fläche des Bereichs, der dem Eintreten des betrachteten zufälligen Ereignisses entspricht, zur Gesamtfläche des Bereichs.

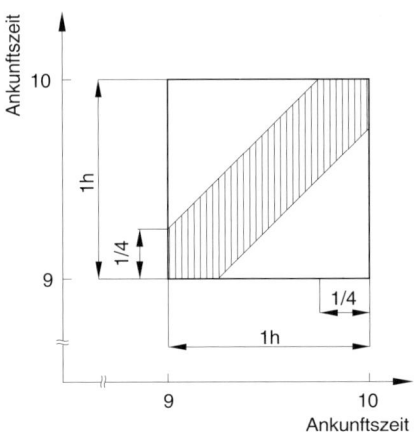

Abb. 1.4

Mit Hilfe der Abbildung 1.4 können wir die Fläche des günstigen Bereichs leicht finden. Sie ist gleich der Differenz der Flächen des gesamten Quadrats und des nicht schraffierten Quadratteils: $1 - (3/4)^2 = 7/16$ (in h^2). Wir teilen $7/16$ (h^2) durch 1 (h^2) (Gesamtfläche) und erhalten die Wahrscheinlichkeit des Treffens: $7/16$.

Das betrachtete Beispiel veranschaulicht die *geometrische Definition der Wahrscheinlichkeit: Die Wahrscheinlichkeit eines zufälligen Ereignisses ist das Verhältnis der Fläche des Bereichs, der dem Eintreten des Ereignisses entspricht, zur Gesamtfläche des Bereichs.* Die geometrische Definition der Wahrscheinlichkeit verallgemeinert die klassische auf einen Fall, wo die Anzahl der gleichmöglichen Ergebnisse unendlich groß ist.

Entwicklung des Begriffs Wahrscheinlichkeit. Bereits im Altertum fanden Vorstellungen von der Wahrscheinlichkeit vielseitige Anwendung (Demokrit, Epikur, Lukrez u.a.). Als eine Wissenschaft entwickelte sich die Wahrscheinlichkeitstheorie erst ab Mitte des 17. Jahrhunderts in Werken der französischen Gelehrten B. Pascal und P. Fermat sowie des niederländischen Gelehrten Ch. Huygens. Die klassische Definition der Wahrscheinlichkeit eines zufälligen Ereignisses finden wir im berühmten Werk „Ars conjectandi" des schweizerischen Mathematikers J. Bernoulli. Endgültig wurde diese Definition später in den Werken von P. Laplace formuliert. Die geometrische Definition der Wahrscheinlichkeit wurde ab dem 18. Jahrhundert eingesetzt. Einen bedeutenden Beitrag zur Entwicklung der Wahrscheinlichkeitstheorie leistete die russische mathematische Schule im 19. Jahrhundert (P. L. Tschebyschew, A. A. Markow, A. M. Ljapunow). Eine breite Anwendung der Wahrscheinlichkeitsvorstellungen in der Physik und in ganz verschiedenen Gebieten der praktischen Tätigkeit des Menschen machte es zu Beginn des 20. Jahrhundert notwendig, den Begriff Wahrscheinlichkeit zu präzisieren. Dies war z.B. notwendig, um Spekulationen zu vermeiden, die mit unvertretbaren Anwendungen des Begriffs Wahrscheinlichkeit zusammenhingen, bei denen man sich nur von Routinevorstellungen leiten ließ. Keine allgemeine Annahme fand der Versuch von R. von Mises, eine Definition der Wahrscheinlichkeit eines zufälligen Ereignisses auf der Basis des Grenzwertes der relativen Häufigkeiten seines Eintretens zu geben. Der Begriff Wahrscheinlichkeit wurde auf der Grundlage einer *axiomatischen* Auffassung präzisiert. Diese Auffassung beruht auf einigen primären Grundtatsachen (Axiomen), aus denen alle übrigen Gesetze durch Anwendung bestimmter, exakt formulierter Regeln hergeleitet werden.

Die heute allgemein angenommene *axiomatische Definition der Wahrscheinlichkeit* stammt aus der Feder des sowjetischen Mathematikers A. N. Kolmogorow. Er begründete sie in seinem Buch „Grundbegriffe der Wahrscheinlichkeitsrechnung" (Erstveröffentlichung 1933 in deutsch, erst 1936 in russisch). Wir werden hier die axiomatische Definition der Wahrscheinlichkeit nicht erörtern, da sie die Behandlung der Mengenlehre voraussetzt. Wir möchten lediglich darauf hinweisen, daß die Axiomatik Kolmogorows den Begriff Wahrscheinlichkeit mathematisch untermauert hat, so daß sich die Wahrscheinlichkeitstheorie als eine gleichberechtigte mathematische Disziplin behaupten konnte.

Es ist kein Wunder, daß für ein und denselben Begriff Wahrscheinlichkeit mehrere Definitionen existieren. »Die Vielfalt der Definitionen der Grundbegriffe ist ein Wesenszug der modernen Wissenschaft, und der Begriff Wahrscheinlichkeit bildet hier keine Ausnahme. ... Moderne Definitionen in der Wissenschaft sind Darlegungen der Standpunkte, die in einer Vielzahl für jeden Grundbegriff auftreten können. Sie alle spiegeln irgendeine bedeutende Seite des definierten Begriffs wider. Das betrifft auch den Begriff Wahrscheinlichkeit.«[2] Es sei hinzugefügt, daß neue Definitionen für einen Begriff mit der Vertiefung unserer Vorstellungen von diesem Begriff, mit der Erkenntnis neuer Gesichtspunkte, aufkommen.

Zufällige Zahlen

Zufallszahlen-Generatoren. Wir legen in eine Kiste zehn Kugeln, die mit den Ziffern von 0 bis 9 versehen sind. Wir nehmen auf gut Glück eine Kugel heraus und merken uns ihre Ziffer. Es sei eine Fünf. Danach legen wir die Kugel wieder in die Kiste, vermischen die Kugeln gut und nehmen wieder eine Kugel auf gut Glück heraus. Angenommen, es sei diesmal eine Eins. Wir merken uns auch diese Ziffer und legen die Kugel in die Kiste zurück, vermischen die Kugeln ordentlich und ziehen wieder eine Kugel. Es sei diesmal die Ziffer Zwei. Wir wiederholen den Vorgang weiter. Es ergibt sich eine ungeordnete Ziffernreihe, z. B. 5, 1, 2, 7, 2, 3, 0, 2, 1, 3, 9, 2, 4, 4, 1, 3, ... Die Reihe ist ungeordnet, weil hier der *Zufall* im Spiel ist, denn jedesmal nahmen wir eine Kugel aus der gut durchmischten Gesamtheit gleicher Kugeln auf gut Glück heraus.

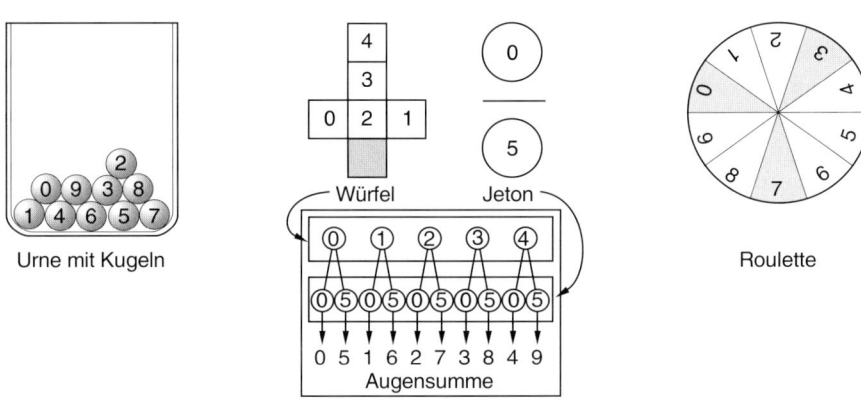

Abb. 1.5

Steht eine Folge zufälliger Ziffern zur Verfügung, so können wir eine Folge *zufälliger Zahlen* zusammenstellen. Wir werden z. B. vierstellige Zahlen betrachten. In diesem Fall müssen wir nur die gewonnene Folge zufälliger Ziffern in Gruppen zu je vier Ziffern aufzuteilen; jede Gruppe gilt als eine zufällige Zahl: 5127, 2302, 1392, 4413, ...

Einrichtungen für die Erzeugung von Folgen zufälliger Zahlen nennt man *Zufallszahlen-Generatoren*. Es gibt drei Typen solcher Erzeuger: *Urnen, Würfel und Roulettes*. Die soeben erwähnte Kiste mit Kugeln ist eine der vielfältigen Formen der Urne. Andere Formen der Urne bilden die verschiedenen Geräte für TV-Lotterien, z. B. Sportlotto und Tele-Lotto. Die einfachsten Generatoren zufälliger Zahlen gehören zu der Gruppe der Würfel. Beispiele hierfür sind der Spielwürfel, dessen Flächen mit verschiedenen Ziffern versehen sind, die Münze oder der Jeton (Spielmarke) usw. Nehmen wir an, daß fünf Würfelflächen mit den Ziffern 0, 1, 2, 3, 4 versehen sind, die sechste jedoch schraffiert ist. Weiterhin nehmen wir eine Spielmarke, die auf der einen Seite die Ziffer Null, auf der anderen Seite die Ziffer Fünf zeigt. Wir werfen den Würfel und die Spielmarke zugleich hoch und addieren jedesmal die Punkte. (Zeigt der Würfel dabei seine schraffierte Fläche, so vernachlässigen wir das Ergebnis.) Dieser Erzeuger liefert eine ungeordnete Folge der Ziffern von 0 bis 9, wonach man leicht Folgen zufälliger Zahlen bilden kann.

Das Roulette ist ein weiterer Typ der Generatoren zufälliger Zahlen. Hier handelt es sich um ein Glücksrad, das aus Sektoren besteht, die mit einer bestimmten Ziffer (oder Zahl) versehen sind. Beim Roulette zeigt ein rotierender Zeiger oder eine rollende Kugel die Auswahl an. Bei einem Versuch wird der Zeiger in Gang gesetzt (angestoßen), der nach einiger Zeit stehenbleibt und eine Ziffer anzeigt, die dem jeweiligen Sektor entspricht.

Der Roulettekreis läßt sich in beliebig viele Sektoren aufteilen. Es können beispielsweise 10 Sektoren sein, die mit den Ziffern 0 bis 9 versehen sind. In diesem Falle ist das Roulette mit den zwei früher erwähnten Generatoren zufälliger Zahlen vergleichbar – mit der Urne, die zehn Kugeln enthält, und mit dem präparierten Würfel und der Spielmarke, die zugleich geworfen werden. In Abbildung 1.5 sind diese verwandten Erzeuger zufälliger Zahlen schematisch dargestellt.

Tabellen von Zufallszahlen. Die Abbildung 1.6 zeigt ein Beispiel für eine solche Tabelle zufälliger Zahlen. Sie umfaßt 300 vierstellige Zahlen (1200 Ziffern). Jede Ziffer gelangte als Ergebnis eines bestimmten Versuchs *zufällig* in die Tabelle, z. B. entsprechend den Ergebnissen des Werfens eines Würfels und einer Spielmarke. Die Ziffern sind ungeordnet und es ist unmöglich, die Ziffer vorauszusagen, die in der nächster Runde folgen wird. Es lassen sich sehr viele solcher Tabellen aufstellen, es kommt nur auf die Anzahl der Versuche an. Trotzdem werden wir feststellen, daß es nicht die geringste Ordnung in der Ziffernfolge gibt.

Das ist auch nicht verwunderlich, ist doch hier der Zufall im Spiel! Dieser hat jedoch auch seine Kehrseite. Zählen wir z. B., wie oft diese oder jene Ziffer in der Tabelle (Abbildung 1.6) vorkommt. Wir stellen fest, daß die Ziffer Null 118 mal vorkommt (die relative Häufigkeit ist 118/1200 = 0,099), die Ziffer Eins 110 mal (mit der Häufigkeit 0,090), die Ziffer Zwei 114 mal (0,095), die Ziffer Drei 125 mal (0,104), die Ziffer Vier 135 mal (0,113), die Ziffer Fünf 135 mal (0,113), die Ziffer Sechs 132 mal (0,110), die Ziffer Sieben 116 mal (0,097), die Ziffer Acht 93 mal (0,078), die Ziffer Neun 122 mal (0,102). Daraus ersieht man, daß jede Ziffer fast mit der gleichen Häufigkeit von etwa 0,1 vorkommt. Der Leser erkennt natürlich, daß die Wahrscheinlichkeit des Vorkommens dieser oder jener konkreten Ziffer 0,1 beträgt. Ihm ist es selbstverständlich, daß die relative Häufigkeit des Vorkommens dieser oder jener Ziffer bei einer recht großen Versuchszahl (in unserem Fall beträg sie 1200) etwa der Wahrscheinlichkeit des Vorkommens der jeweiligen Ziffer entspricht.

Auch wenn dies selbstverständlich zu sein scheint, zu bewundern ist doch, daß sich in der ungeordneten Folge *zufällig vorkommender* Ziffern eine innere Stabilität erkennen läßt. Der Zufall zeigt hier augenfällig seine andere Seite in Gestalt der Wahrscheinlichkeit, die sich exakt bestimmen läßt.

Es empfiehlt sich, die Tabelle zufälliger Zahlen (siehe Abbildung 1.6) näher anzusehen. Dabei stellen wir fest, daß 32 von 300 Zahlen in der Tabelle mit der Ziffer Null beginnen, 20 mit einer Eins, 33 mit der Zwei, 33 mit der Drei, 38 mit der Vier, 34 mit der Fünf, 34 mit der Sechs, 24 mit der Sieben, 20 mit der Acht, 32 mit der Neun. Die Wahrscheinlichkeit, daß eine Zahl mit dieser oder jener konkreten Ziffer beginnen wird, beträgt 0,1. Es ist leicht erkennbar, daß die angeführten Ergebnisse mit dieser Wahrscheinlichkeit gut übereinstimmen, da ein Zehntel von 300 dreißig beträgt. Allerdings ergeben sich größere Abweichungen als im Beispiel, das früher ausgewertet wurde. Was auch kein Wunder ist, betrug doch die Versuchsanzahl im früheren Beispiel 1200, während sie in diesem Fall lediglich 300 ist.

Es wäre auch interessant auszuzählen, wie oft diese oder jene Ziffer an zweiter Stelle (Anzahl der Hunderter der jeweiligen Zahl), an dritter Stelle (Zehnerstelle) und an vierter Stelle (Einer) vorkommt. Dabei wird ohne weiteres festgestellt, daß die relative Häufigkeit des Vorkommens der jeweiligen Ziffer in allen Fällen nahe der Wahrscheinlichkeit, also 0,1, liegt. Wir begegnen der Null z. B. 25 mal an zweiter Stelle, 33 mal an dritter Stelle und 28 mal an vierter Stelle.

0655	8453	4467	3384	5320	0709	2523	9224	6271	2607
5255	5161	4889	7429	4647	4331	0010	8144	8638	0307
6314	8951	2335	0174	6993	6157	0063	6006	1736	3775
3157	9764	4862	5848	6919	3135	2837	9910	7791	8941
9052	9565	4635	0653	2254	5704	8865	2627	7959	3682
4105	4105	3187	4312	1596	9403	6859	7802	3180	4499
1437	2851	6727	5580	0368	4746	0604	7956	2304	8417
4064	4171	7013	4631	8288	4785	6560	8851	9928	2439
1037	5765	1562	9869	0756	5761	6346	5392	2986	2018
5718	8791	0754	2222	2013	0830	0927	0466	7526	6610
5127	2302	1392	4413	9651	8922	1023	6265	7877	4733
9401	2423	6301	2611	0650	0400	5998	1863	9182	9032
4064	5228	4153	2544	4125	9854	6380	6650	8567	5045
5458	1402	9849	9886	5579	4171	9844	0159	2260	1314
2461	3497	9785	5678	4471	2873	3724	8900	7852	5843
4320	4558	2545	4436	9265	6675	7989	5592	3759	3431
3466	8269	9926	7429	7516	1126	6345	4576	5059	7746
9313	7489	2464	2575	9284	1787	2391	4245	5618	0146
5179	8081	3361	0109	7730	6256	1303	6503	4081	4754
3010	5081	3300	9979	1970	6279	6307	7935	4977	0501
9599	9828	8740	6666	6692	5590	2455	3963	6463	1609
4242	3961	6247	4911	7264	0247	0583	7679	7942	2482
3585	9123	5014	6328	9659	1863	0532	6313	3199	7619
5950	3384	0276	4503	3333	8967	3382	3016	0639	2007
8462	3145	6582	8605	7300	6298	6673	6406	5951	7427
0456	0944	3058	2545	3756	2436	2408	4477	5707	5441
0672	1281	8697	5409	0653	5519	9720	0111	4745	7979
5163	9690	0413	3043	1014	0228	5460	2835	3294	3674
4995	9115	5273	1293	7894	9050	1378	2220	3756	9795
6751	6447	4991	6458	9307	3371	3243	2958	4738	3996

Abb. 1.6

Einleitend wurde das Beispiel mit den vorbeihuschenden Wagen und ihren vom Beobachter zu merkenden Autonummern angeführt. Da wurde festgestellt, daß die Wahrscheinlichkeit, Autos mit zwei gleichen ersten Ziffern der Autokennzeichen anzutreffen, gleich 0,1 ist. Dieses gilt auch für die zwei letzten Ziffern der Autonummer, für zwei äußere oder auch zwei in der Mitte stehende Ziffern.

Um sich davon zu überzeugen, braucht man gar nicht am Straßenrand Wache zu stehen. Es reicht aus, die Tabelle der zufälligen Zahlen (siehe Abbildung 1.6) zu nutzen. Die vierstelligen Zufallszahlen in der Tabelle können ohne weiteres als Autonummern der am Beobachter zufällig vorbeifahrenden Wagen gelten. Aus der Tabelle ist dann ersichtlich, daß 40 von 300 Nummern die gleichen zwei ersten Ziffern haben, 28 von 300 die gleichen zwei letzten Ziffern, 32 die gleichen äußeren Ziffern, 24 die gleichen mittleren Ziffern. Mit anderen Worten, die relativen Häufigkeiten des Vorkommens der Paare gleicher Ziffern schwanken in der Tat in der Nähe der Wahrscheinlichkeitswerte, also in der Nähe von 0,1.

Zufällige Ereignisse

Wenn wir uns eine Punktzahl auswählen, dann ist das Herausnehmen einer Kugel aus dem Kasten mit gerade dieser Zahl oder das Würfeln mit diesem Ergebnis jedesmal ein *zufälliges Ereignis*. Wir wenden uns jetzt einigen unterhaltsamen Aufgaben zu, wo es darauf ankommt, die Wahrscheinlichkeit eines zufälligen Ereignisses zu berechnen.

Die Aufgabe mit den verschiedenfarbigen Kugeln. In einem Kasten liegen drei dunkle Kugeln und eine helle. Auf gut Glück werden zwei Kugeln aus dem Kasten genommen. Welche Wahrscheinlichkeit ist größer, zwei dunkle oder eine dunkle und eine helle Kugel herauszunehmen?

Oft können wir als Antwort hören, daß die erste Wahrscheinlichkeit größer ist, weil sich im Kasten dreimal so viel dunkle Kugeln wie helle befinden. In Wirklichkeit ist die Wahrscheinlichkeit, zwei dunkle Kugeln herauszunehmen, jedoch ebensogroß wie die, eine dunkle und eine helle Kugel zu ziehen. Wir können uns davon mit Hilfe der Abbildung 1.7 überzeugen. Wie man sieht, gibt es drei Möglichkeiten, zwei dunkle Kugeln herauszunehmen, und das gleiche gilt für eine dunkle und eine helle Kugel. Alle sechs Ziehungen sind gleichberechtigt. Folglich sind beide Ergebnisse *gleich wahrscheinlich*.

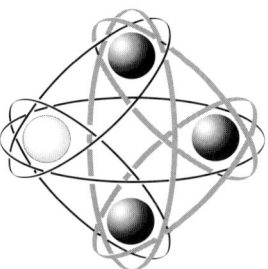

Abb. 1.7

Die Wahrscheinlichkeit der Ergebnisse läßt sich natürlich berechnen. So ist die Wahrscheinlichkeit, zwei dunkle Kugeln herauszunehmen, gleich dem Produkt zweier Wahrscheinlichkeiten, und zwar der Wahrscheinlichkeit, eine dunkle Kugel aus der Gesamtheit von vier Kugeln (drei dunkle und eine helle) zu entnehmen (sie beträgt 3/4) und derjenigen, eine dunkle Kugel aus der Gesamtheit von nunmehr nur noch drei Kugeln (zwei dunkle und eine helle) herauszunehmen (sie beträgt 2/3). Somit beträgt die Wahrscheinlichkeit, zwei dunkle Kugeln nacheinander herauszunehmen, $3/4 \cdot 2/3 = 1/2$.

Die Wahrscheinlichkeit, eine dunkle und eine helle Kugel herauszunehmen, kann als Summe $P_{dh} + P_{hd}$ dargestellt werden. P_{dh} ist die Wahrscheinlichkeit, eine dunkle Kugel aus der Gesamtheit von vier Kugeln (drei dunkle und eine helle) beim ersten Ziehen zu erhalten, multipliziert mit der Wahrscheinlichkeit, eine helle Kugel aus der Gesamtheit von nunmehr drei Kugeln (zwei dunkle und eine helle) herauszunehmen; P_{hd} hingegen ist die Wahrscheinlichkeit, eine helle Kugel aus der Gesamtheit von vier Kugeln herauszunehmen (in diesem Fall wird die zweite herausgenommene Kugel mit Sicherheit dunkel sein, die Wahrscheinlichkeit ist also eins). Mit anderen Worten, P_{dh} gibt die Wahrscheinlichkeit an, zunächst eine dunkle und dann eine helle Kugel zu ziehen, während P_{hd} die Wahrscheinlichkeit dafür ist, zunächst eine helle und dann eine dunkle Kugel herauszunehmen. Da $P_{dh} = 3/4 \cdot 1/3 = 1/4$ und $P_{hd} = 1/4$ sind, beträgt die Wahrscheinlichkeit, ein Paar verschiedenfarbiger Kugeln zu ziehen, 1/2 (1/4 + 1/4 = 1/2).

Das Würfelspiel. Am Spiel sind zwei Spieler beteiligt, die mit A und B bezeichnet werden. In einem Zug wird der Würfel dreimal nacheinander geworfen. Vor dem Spiel wird eine Ziffer vereinbart (sie sei in diesem Fall die Ziffer Eins). Fällt mindestens einmal die vereinbarte Ziffer (Eins), dann erhält der Spieler A einen Punkt. Ist das nicht der Fall, so bekommt der Gegenspieler B einen Punkt. Der Reihe nach würfeln die Spieler immer dreimal, bis einer von ihnen, sagen wir, 100 Punkte erworben hat. Dieser ist dann der Gewinner. Wessen Chancen sind größer zu gewinnen, die des Spielers A oder die des Spielers B?

Um diese Frage zu beantworten, berechnen wir die Wahrscheinlichkeit, daß der Spieler A in einem Zug einen Punkt bekommt. Diesen bekommt er in jedem der drei folgenden Fälle: Wenn eine Eins beim ersten Versuch geworfen wird; wenn eine Eins nicht beim ersten, jedoch beim zweiten Versuch geworfen wird; wenn eine Eins erst beim dritten Versuch geworfen wird. Wir bezeichnen die Wahrscheinlichkeiten dieser drei Ereignisse mit P_1, P_2 bzw. P_3. Die gesuchte Wahrscheinlichkeit ist $P = P_1 + P_2 + P_3$. Es sei bemerkt, daß die Wahrscheinlichkeit, eine Eins zu werfen, bei jedem Versuch 1/6 beträgt, und die, daß keine Eins geworfen wird, somit gleich 5/6 ist. Es liegt auf der Hand, daß $P_1 = 1/6$ beträgt. Um P_2 zu finden, müssen wir die Wahrscheinlichkeit, daß der Spieler beim ersten Versuch keine Eins wirft, mit der Wahrscheinlichkeit multiplizieren, daß er eine Eins beim zweiten Versuch wirft: $P_2 = 5/6 \cdot 1/6 = 5/36$. Die Wahrscheinlichkeit P_3 ist gleich dem Produkt der Wahrscheinlichkeiten, daß der Spieler keine Eins bei den ersten beiden Versuchen wirft, mit der Wahrscheinlichkeit, daß er die Eins bei einem (dritten) Versuch wirft: $P_3 = (5/6)^2 \cdot 1/6 = 25/216$. Somit erhält man: $P = P_1 + P_2 + P_3 = 1/6 + 5/36 + 25/216 = 91/216$. Da $P < 1/2$ gilt, ist es bei diesem Spiel wahrscheinlicher, daß der Spieler B gewinnen wird. Zum gleichen Schluß kommen wir einfacher, wenn wir die Wahrscheinlichkeit betrachten, daß der Spieler B einen Punkt im Ergebnis der drei Versuche bekommt. Das ist die Wahrscheinlichkeit, daß er keine Eins bei allen drei Versuchen wirft: $p = 5/6 \cdot 5/6 \cdot 5/6 = 125/216$. Da $p > 1/2$ ist, sind die Chancen des Spielers B größer. Es sei darauf hingewiesen, daß $P + p = 91/216 + 125/216 = 1$ gilt. Das ist selbstverständlich, da entweder der eine oder der andere Spieler einen Punkt nach jedem Zug bekommt.

Wir verändern jetzt die Spielregeln ein wenig: In einem Zug seien nicht *drei*, sondern *vier* Wurfversuche zu vollführen. Die anderen Bedingungen bleiben unverändert. In diesem Fall ist die Wahrscheinlichkeit, daß der Spieler B einen Punkt in einem

Zug gewinnt, gleich $5/6 \cdot 5/6 \cdot 5/6 \cdot 5/6 = 625/1296$. Sie ist kleiner als $1/2$, so daß jetzt nicht der Spieler B, sondern der Spieler A bessere Chancen hat, das Spiel zu gewinnen.

Die Aufgabe für einen Sterndeuter. Ein Sterndeuter erzürnte einmal seinen Herrscher, worauf dieser dem Henker befahl, ihn zu enthaupten. Im letzten Augenblick überlegte er es sich anders und entschied, dem Sterndeuter eine Chance zu geben, sich zu retten. Er nahm zwei schwarze und zwei weiße Kugeln und schlug ihm vor, diese in zwei Urnen willkürlich zu verteilen. Der Henker sollte eine der Urnen auf gut Glück wählen und daraus eine Kugel auf gut Glück ziehen. Ist die gezogene Kugel weiß, so ist der Sterndeuter gerettet. Ist sie schwarz, so wird er hingerichtet. Wie soll der Sterndeuter die Kugeln auf zwei Urnen verteilen, um größere Chancen zu haben, sich zu retten?

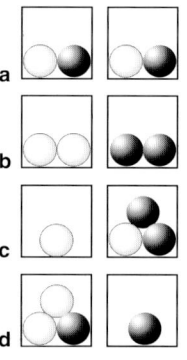

Abb. 1.8

Nehmen wir an, daß der Sterndeuter in jede Urne je eine weiße und eine schwarze Kugel legt (Abbildung 1.8a). In diesem Fall ist es belanglos, welche Urne der Henker wählt. Aus jeder Urne nimmt er eine weiße Kugel mit der Wahrscheinlichkeit $1/2$ heraus. Die Rettungswahrscheinlichkeit beträgt also $1/2$. Ebenso groß ist die Rettungswahrscheinlichkeit, wenn der Sterndeuter in eine Urne zwei weiße und in die andere zwei schwarze Kugeln legt (Abbildung 1.8b). Es kommt darauf an, welche Urne der Henker wählt. Mit der gleichen Wahrscheinlichkeit kann der Henker sowohl auf die weiß- als auch auf die schwarzgefüllte Urne zukommen. Die besten Chancen hat der Sterndeuter, wenn er in eine Urne eine weiße Kugel, in die andere eine weiße und zwei schwarze Kugeln legt (Abbildung 1.8c). Wenn der Henker die erste Urne nimmt, so ist der Sterndeuter sicher gerettet. Wählt er jedoch die zweite, so ist die Wahrscheinlichkeit, daß sich der Sterndeuter rettet, gleich $1/3$. Da die Wahrscheinlichkeit, daß der Henker diese oder jene Urne wählt, gleich $1/2$ ist, so läßt sich die Gesamtwahrscheinlichkeit, sich zu retten, wie folgt berechnen: $1/2 \cdot 1 + 1/2 \cdot 1/3 = 2/3$.

Legt jedoch der Sterndeuter in eine Urne eine schwarze, in die andere eine schwarze und zwei weiße Kugeln, so hat er die geringsten Rettungschancen: $1/2 \cdot 0 + 1/2 \cdot 2/3 = 1/3$.

Die besten Aussichten, gerettet zu werden, hat der Sterndeuter also, wenn er die in Abbildung 1.8c gezeigte Variante der Kugelverteilung wählt. Der Variante in Abbildung 1.8d wohnen die geringsten Rettungschancen inne. Auch die besten Chancen garantieren freilich nicht die Rettung, das Risiko kann nur verringert werden.

Umherirren im Labyrinth. Abbildung 1.9 zeigt ein Labyrinth, in dem Schätze aufbewahrt werden und es eine Falle gibt. Wenn die unglückseligen Schatzjäger in die Falle geraten, so kommen sie um. Wie groß ist die Wahrscheinlichkeit, der Falle zu entkommen und doch die Schätze zu finden?

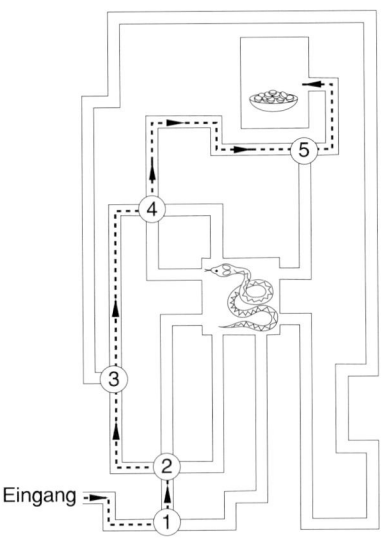

Abb. 1.9

Vom Eingang aus führt der Weg zunächst bis zum Punkt 1 (siehe Abbildung 1.9). Dort muß sich der Schatzsucher entscheiden. Wenn er geradeaus geht, so gelangt er bestimmt in die Falle, biegt er nach links ab, so erreicht er den Punkt 2. Wir nehmen an, daß die Wahl dieser oder jener Variante mit der gleichen Wahrscheinlichkeit, also mit 1/2, erfolgt. Vom Punkt 2 aus wählt der Schatzsucher einen Weg mit der Wahrscheinlichkeit 1/3: entweder nach links oder nach rechts oder geradeaus. Auf den beiden letzten Wegen gelangt er in die Falle, der erste Weg führt ihn zum Punkt 3, usw. Die Wahrscheinlichkeit, vom Eingang zum Punkt 3 zu gelangen, ist gleich dem Produkt der Wahrscheinlichkeiten, im Punkt 1 nach links abzubiegen, und der Wahrscheinlichkeit, im Punkt 2 auch nach links abzubiegen: $1/2 \cdot 1/3$. Es ist leicht nachvollziehbar, daß die Wahrscheinlichkeit, vom Eingang zum Punkt 4 zu gelangen, gleich $1/2 \cdot 1/3 \cdot 1/2$ ist; vom Eingang zum Punkt 5 zu gelangen, gleich $1/2 \cdot 1/3 \cdot 1/2 \cdot 1/3$ ist; schließlich, vom Eingang in die Schatzkammer zu gelangen, gleich $1/2 \cdot 1/3 \cdot 1/2 \cdot 1/3 \cdot 1/2 = 1/72 = P^+$. Die gestrichelte Linie in Abbildung 1.9 zeigt den einzigen möglichen Weg im Innern des Labyrinths bis zur Schatzkammer.

Die Wahrscheinlichkeit, Schätze zu finden, beträgt 1/72. Mit der Wahrscheinlichkeit $P^- = 71/72$ gelangt der Schatzsucher somit in die Falle. Die Wahrscheinlichkeit P^- wurde mit Hilfe der Beziehung $P^+ + P^- = 1$ ermittelt. Sie läßt sich auch direkt berechnen. Stellen wir P^- als Summe $P^- = P_1 + P_2 + P_3 + P_4 + P_5$ dar, wobei P_i das Produkt der Wahrscheinlichkeiten ist, vom Eingang zum Punkt i zu gelangen, und der Wahrscheinlichkeit, vom Punkt i unmittelbar in die Falle zu gehen ($i = 1, 2, 3, 4, 5$):

$$P_1 = \frac{1}{2} \, ,$$

$$P_2 = \frac{1}{2} \cdot \frac{2}{3} \, ,$$

$$P_3 = \frac{1}{2} \cdot \frac{1}{3} \cdot \frac{1}{2} \, ,$$

$$P_4 = \frac{1}{2} \cdot \frac{1}{3} \cdot \frac{1}{2} \cdot \frac{2}{3} \, ,$$

$$P_5 = \frac{1}{2} \cdot \frac{1}{3} \cdot \frac{1}{2} \cdot \frac{1}{3} \cdot \frac{1}{2} \, .$$

Daraus folgt, daß $P_1 + P_2 + P_3 + P_4 + P_5 = \dfrac{71}{72}$ ist.

Diskrete Zufallsgrößen

Zufallsgrößen. Angenommen, es seien 11 Erzeugnisse in einem Posten von 100 Erzeugnissen als Ausschuß ausgesondert worden; in einem anderen „gleichen" Posten 9, im dritten 10, im vierten 12 Erzeugnisse und so weiter. Wir bezeichnen die Anzahl der Erzeugnisse in einem Posten mit n, die Anzahl der als Ausschuß ausgesonderten Erzeugnisse mit m. Die Größe n ist konstant (hier war $n = 100$), die Größe m ändert sich von Posten zu Posten zufällig. Wir nehmen an, daß sich mit einer *gewissen Wahrscheinlichkeit m* unbrauchbare Erzeugnisse in einem auf gut Glück ausgewählten Posten von n Erzeugnissen befinden.

Die Anzahl der Ausschußteile (m) stellt ein Beispiel für eine *Zufallsgröße* dar. Das ist eine Größe, *deren Werte sich von Versuch zu Versuch zufällig verändern, wobei jeder der Werte mit einer Wahrscheinlichkeit vorkommt.* Wir möchten betonen, daß es sich hierbei um eine *diskrete* Zufallsgröße handelt, um eine Größe also, deren mögliche Werte eine diskrete Zahlenfolge bilden (in unserem Falle ganzzahlige Werte von 0 bis 100). Es gibt auch *stetige* Zufallsgrößen. Die Körperlänge und das Gewicht der Neugeborenen verändern sich zufällig von Kind zu Kind und nehmen beliebige Werte in einem gewissen Bereich an. Die Behandlung der stetigen Zufallsgrößen hat auch ihre Besonderheiten. Wir gehen darauf später ein, zunächst interessieren uns die diskreten Zufallsgrößen.

Der Erwartungswert und die Varianz einer diskreten Zufallsgröße. Es sei X eine gewisse diskrete Zufallsgröße, die s Werte annehmen kann: $x_1, x_2, ..., x_s$. Diesen Werten entsprechen die Wahrscheinlichkeiten $p_1, p_2, ..., p_s$. Zum Beispiel ist p_m die Wahrscheinlichkeit dafür, daß die genannte Größe den Wert x_m annehmen wird. Die Summe aller Wahrscheinlichkeiten $p_1 + p_2 + ... + p_s$ gibt die Wahrscheinlichkeit an, daß beim Versuch einer der Werte (es ist belanglos welcher) x_1, x_2, ..., x_s realisiert wird. Diese Wahrscheinlichkeit ist gleich eins. Somit erhält man:

$$\sum_{m=1}^{s} p_m = 1 \ .$$
(1.3)

(Das Zeichen Σ bedeutet, daß die Summe über alle m von 1 bis s ermittelt wird).

Die Folge der Wahrscheinlichkeiten p_1, p_2, ..., p_s (es wird auch von der Verteilung der Wahrscheinlichkeiten gesprochen) stellt eine erschöpfende Information über die Zufallsgröße dar. In vielen praktischen Fällen sind allerdings Kenntnisse über Wahrscheinlichkeiten nicht obligatorisch. Häufig reicht es aus, zwei wichtige Charakteristiken von Zufallsgrößen zu kennen, nämlich den Erwartungswert und die Varianz.

Der *Erwartungswert* ist ein Mittelwert der Zufallsgröße. Die Mittelung erfolgt über eine große Zahl von Versuchen. Um solche Mittelwerte kenntlich zu machen, werden wir das Symbol E benutzen (in technischen Anwendungen werden auch die Klammern $\langle \ \rangle$ verwendet). Der Erwartungswert der Zufallsgröße X ist die Summe der Produkte der Werte der Zufallsgröße multipliziert mit den entsprechenden Wahrscheinlichkeiten:

$$EX = p_1 x_1 + p_2 x_2 + ... p_s x_s \ ,$$

oder, bei Verwendung des Summenzeichens,

$$EX = \sum_{m=1}^{s} p_m x_m \ .$$
(1.4)

Wenn wir den Erwartungswert kennen, dann kommt es weiterhin darauf an zu wissen, wie groß die Abweichung der Werte der untersuchten Größe von ihrem Erwartungswert ist. Mit anderen Worten, wir interessieren uns dafür, wie weit die Werte der Zufallsgröße um den Erwartungswert streuen. Der Erwartungswert der Abweichung vom Erwartungswert (d. h. der Erwartungswert der Differenz $X - EX$) kommt hier nicht in Frage, weil er gleich null ist:

$$E(X - EX) = \sum_{m=1}^{s} p_m(x_m - EX) = \sum_{m=1}^{s} p_m x_m - EX \sum_{m=1}^{s} p_m = EX - EX = 0 \ .$$

Deshalb verwenden wir als Maß für die Streuung zum Beispiel den Erwartungswert des *Quadrats* der Abweichungen vom Erwartungswert, also

$$Var X = E((X - EX)^2) = \sum_{m=1}^{s} p_m(x_m - EX)^2 \ .$$
(1.5)

Das ist die *Varianz* der Zufallsgröße X, die wir mit $Var X$ bezeichnen werden. Die Wurzel aus der Varianz wird *Standardabweichung* der Zufallsgröße genannt. Wir können leicht feststellen, daß

$$\text{Var}\,X = E(X^2) - (EX)^2 \tag{1.6}$$

ist. In der Tat gilt

$$\sum_{m=1}^{s} p_m(x_m - EX)^2 = \sum_{m=1}^{s} p_m(x_m^2 - 2x_m EX + (EX)^2)$$

$$= \sum_{m=1}^{s} p_m x_m^2 - 2EX \sum_{m=1}^{s} p_m x_m + (EX)^2 \sum_{m=1}^{s} p_m$$

$$= E(X^2) - 2EX\,EX + (EX)^2 = E(X^2) - (EX)^2 \ .$$

In der Abbildung 1.10a werden zwei Wahrscheinlichkeitsverteilungen (Zufallsgrößen) gegenübergestellt, die unterschiedliche Erwartungswerte, jedoch die gleiche Varianz aufweisen. In der Abbildung 1.10b haben die gegenübergestellten Zufallsgrößen hingegen unterschiedliche Varianzen, ihre Erwartungswert sind jedoch gleich.

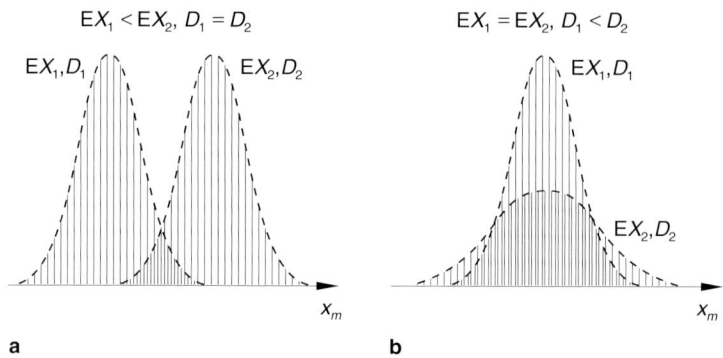

a) verschiedene Erwartungswerte, gleiche Varianzen
b) gleiche Erwartungswerte, verschiedene Varianzen
   ($\text{Var}\,X_1 = D_1$, $\text{Var}\,X_2 = D_2$)

Abb. 1.10

Bernoullische Formel (Binomialverteilung). Wir nehmen an, daß eine Versuchsserie durchgeführt wird, die aus n unabhängigen gleichen Versuchen besteht. Die Versuche sind in dem Sinne unabhängig, daß die Ergebnisse eines Versuchs die der anderen Versuche nicht beeinflussen. Wir bezeichnen das uns interessierende Ereignis mit E (Erfolg). Bei manchen Versuchen tritt E ein, bei anderen nicht. Es sei S die Anzahl der Versuche, in denen das Ereignis E eintrat. S ist eine Zufallsgröße. Wir wollen die Wahrscheinlichkeit $P_n(m)$ dafür betrachten, daß das Ereignis E m mal in einer aus n

Versuchen bestehenden Folge eintritt. Dieses Schema beschreibt viele reale Situationen:

– Es werden n Erzeugnisse getestet, das Ereignis E bedeutet die Feststellung eines Fehlfabrikats. (Die Bezeichnung „Erfolg" für E wird wertungsfrei gebraucht.) $P_n(m)$ ist die Wahrscheinlichkeit dafür, daß sich m Fehlfabrikate unter n Erzeugnissen befinden.

– Es werden n Neugeborene registriert, E bedeutet die Geburt eines Mädchens, $P_n(m)$ ist die Wahrscheinlichkeit dafür, daß es m Mädchen unter n Neugeborenen geben wird.

– Es werden n Lotteriescheine auf ihren Gewinn geprüft, das Ereignis E bedeutet einen Gewinn, $P_n(m)$ ist die Wahrscheinlichkeit dafür, daß m Lose von n Scheinen gewinnen.

– In einem physikalischen Versuch werden n Neutronen nachgewiesen, das Ereignis E beschreibt die Registrierung eines Neutrons mit einem Energiewert in einem gewissen Bereich, $P_n(m)$ ist die Wahrscheinlichkeit dafür, daß m Neutronen Energiewerte im interessierenden Bereich gegenüber den nachgewiesenen n Neutronen aufweisen werden.

In allen diesen Fällen läßt sich die Wahrscheinlichkeit $P_n(m)$ mit ein und derselben Formel beschreiben – es ist die *Bernoullische Formel*, benannt nach dem Schweizer Mathematiker Jacob Bernoulli (1654 – 1705).

Der Ableitung der Bernoullischen Formel liegt die Annahme zugrunde, daß die Wahrscheinlichkeit, daß das Ereignis E beim Einzelversuch eintritt, bekannt ist und sich nicht von Versuch zu Versuch ändert. Bezeichnen wir diese Wahrscheinlichkeit mit p. Dann ist die Wahrscheinlichkeit q, daß das Ereignis E beim Einzelversuch nicht eintritt, gleich $1 - p$. Beachten wir, daß die Wahrscheinlichkeit der Feststellung eines Fehlfabrikats keinesfalls davon abhängt, wieviele Fehlfabrikate im gegebenen Posten bereits festgestellt wurden. Die Wahrscheinlichkeit der Geburt eines Mädchens hängt in diesem oder jenem konkreten Fall nicht davon ab, ob zuvor ein Mädchen oder ein Junge geboren wurde, und wieviele Mädchen bereits geboren wurden. Die Gewinnwahrscheinlichkeit steigt nicht und vermindert sich nicht, wenn wir die Lose auf ihren Gewinn prüfen. Die Nachweiswahrscheinlichkeit eines Neutrons mit dem Energiewert im Sollbereich der Energiewerte bleibt während des Versuchs konstant.

Wenn wir die Wahrscheinlichkeit p eines zufälligen Ereignisses E beim Einzelversuch kennen, können wir die Wahrscheinlichkeit $P_n(m)$, daß dieses Ereignis m mal in der aus n unabhängigen gleichen Versuchen bestehenden Folge eintritt, berechnen. Nehmen wir an, daß das uns interessierende Ereignis E bei den ersten m Versuchen eintrat und bei den übrigen $n - m$ Versuchen nicht eintrat. Die Wahrscheinlichkeit hierfür beträgt $p^m q^{n-m}$. Freilich ist eine andere Ordnung des Eintretens des Ereignisses E möglich. Zum Beispiel kann es bei den ersten $n - m$ Versuchen nicht eintreten und bei den übrigen m Versuchen eintreten. Die Wahrscheinlichkeit dieser Variante ist auch gleich $p^m q^{n-m}$. Weitere Varianten sind möglich. Insgesamt gibt es soviele solche Varianten, wie es Kombinationen aus n Elementen zu je m Elementen gibt (diese Anzahl der Kombinationen wird mit C_n^m bezeichnet). Jede der Varianten hat die Wahrscheinlichkeit $p^m q^{n-m}$. Die Reihenfolge des Eintretens des Ereignisses E ist uns gleichgültig. Es kommt darauf an, daß das Ereignis E bei irgendwelchen m Versuchen eintritt und bei den übrigen $n - m$ Versuchen nicht eintritt. Um die gesuchte Wahrscheinlichkeit $P_n(m)$ zu finden, müssen wir die Wahrscheinlichkeiten der Verwirklichung aller C_n^m Varianten addieren, also $p^m q^{n-m}$ mit C_n^m multiplizieren:

$$P_n(m) = C_n^m p^m q^{n-m} \ . \tag{1.7}$$

Es gibt eine Formel für die Anzahl der Kombinationen aus n Elementen zu jeweils m Elementen:

$$C_n^m = \frac{n!}{m!(n-m)!} = \frac{n(n-1)(n-2) \ldots (n-m+1)}{m!} \ . \tag{1.8}$$

Hier ist $n! = 1 \cdot 2 \cdot 3 \ldots n$ (man lese „n Fakultät"), wobei $0! = 1$ ist. Statt C_n^m schreibt man üblicherweise auch $\binom{n}{m}$. Wir setzen die Gleichung (1.8) in (1.7) ein und erhalten

$$P_n(m) = \frac{n!}{m!(n-m)!} p^m q^{n-m} \ . \tag{1.9}$$

Das ist die *Bernoullische Formel*. Man nennt sie auch *Binomialverteilung* der Wahrscheinlichkeiten der Zufallsgröße oder einfach Binomialverteilung. Im folgenden werden wir auf die Herkunft dieser Bezeichnung eingehen und uns zugleich davon überzeugen, daß

$$\sum_{m=0}^{n} P_n(m) = 1 \tag{1.10}$$

ist. Als Beispiel betrachten wir die Wahrscheinlichkeit der Geburt von m Mädchen in einer aus 20 Neugeborenen bestehenden Gruppe. Die Wahrscheinlichkeit der Mädchengeburt sei im Einzelfall gleich 1/2. In unserem Fall nehmen wir also an, daß in (1.9) $p = 1/2$ und $n = 20$ sind. In Betracht kommen ganzzahlige Werte für m im Bereich von 0 bis 20. Das Ergebnis läßt sich am besten als Bild darstellen (Abbildung 1.11). Man sieht, daß die Geburt von 10 Mädchen am wahrscheinlichsten ist. Bereits sechsmal kleiner ist die Wahrscheinlichkeit, daß z. B. 6 bzw. 14 Mädchen geboren werden. Wird

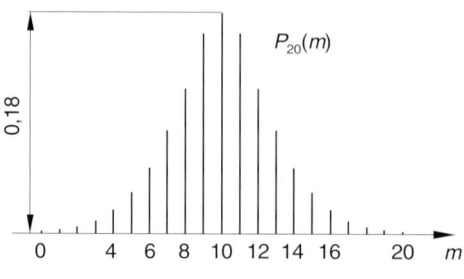

Abb. 1.11

die Zufallsgröße durch eine Binomialverteilung beschrieben, so ist deren Erwartungswert

$$ES = \sum_{m=0}^{n} m \cdot P_n(m)$$

gleich dem Produkt der Versuchszahl und der Eintrittswahrscheinlichkeit des Ereignisses beim Einzelversuch:

$$ES = n \cdot p \ . \tag{1.11}$$

Die Varianz dieser Zufallsgröße bildet sich aus dem Produkt von drei Faktoren – der Versuchszahl, der Eintrittswahrscheinlichkeit des Ereignisses E beim Einzelversuch und der Wahrscheinlichkeit, daß das Ereignis E nicht eintritt:

$$\text{Var}S = E(S^2) - (ES)^2 = n \cdot p \cdot (1 - p) \ . \tag{1.12}$$

Normalverteilung (Laplace-Gauß-Verteilung). Bei höheren Werten von n erfordert der Einsatz der Bernoullischen Formel zeit- und kraftraubende Berechnungen. Um z. B. die Wahrscheinlichkeit zu finden, daß unter 50 Neugeborenen 30 Mädchen sind, müßten wir

$$P_{30}(50) = \frac{50!}{30! \, 20!} (0,5)^{50}$$

berechnen. Beachten sollten wir, daß bereits 20! eine aus 19 Ziffern bestehende Zahl ist!
    In diesen und ähnlichen Fällen verwenden wir die Formel, die den *Grenzfall* der Bernoullischen Formel für hinreichend große n darstellt. Diese Formel hat folgendes Aussehen:

$$P_n(m) = \frac{1}{\sqrt{2\pi \, \text{Var}S}} \, e^{-(m - ES)^2/(2\text{Var}\,S)} \ , \tag{1.13}$$

wobei $ES = np$, $\text{Var}S = npq$ sind. Die hier benutzte Zahl $e = 2{,}718...$ gibt die Basis der natürlichen Logarithmen an. Die Verteilung (1.13) heißt *Normalverteilung* oder *Laplace-Gaußsche Verteilung*.

Poisson-Verteilung. Ist die Eintrittswahrscheinlichkeit eines uns beim Einzelversuch interessierenden Ereignisses sehr gering ($p \ll 1$, in Worten: „p wesentlich kleiner als 1"), so verwenden wir bei großen n nicht die Normalverteilung, sondern die Poisson-Verteilung:

$$P_n(m) = \frac{(np)^m}{m!} e^{-np} \ . \tag{1.14}$$

Diese Verteilung wird auch als Gesetz der seltenen Ereignisse bezeichnet. Interessant ist, daß die Varianz einer Zufallsgröße, die durch eine Poisson-Verteilung beschrieben wird, gleich ihrem Erwartungswert ist.

In Abbildung 1.12 werden zwei Verteilungen $P_n(m)$ gegenübergestellt. Erstere besitzt die Parameter $n = 30$, $p = 0,3$; sie liegt nahe an der Normalverteilung mit dem Erwartungswert $ES = 9$. Die zweite weist die Parameter $n = 30$, $p = 0,05$ auf; sie liegt im Bereich der Poisson-Verteilung mit dem Erwartungswert $ES = 1,5$.

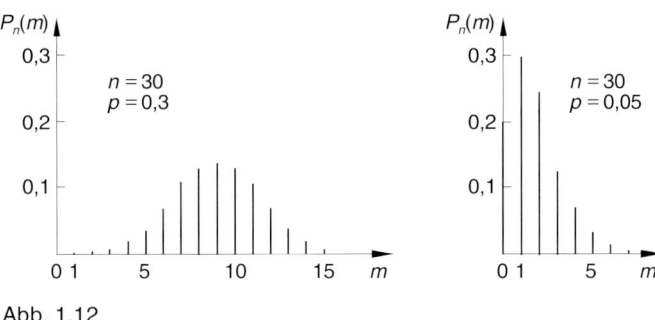

Abb. 1.12

Ein bißchen Mathematik. Vor allem möchten wir nun auf die Herkunft der Bezeichnung „Binomialverteilung" eingehen. Der algebraische Ausdruck $(q + p)^n$, in dem n eine ganze positive Zahl ist, wird Newtonsche Binomialformel n-ten Grades genannt. Wohlbekannt sind die Binomialformeln zweiten und dritten Grades:

$$(q + p)^2 = q^2 + 2qp + p^2$$

$$(q + p)^3 = q^3 + 3q^2p + 3qp^2 + p^3.$$

Im allgemeinen Fall, wenn n eine beliebige ganze Zahl darstellt, läßt sich die Binomialformel folgendermaßen schreiben:

$$(q + p)^n = q^n + nq^{n-1}p + \frac{n(n-1) \cdot \ldots \cdot (n-m+1)}{m!} q^{n-m}p^m + \ldots + nqp^{n-1} + p^n.$$

Unter Berücksichtigung von (1.8) läßt sich diese Formel wie folgt umformen:

$$(q + p)^n = \binom{n}{0} \cdot q^n + \binom{n}{1} \cdot q^{n-1}p + \ldots + \binom{n}{n-1} \cdot qp^{n-1} + \binom{n}{n} \cdot p^n .$$

Entsprechend (1.9) kommen wir zu dem Schluß, daß

$$(q + p)^n = \sum_{m=0}^{n} \binom{n}{m} q^{n-m}p^m = \sum_{m=0}^{n} P_n(m)$$

ist.

Somit stimmen die Wahrscheinlichkeiten $P_n(m)$ mit den Zerlegungsgliedern der Newtonschen Binomialformel überein. Daher rührt auch der Name *Binomialverteilung*.

Die Wahrscheinlichkeiten q und p, die Bestandteile der Binomialverteilung sind, genügen der Bedingung $q + p = 1$. Folglich ist $(q + p)^n = 1$. Andererseits gilt

$$(q+p)^n = \sum_{m=0}^{n} P_n(m) \ .$$

Hieraus resultiert (1.10).

Stetige Zufallsgrößen

Die Behandlung stetiger Zufallsgrößen weist Besonderheiten auf. Eine stetige Zufallsgröße nimmt eine unendliche Anzahl von Werten an, die ein Intervall vollständig ausfüllen. Es ist prinzipiell unmöglich, alle Werte dieser Zufallsgröße aufzuzählen, und zwar aus dem einfachen Grund, weil wir nicht zwei benachbarte Werte angeben können (ähnlich verhält es sich mit benachbarten Punkten auf der Zahlenachse). Hinzu kommt noch, daß die Wahrscheinlichkeit jedes konkreten Wertes einer stetigen Zufallsgröße gleich null ist.

Kann die Wahrscheinlichkeit eines möglichen Ereignisses gleich null sein? Der Leser weiß, daß unmögliche Ereignisse die Wahrscheinlichkeit null besitzen. Es stellt sich jedoch heraus, daß es auch mögliche Ereignisse mit der Wahrscheinlichkeit null geben kann.

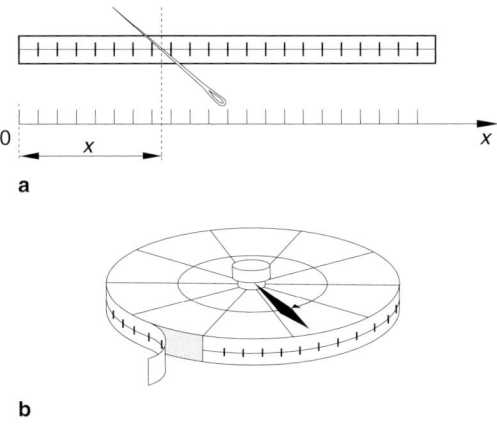

Abb. 1.13

Nehmen wir einmal an, wir werfen eine dünne Nadel mehrmals und auf gut Glück auf einen Streifen Papier mit einem eingezeichneten Abschnitt der Zahlenachse. Als stetige Zufallsgröße kann die x-Koordinate des Punktes gelten, wo die Nadel die

Zahlenachse schneidet (Abbildung 1.13a). Diese Koordinate ändert sich von Versuch zu Versuch auf zufällige Weise.

Anstelle der Nadel können wir auch ein Roulette benutzen. Auf die Kreislinie des Roulettekreises wird ein Streifen Papier mit einem Abschnitt der Zahlenachse aufgeklebt (s. Abbildung 1.13b). Wir nehmen an, daß die Länge des Abschnitts gleich der Länge der Kreislinie sei. In diesem Fall werden verschiedene Werte der stetigen Zufallsgröße nicht durch die Nadel, sondern durch den zur Ruhe gekommenen Roulettezeiger angezeigt.

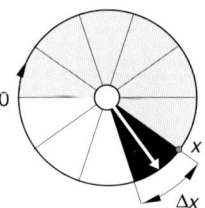

Abb. 1.14

Wie groß ist die Wahrscheinlichkeit, daß der frei rotierende Roulettezeiger einen konkreten Punkt x anzeigt beziehungsweise, daß ein konkreter x-Wert der stetigen Zufallsgröße realisiert wird? Angenommen, der Roulettekreis mit dem Radius R sei in eine endliche Zahl gleicher Sektoren aufgeteilt – beispielsweise 10 – (Abbildung 1.14). Der Sektorbogen hat die Länge $\Delta x = 2\pi R/10$. Die Wahrscheinlichkeit, daß der Zeiger im Bereich des in der Abbildung gepunkteten Sektors zum Stehen kommt, beträgt $\Delta x/(2\pi R) = 1/10$. Die Wahrscheinlichkeit der Realisierung eines Wertes der Zufallsgröße im Bereich von x bis $x + \Delta x$ ist also gleich $\Delta x/(2\pi R)$. Wir verkleinern nun fortgesetzt Δx, d. h., wir teilen den Kreis in eine immer größere Zahl von Sektoren auf. Dementsprechend kleiner wird die Wahrscheinlichkeit $\Delta x/(2\pi R)$ für eine Realisierung eines Wertes aus dem Bereich von x bis $x + \Delta x$. Um die Wahrscheinlichkeit der Realisierung eines Wertes, der gleich r ist, festzustellen, müssen wir zum Grenzwert $\Delta x \to 0$ übergehen. In diesem Fall wird die Wahrscheinlichkeit $\Delta x/(2\pi R)$ null. Wir halten fest, daß die Wahrscheinlichkeit, diesen oder jenen konkreten Wert einer stetigen Zufallsgröße zu realisieren, tatsächlich gleich null ist.

Die Vorstellung, daß ein Ereignis möglich ist und zugleich seine Wahrscheinlichkeit null, mag widersinnig erscheinen. Tatsächlich liegt hier aber kein Paradoxon vor. Solche Situationen sind dem Leser sicherlich bekannt. Betrachten wir das folgende Beispiel: Ein Körper mit dem Volumen V habe eine Masse M. Im Körperinneren nehmen wir einen Punkt A (Abbildung 1.15), den ein gewisses Volumen V_1 einschließt. Dieses Volumen habe die Masse M_1. Wir verringern allmählich die Volumina im Körperinneren, so daß der Punkt A immer im Inneren dieser Volumina bleibt. Wir erhalten eine Folge von Volumina, die den Punkt A umschließen: $V, V_1, V_2, V_3, \ldots$ und die entsprechende Folge der sich verkleinernden Massen: $M, M_1, M_2, M_3, \ldots$ Bei der Grenzwertbildung durch die Volumenverkleinerung auf den Punkt A hin verschwindet die Masse, sie wird gleich null. Wir sehen, daß ein Körper mit einer Masse aus Punkten mit der Masse null besteht. Mit anderen Worten, die von null verschiedene Körpermasse ist die Summe einer unendlichen Anzahl von Massen einzelner Körperpunkte, die alle null sind. Genauso verhält es sich mit der von null verschiedenen Wahrscheinlichkeit, daß der Roulettezeiger in einem Bereich der Länge Δx zum Halten kommt. Sie ist ebenfalls Summe einer unendlichen Anzahl von Nullwahrscheinlichkeiten dafür, daß einzelne x-Werte im interessierenden Bereich angezeigt werden.

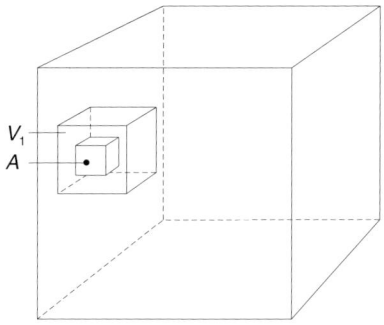

Abb. 1.15

Wahrscheinlichkeitsdichte. Die oben erwähnten Komplikationen lassen sich eliminieren, wenn wir uns den Begriff der *Dichte* erschließen. Die Masse eines einzelnen Körperpunktes beträgt null, die Dichte im gegebenen Punkt ist jedoch nicht gleich null.

ΔM sei die Masse eines Volumens ΔV, in dessen Innerem sich der für uns interessante Punkt befindet (sein Radiusvektor sei r). Die Dichte $\varrho(r)$ im untersuchten Punkt ist der Grenzwert des Quotienten $\Delta M/\Delta V$, der sich beim Zusammenziehen von ΔV auf den Punkt r ergibt:

$$\varrho(r) = \lim_{\Delta V \to 0} \Delta M/\Delta V \, .$$

Ist das Volumen ΔV von vornherein recht klein, so gilt annähernd, daß $\Delta M \approx \varrho(r) \cdot \Delta V$ ist. Bei strenger Behandlung ist ΔV durch das Differential dV zu ersetzen. Dabei läßt sich die Masse M eines gewissen Körpervolumens V durch ein Integral ausdrücken:

$$M = \int_V \varrho(r)\, dV \, ,$$

das über das gesamte interessierende Volumen gebildet wird.

Auf die gleiche Weise wird in der Wahrscheinlichkeitstheorie verfahren. Bei der Betrachtung der *stetigen* Zufallsgrößen wird nicht der Begriff Wahrscheinlichkeit, sondern der Begriff Wahrscheinlichkeitsdichte verwendet. Wir bezeichnen die Wahrscheinlichkeitsdichte der Zufallsgröße X mit f. In Analogie zur Behandlung von gewöhnlichen Dichten schreiben wir auch hier:

$$f(x) = \lim_{\Delta x \to 0} \Delta p_x/\Delta x$$

Hierbei bezeichnet Δp_x die Wahrscheinlichkeit, daß die Werte der Zufallsgröße im Bereich von x bis $x + \Delta x$ realisiert werden. Die Wahrscheinlichkeit p, daß Werte im

Bereich von x_1 bis x_2 realisiert werden, läßt sich wie folgt durch die Wahrscheinlichkeitsdichte ausdrücken:

$$p = \int_{x_1}^{x_2} f(x)\,dx \tag{1.15}$$

Wenn das Integrationsintervall alle möglichen Werte der Zufallsgröße erfaßt, so ist das Integral (1.15) gleich eins (das ist die Wahrscheinlichkeit eines sicheren Ereignisses). In unserem oben behandelten Roulette-Beispiel interessiert das Intervall von $x = 0$ bis $x = 2\pi R$. Im allgemeinen Fall werden wir dieses Intervall als unendlich groß annehmen, so daß sich

$$\int_{-\infty}^{\infty} f(x)\,dx = 1 \tag{1.16}$$

ergibt.

Es sei darauf hingewiesen, daß das uns interessierende Integral im Beispiel mit dem Roulette viel einfacher wird. Das liegt daran, daß die Wahrscheinlichkeit dafür, daß der Roulettezeiger im Bereich der Werte von x bis $x + \Delta x$ zum Stehen kommt, von der Wahl eines x-Wertes unabhängig ist. Es gilt deshalb:

$$\int_{0}^{2\pi R} f(x)\,dx = \int_{0}^{2\pi R} f\,dx = f\int_{0}^{2\pi R} dx = 2\pi R f = 1 \;\; ; \quad f = 1/(2\pi R) \;\; .$$

Mit der gleichen Situation haben wir es zu tun, wenn ein Körper die gleiche Dichte in allen seinen Punkten aufweist, also wenn der Körper *homogen* ist ($\varrho = M/V$). Im allgemeinen Fall verändert sich die Dichte $\int_{0}^{2\pi R} f(x)\,dx$ von einem Körperpunkt zum anderen. Die Wahrscheinlichkeitsdichte $f(x)$ verändert sich ebenfalls im allgemeinen Fall beim Übergang von einem Wert der Zufallsgröße zum anderen.

Erwartungswert und Varianz stetiger Zufallsgrößen. Die Grundcharakteristika der Zufallsgröße – der Erwartungswert und die Varianz – lassen sich für diskrete Größen durch Summen bezüglich der Wahrscheinlichkeitsverteilung ausdrücken (siehe die Gleichungen (1.4) – (1.6)). Bei stetigen Zufallsgrößen kommen anstelle der Summen Integrale in Frage, anstelle der Wahrscheinlichkeitsverteilung treffen wir im Falle der Existenz von Dichten (absolutstetige Zufallsgrößen) auf die Wahrscheinlichkeitsdichte:

$$EX = \int_{-\infty}^{\infty} x f(x)\,dx \;\; ; \tag{1.17}$$

$$VarX = \int_{-\infty}^{\infty} (x - EX)^2 f(x)\,dx \;\; . \tag{1.18}$$

Wahrscheinlichkeitsdichte der Normalverteilung. Beim Umgang mit stetigen Zufallsgrößen bedienen wir uns häufig der Normalverteilung. Für die Beschreibung dieser Verteilung wird der Term (1.13)) benutzt:

$$f(x) = \frac{1}{\sqrt{2\pi\sigma^2}} \, e^{-(x-EX)^2/(2\sigma^2)} \,.$$
(1.19)

Der Buchstabe σ steht hier für die Standardabweichung ($\sigma = \sqrt{\mathrm{Var}X}$). Die Funktion (1.19) wird *Gaußsche Funktion* (*Gaußsches Gesetz, Gaußsche Glockenkurve*) genannt.

Die Normalverteilung beschreibt stetige Zufallsgrößen, deren Wertestreuung auf eine Vielzahl von verschiedenartigen Faktoren zurückzuführen ist, die etwa gleichermaßen und unabhängig voneinander wirken. In der Wahrscheinlichkeitstheorie wird bewiesen, daß die Summe einer recht großen Anzahl unabhängiger Zufallsgrößen, die beliebigen Verteilungsgesetzen genügen können, näherungsweise gut durch eine Normalverteilung beschrieben werden kann, dabei desto genauer, je größer die Anzahl der Zufallsgrößen ist, die addiert werden.

Bei der Massenproduktion von Muttern zum Beispiel hängt die Streuung der realisierten Durchmesser mit den zufälligen Abweichungen der Werkstoffcharakteristika, mit den Temperaturschwankungen, der Vibration der Werkzeugmaschinen, den Schwankungen im Stromnetz, der Abnutzung der Werkzeuge usw. zusammen. Alle diese zufälligen Einflußgrößen wirken etwa gleichermaßen und unabhängig voneinander. Sie überlagern sich, und im Ergebnis erweist sich der Mutterndurchmesser als stetige Zufallsgröße, die sich durch das Gaußsche Gesetz beschreiben läßt. Der Erwartungswert dieser Zufallsgröße ist gleich dem Eichwert des Mutterndurchmessers, die Varianz kennzeichnet den Streuungsgrad der Istwerte des Durchmessers um den Eichwert.

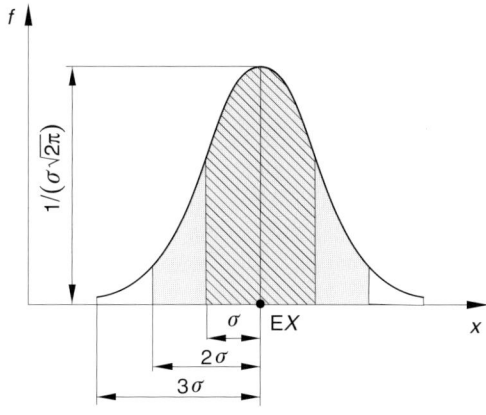

Abb. 1.16

Drei-Sigma-Regel. Die Dichte der Normalverteilung ist in der Abbildung 1.16 dargestellt. Der höchste Wert der Dichte wird bei dem x-Wert erreicht, der gleich dem Erwartungswert ist. Die Kurve, die die vorgestellte Verteilung beschreibt, heißt Gaußsche Kurve und hat eine – bezüglich der Senkrechten in $x = EX$ symmetrische –

Glockengestalt. Die Fläche unter der Kurvenlinie, die für das gesamte unendliche Intervall $(-\infty, \infty)$ herangezogen werden muß, ist gleich dem Integral $\int\limits_{-\infty}^{\infty} f(x)\,dx$. Hier wird die Funktion (1.19) eingesetzt, wonach wir uns davon überzeugen können, daß diese Fläche eins beträgt. Dieses stimmt mit der Gleichung (1.16) überein, welche erkennen läßt, daß die Wahrscheinlichkeit eines sicheren Ereignisses gleich eins ist.

Wir teilen nun die Fläche unter der Gaußschen Kurve durch vertikale Geraden in einzelne Abschnitte auf (siehe Abbildung 1.16). Zunächst betrachten wir den Abschnitt, der dem Intervall $EX - \sigma \leq x \leq EX + \sigma$ entspricht. Wir können uns davon überzeugen (der Leser möge es zunächst glauben), daß

$$\int\limits_{EX-\sigma}^{EX+\sigma} f(x)\,dx = 0,683$$

ist. Das bedeutet, daß die Wahrscheinlichkeit dafür, daß ein x-Wert in das Intervall von $EX - \sigma$ bis $EX + \sigma$ gelangt, etwa gleich 0,683 ist. Ferner kann gezeigt werden, daß die entsprechende Wahrscheinlichkeit für das Intervall von $EX - 2\sigma$ bis $EX + 2\sigma$ etwa 0,954 beträgt und die Wahrscheinlichkeit für das Intervall von $EX - 3\sigma$ bis $EX + 3\sigma$ den Wert 0,997 erreicht. Somit gelangen die Werte einer stetigen Zufallsgröße, die der Normalverteilung genügt, mit der Wahrscheinlichkeit 0,997 in das Intervall $EX - 3\sigma$ bis $EX + 3\sigma$. Diese Wahrscheinlichkeit ist praktisch gleich eins. Deshalb können wir in praktischen Anwendungen annehmen, daß sich in Wirklichkeit alle Werte der untersuchten Zufallsgröße im Bereich des Intervalls befinden, das sich 3σ nach rechts und 3σ nach links von EX erstreckt. Das ist die *Drei-Sigma-Regel*.

2   Wie Entscheidungen getroffen werden

Durch die Anwendung mathematischer Methoden wird die Unsicherheit statistischer Entscheidungen nicht aufgehoben; sie läßt sich aber durch die Verwendung der Wahrscheinlichkeitstheorie quantitativ fassen.

Hermann Witting[1]

Schwierigkeiten bei der Entscheidungsfindung

Entscheidungsfindung unter ungewissen Bedingungen. In unserem Leben müssen wir oftmals Entscheidungen unter unklaren Bedingungen treffen. Da der Rahmen für die Entscheidungsfindung ungewiß ist, verfahren wir mehr oder weniger schlüssig oder unschlüssig. Wir betrachten hierzu ein einfaches Beispiel. Wohin soll ich im Urlaub oder in der Ferienzeit fahren? Diese Frage bereitete uns allen schon häufig Kopfzerbrechen. Wir versuchen, Überraschungen jeder Art zu erahnen, wie die Launen der Natur, die Unterkunftsbedingungen, eventuelle Vergnügungen usw. In solchen Situationen bemühen wir uns, die beste Variante zu finden. Wir gehen von den eigenen Erfahrungen aus, lassen uns von Bekannten raten, häufig handeln wir „aus dem Stegreif". In Situationen, die nur uns persönlich oder nur unsere Mitmenschen angehen, ist solch eine *subjektive* Verfahrensweise durchaus vertretbar. Es gibt allerdings eine große Zahl von Situationen, wo diese oder jene Entscheidung die Interessen vieler Menschen betrifft. Deshalb setzt eine solche Entscheidung keine ausschließlich subjektive, sondern eine fundierte, *wissenschaftlich-mathematisch begründete* Einstellung voraus.

Es ist zum Beispiel bekannt, daß die Gesellschaft ohne Vorräte an Lebensmitteln, ohne Rohstoffe und Elektroenergie usw. nicht funktionieren kann. Vorräte werden überall angelegt, in jedem Betrieb, in Geschäften, in Krankenhäusern, im Verkehrswesen. Wie groß sollen die Vorräte aber in diesem oder jenem konkreten Fall sein? Klar ist, daß ein knapper Vorrat Arbeitsunterbrechungen verursachen kann, ebenso, daß überflüssige Vorräte die Wirtschaft stark belasten, in den Unternehmen die Mittel binden. Das *Vorratsproblem* stellt ein Problem von größter Tragweite dar. Es ist so kompliziert, weil es praktisch immer unter Bedingungen der Ungewißheit gelöst werden muß.

Zweierlei Ungewißheiten. Wie kann also eine Entscheidung unter den Bedingungen der Ungewißheit getroffen werden? Vor allen Dingen sind unbekannte Faktoren festzustellen, die die Ungewißheit verursachen, die Natur dieser Faktoren ist zu ermitteln. Es gibt zwei Arten von Ungewißheiten. Die einen sind auf Faktoren zurückzuführen, die Gegenstand der Untersuchung in der Wahrscheinlichkeitstheorie sind. Diese Faktoren stellen entweder *Zufallsgrößen* oder *Zufallsfunktionen* dar. Sie lassen sich durch bestimmte statistische Charakteristika beschreiben, z. B. durch den Erwartungswert und die Varianz, die bekannt sind oder zum gewünschten Zeitpunkt ermittelt werden können. Diese werden *wahrscheinlichkeitsbedingte* bzw. *stochastische* Unbestimmtheiten genannt. Ungewißheiten der zweiten Art sind auf unbekannte Faktoren zurückzuführen, die nicht zur Kategorie der Zufallsgrößen (Zufallsfunktionen) gehören, auch aus dem Grund, daß keine statistische Stabilität bei der Realisierung dieser Faktoren nachzuweisen ist. Deshalb ist die Anwendung des Begriffs Wahrscheinlichkeit in diesen Fällen ausgeschaltet. Die Ungewißheiten dieser Art wollen wir die „schlechten Unbestimmtheiten" nennen.

„Erlauben Sie mal, wie ist das möglich?", kann der Leser fragen. „Doch nicht jedes Ereignis, das sich nicht exakt voraussagen läßt, kann den zufälligen Ereignissen zugerechnet werden!" „Ja, das stimmt, nicht jedes Ereignis", wäre die Antwort. Im Kapitel 1 wurden zufällige Ereignisse, Zufallsgrößen und Zufallsfunktionen diskutiert. Dabei wurde mehrmals darauf hingewiesen, daß das interessierende Bild eine *statistische Stabilität* aufweisen muß, die gerade durch die Wahrscheinlichkeit ausgedrückt wird. Jedoch sind Ereignisse möglich, die von Fall zu Fall eintreten und zugleich keine statistische Stabilität erkennen lassen. Auf solche Ereignisse läßt sich der Begriff Wahrscheinlichkeit nicht anwenden, ebensowenig wie die Charakterisierung „zufällige". Über die Wahrscheinlichkeit, daß ein konkreter Schüler eine Fünf in einer konkreten Arbeit eines konkreten Faches bekommt, können wir z. B. gar nicht sprechen. Es ist doch auch rein spekulativ undenkbar, eine Folge typengleicher Versuche zu ermöglichen, die dieses genannte Ergebnis als eines der möglichen Ergebnisse haben werden. Es hat keinen Sinn, solche Versuche mit einer großen Zahl von Schülern anzustellen, da jeder Schüler seine Fähigkeiten, seine Begabungen, seine Vorbereitungen usw. hat. Solche Versuche lassen sich auch nicht mit nur einem Schüler anstellen, da er sich offensichtlich von Prüfung zu Prüfung immer besser zurechtfinden wird. Auch läßt sich die Wahrscheinlichkeit dieses oder jenes Ergebnisses nicht abschätzen, wenn Schachmeister von gleichem Rang gegeneinander spielen. In allen solchen Situationen fehlt die Folge gleichartiger Versuche, die eine durch die Wahrscheinlichkeit ausgedrückte Stabilität zu ermitteln gestattet. Hier haben wir es immer mit der „schlechten Unbestimmtheit" zu tun.

In unserem Alltagsleben denken wir leider gewöhnlich nicht viel darüber nach, was hinter dem kniffligen Begriff „statistische Stabilität" steckt. Dafür haben wir Ausdrücke parat wie: „Es ist kaum wahrscheinlich", „wahrscheinlich", „aller Wahrscheinlichkeit nach" usw. Wir wenden sie auch auf solche Erscheinungen an, die durch Wahrscheinlichkeiten gar nicht gekennzeichnet sind. Wir sind geneigt, allen Ereignissen, die wir nicht genau voraussagen können, eine wahrscheinlichkeitsbedingte Natur zuzuschreiben. Nicht von ungefähr ergab sich zu Beginn unseres Jahrhunderts die Notwendigkeit, den Begriff Wahrscheinlichkeit zu präzisieren. Wie bereits erwähnt, wurde diese Präzisierung in der von A. N. Kolmogorow ausgearbeiteten axiomatischen Definition der Wahrscheinlichkeit vorgenommen.

Entscheidungselemente und Effektivitätskennziffern. Wenn wir von einer Entscheidungsfindung sprechen, setzen wir voraus, daß verschiedene Verhaltensvarianten möglich sind, die als *Entscheidungselemente* bezeichnet werden. Es sei darauf hingewiesen, daß die Anzahl der Entscheidungselemente bei den meisten praktisch wichtigen Aufgaben sehr groß ist. Wir wollen vereinbaren, daß wir die Menge der Entscheidungselemente in einer uns interessierenden Situation mit X bezeichnen. Die Entscheidungsfindung setzt voraus, daß wir aus dieser Menge ein Element x wählen. Wie können wir nun bestimmen, ob das jeweilige Entscheidungselement am besten, am effektivsten ist? Hierzu benötigen wir ein quantitatives Kriterium, das die Effektivität verschiedener Entscheidungselemente zu vergleichen erlaubt. Wir werden dieses Kriterium als *Effektivitätskennziffer* bezeichnen. (Die Mathematiker verwenden hier den Terminus Verlustfunktion.) Ausschlaggebend für die Wahl dieser Kennziffer ist das Ziel, das in der jeweiligen Situation zu erreichen ist: In die Schule nicht zu spät zu kommen, eine Aufgabe richtig und schnell zu lösen, den Kinobesuch zu ermöglichen usw. Der Arzt zum Beispiel bemüht sich, das wirksamste Heilverfahren für seinen Patienten zu finden. Der Produktionsdirektor ist für die Erfüllung des Ausstoßplanes in der Produktion verantwortlich. Am effektivsten ist das Entscheidungselement, das die besten Chancen eröffnet, ein Ziel zu erreichen.

Nehmen wir an, daß wir Waren vertreiben. Unser Ziel besteht darin, den höchsten Profit zu erzielen. Als Effektivitätskennziffer wählen wir den Profit und werden bemüht sein, diese Kennziffer zu maximieren. Bei diesem Beispiel ist die Wahl der Effektivitätskennziffer offensichtlich. Es gibt allerdings kompliziertere Situationen, wo zugleich mehrere Ziele zu erreichen sind, z.B. den Gewinn zu steigern, die Vertriebszeit zu verkürzen, Waren unter einer Vielzahl von Kunden zu verteilen. In solchen Fällen sind mehrere Effektivitätskennziffern zu berücksichtigen; es handelt sich hierbei um multikriterielle Aufgaben.

W sei unsere Effektivitätskennziffer, die einzige und allein zu beachtende. Das Problem läuft darauf hinaus, ein solches Entscheidungselement x zu finden, bei dem die Kennziffer W maximal (bzw. minimal) ist. Wir müssen hier jedoch berücksichtigen, daß der Entscheidungsvorgang unter der Anwesenheit von Unbestimmtheiten abläuft. Es wirken unbekannte (zufällige) Faktoren, die das Endergebnis beeinflussen und folglich einen Einfluß auf die Effektivitätskennziffer W ausüben. Wir bezeichnen diese Einflüsse mit ξ. Hinzu kommen noch Faktoren, die in ihrer Gesamtheit vorgegeben und im voraus bekannt sind, diese werden wir mit a bezeichnen. Somit ergibt sich, daß die Effektivitätskennziffer von drei Gruppen von Faktoren abhängt – von den wohlbestimmten Faktoren a, den unbekannten (zufälligen) Faktoren ξ und vom gewählten Entscheidungselement x:

$$W = W(a, \xi, x) \ .$$

Bei unserem Beispiel aus dem Vertrieb seien durch a bereitgestellte Mittel für den Warenerwerb, zugewiesene Räumlichkeiten, die Jahreszeit usw. widergespiegelt. Unter ξ ordnen wir die Kundenzahl pro Tag ein, die von Tag zu Tag unterschiedlich ist und zufällig schwankt, die Zeitpunkte, zu denen die Kunden kommen (möglich ist ein zufälliger großer Zulauf, der lange Schlangen entstehen läßt), die zufälligen zeitlichen Schwankungen der Nachfrage nach diesen oder jenen Waren usw.

Da die Faktoren zufällig sind, ist also auch die Effektivitätskennziffer eine Zufallsgröße. Es erhebt sich die Frage: Kann die Zufallsgröße maximiert bzw. minimiert werden? Die Antwort liegt auf der Hand: Das ist natürlich unmöglich. Welches Entscheidungselement x wir auch wählen, W bleibt nach wie vor eine Zufallsgröße, die man nicht veranlassen kann, einen Höchst- bzw. einen Mindestwert anzunehmen. Diese

Antwort muß den Leser aber nicht entmutigen. Unter den Bedingungen der Unge-wißheit ist es in der Tat unmöglich, die Effektivitätskennziffer auf ihren Höchst- bzw. Mindestwert zu bringen. Durch eine geeignete Wahl eines Entscheidungselements kann dieses Ziel allerdings *mit großer Wahrscheinlichkeit* erreicht werden. Daher möchten wir nun Vorgehensweisen aufzeigen, die bei der Entscheidungsfindung unter den Bedingungen stochastischer Unbestimmtheit eingesetzt werden.

Ersatz der zufälligen Faktoren durch ihre Mittelwerte. Das einfachste Vorgehen besteht darin, die zufälligen Faktoren ξ einfach durch ihre Erwartungswerte zu ersetzen. Es ergibt sich eine streng determinierte Aufgabe, die Effektivitätskennziffer W läßt sich genau berechnen, sie kann zum Beispiel maximiert oder minimiert werden. Dieses Vorgehen wird oft bei der Lösung verschiedener Aufgaben in der Physik und der Tech-nik verwendet. Fast alle Parameter (Temperatur, Potentialdifferenz, Beleuchtungsstärke, Druck usw.), die in diesen Aufgaben verwendet werden, sind strenggenommen Zufalls-funktionen. In der Regel vernachlässigen wir den zufälligen Charakter der physikali-schen Parameter und bedienen uns ihrer Mittelwerte bei der Lösung verschiedener Aufgaben.

Dieses Vorgehen ist berechtigt, wenn die Abweichungen der Parameter von ihren Mittelwerten gering sind, kommt aber nicht in Frage, wenn Zufälligkeiten das uns interessierende Ergebnis erheblich beeinflussen. Bei der Organisation der Arbeit einer Kfz-Reparaturwerkstatt darf grundsätzlich nicht vernachlässigt werden, daß die Zeit-punkte des Versagens sowie die Störungen selbst einen zufälligen Charakter besitzen. Zufällig ist auch der Zeitpunkt der Beseitigung von Störungen. Bei der Analyse des Rauschens in elektronischen Geräten sind Zufälligkeiten im Verhalten der Elektronen-ströme grundsätzlich nicht zu vernachlässigen. Bei diesen Beispielen treten die Fakto-ren als *wesentliche zufällige* Faktoren auf.

Optimierung im Durchschnitt. Sind die Faktoren wesentliche zufällige Faktoren, so läßt sich ein Verfahren einsetzen, das *Optimierung im Durchschnitt* heißt. Es besteht darin, daß nicht die Zufallsgröße W als Effektivitätskennziffer herangezogen wird, sondern ihr Erwartungswert EW, der maximale oder minimale Werte annehmen kann.

Allerdings bleibt die Unbestimmtheit bei diesem Verfahren erhalten. Es kann sich herausstellen, daß die Effektivität dieses oder jenes Entscheidungselements x für konkrete Werte der zufälligen Parameter viel geringer oder größer als ihr erwarteter Wert ist. Optimieren wir den Vorgang im Durchschnitt, so können wir uns dessen sicher sein, daß wir im Ergebnis vieler Wiederholungen unbedingt gewinnen. Wir müssen beachten, daß die Optimierung im Durchschnitt erst dann in Betracht kommt, wenn Gewinne aus mehreren Vorgängen *addiert* werden, so daß negative Ergebnisse der einen Vorgänge durch positive Ergebnisse der anderen wettgemacht werden. Vertretbar ist die Optimierung im Durchschnitt z.B., wenn es darauf ankommt, den beim Waren-vertrieb erwirtschafteten Gewinn zu steigern. Dabei gibt es ,,glückliche`` und ,,unglück-liche`` Tage, die sich zufällig abwechseln, die Gewinne an allen diesen Tagen werden jedoch addiert, so daß Verluste wettgemacht werden können.

Ein anderes Beispiel: Wir betrachten die Effektivität der Arbeit der schnellen medizinischen Hilfe einer Großstadt. Als Effektivitätskennziffer sei hier die Wartezeit gewählt, die vergeht, bis der Arzt nach einem Anruf eintrifft. Es ist wünschenswert, die Wartezeit so zu verkürzen, daß sie ihren Mindestwert erreicht. Hierbei kommt die

Optimierung im Durchschnitt nicht in Frage, da eine längere Wartezeiten auf den Arzt durch eine schnelle Betreuung eines Patienten in anderen Fällen nicht kompensiert wird.

Stochastische Nebenbedingungen. Wir stellen jetzt eine zusätzliche Forderung: Die Wartezeit, bis der Arzt kommt, soll kürzer sein als ein gewisser Wert W_0. Da W eine Zufallsgröße ist, dürfen wir nicht verlangen, daß die Ungleichung $W < W_0$ ohne weiteres erfüllt wird. Wir können lediglich fordern, daß diese Ungleichung mit einer recht großen Wahrscheinlichkeit erfüllt wird, z. B. mit einer Wahrscheinlichkeit nicht unter 0,99. Mit Rücksicht auf diese Bedingung sollen aus der Menge X die Elemente x entfernt werden, die der genannten Forderung nicht gerecht werden. Solche Zusatzbedingungen werden *stochastische Nebenbedingungen* (Einschränkungen) genannt. Freilich wird das Problem der Entscheidungsfindung durch solche Einschränkungen augenfällig komplizierter.

Zufällige Prozesse mit diskreten Zuständen

Unter einem *zufälligen Prozeß* verstehen wir einen Vorgang, bei dem ein System zufällig aus den einen Zuständen in andere Zustände wechselt. In diesem Abschnitt wollen wir zufällige Prozesse mit *diskreten Zuständen* erörtern. Wir gehen davon aus, daß das System durch eine Menge diskreter (endlich oder unendlich vieler) Zustände gekennzeichnet ist. Die zufälligen Systemübergänge zwischen diesen Zuständen erfolgen als *momentane Sprünge*.

Zustandsgraph. Ein Schema, das als *Zustandsgraph* bezeichnet wird, eignet sich bestens für Untersuchungen zufälliger Vorgänge mit diskreten Zuständen. Der Zustandsgraph stellt mögliche Systemzustände schematisch dar und zeigt (mit Hilfe von Pfeilen) mögliche Übergänge zwischen den Zuständen an.

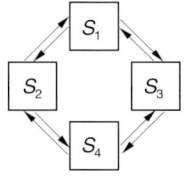

Abb. 2.1

Hier ein Beispiel: Ein System besteht aus zwei Einrichtungen, von denen jede ein und dasselbe Produkt herstellt. Die Einrichtungen können während des Betriebs ausfallen (versagen). Bei einer ausgefallenen Einrichtung beginnt sofort die Instandsetzung (Reparatur). Das System hat vier Zustände: Beide Einrichtungen funktionieren (S_1); die erste Einrichtung wird repariert (nach dem Ausfall), die zweite funktioniert (S_2); die zweite wird repariert, die erste funktioniert (S_3); beide werden instandgesetzt (S_4). Der Zustandsgraph ist aus der Abbildung 2.1 ersichtlich. Ein Teil der Übergänge ergibt sich daraus, daß die Einrichtungen im System ausfallen. Die anderen Übergänge sind das

Ergebnis der Instandsetzungsarbeiten. Die Einrichtungen versagen zu nicht vorherseh-
baren Zeitpunkten. Zufällig sind auch die Zeitpunkte, die dem Reparaturende entsprechen. Deshalb sind die in der Abbildung mit Pfeilen gekennzeichneten Prozesse des
Systemübergangs von einem Zustand in den anderen zufällige Vorgänge.

Wir bemerken, daß die Übergänge $S_1 \to S_4$ und $S_4 \to S_1$ in der Abbildung nicht
eingezeichnet sind. Der ersterwähnte Übergang entspricht dem gleichzeitigen Versagen
beider Einrichtungen, der zweite bedeutet, daß die Instandsetzung beider Einrichtungen
zugleich beendet wurde. Wir setzen voraus, daß die Wahrscheinlichkeit eines solchen
zeitlichen Zusammentreffens gleich null ist.

Forderungenstrom. Wir nehmen an, daß gleichartige Ereignisse zu zufälligen Zeitpunkten nacheinander eintreten. Wir sprechen dann von einem *Forderungenstrom*. Es
kann ein Strom der Zeitpunkte von Taxibestellungen per Telefon sein, ein Strom der
Einschaltmomente elektrischer Geräte zu Hause, ein Strom des Eintretens von Funkti-
onsstörungen einer Einrichtung usw. Wir nehmen an, der Dispatcher eines Taxiparks

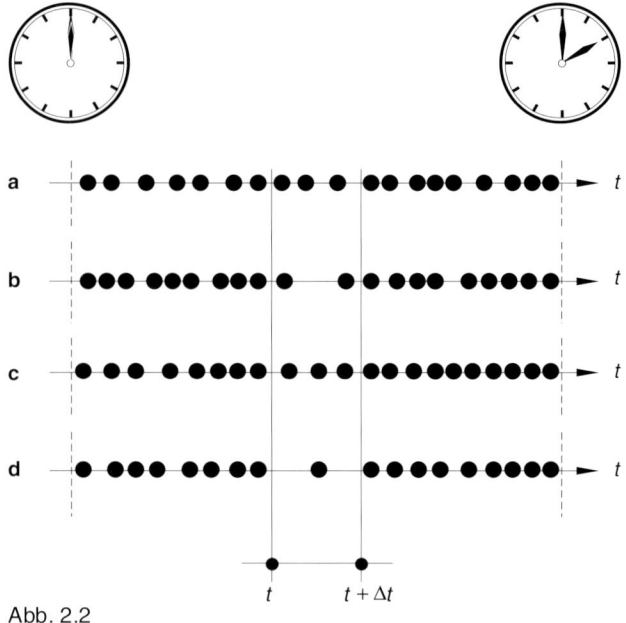

Abb. 2.2

registriert die Zeitpunkte des Eingangs von Taxibestellungen innerhalb einer gewissen
Zeitspanne, z.B. von 12.00 bis 14.00 Uhr. Er setzt Punkte auf die Zeitachse und erhält
somit ein Bild (Abbildung 2.2a), das eine schematische Darstellung des Auftretens von
Taxianforderungen für die jeweilige Zeitspanne darstellt. Weitere drei Möglichkeiten
der Verwirklichung solch eines Forderungenstromes sind aus der Abbildung 2.2b, c
und d ersichtlich; diese Markierungen wurden an anderen Tagen festgehalten. Die
Zeitpunkte, zu denen die Forderungen bei jeder einzelnen Realisierung eines Forderungenstromes auftreten, sind zufällig. Zugleich weist der Forderungenstrom eine statistische Stabilität auf: Die Gesamtzahl der Ereignisse in der jeweiligen Zeitspanne

schwankt von Versuch zu Versuch (von einer Realisierung des Stromes zur anderen) nur wenig. Wir stellen fest, daß die Anzahl der Ereignisse bei den dargestellten Realisierungen des Stromes 19, 20, 21 bzw. 18 beträgt.

Im vorigen Kapitel wurde unter einem zufälligen Ereignis eine Menge von Versuchsergebnissen verstanden, die mit bestimmten Wahrscheinlichkeiten versehen waren. Bei der Erörterung des Forderungenstromes besitzt das Ereignis: „eine Forderung tritt auf" eine andere Bedeutung. Es hat jetzt keinen Sinn, von der Wahrscheinlichkeit dieses oder jenes Ergebnisses (Ereignisses) zu sprechen, da alle Ereignisse als typengleich betrachtet werden, die sich voneinander nicht unterscheiden. Jede Taxibestellung ist ja ein Auftrag, der sich an und für sich von den anderen nicht unterscheidet. Es handelt sich nunmehr um andere Wahrscheinlichkeiten, z. B. um Wahrscheinlichkeiten, daß ein Ereignis in einer gewissen Zeitspanne (sagen wir, in der Zeitspanne von t bis $t + \Delta t$, die in der Abbildung gekennzeichnet ist) genau einmal, zweimal, dreimal usw. eintritt.

Der Begriff *Forderungenstrom* wird bei der Behandlung von zufälligen Vorgängen in Systemen mit diskreten Zuständen verwendet. Dabei wird vorausgesetzt, daß die Systemübergänge aus einem Zustand in den anderen unter dem Einfluß der jeweiligen Forderungenströme erfolgen. Sobald ein Ereignis im Forderungenstrom eintritt, erfolgt ein momentaner Übergang. Im Beispiel mit dem in Abbildung 2.1 dargestellten Zustandsgraphen vollziehen sich die Übergänge $S_1 \rightarrow S_2$ und $S_3 \rightarrow S_4$ unter der Wirkung des Forderungenstromes, der einen Strom der Ausfallmomente der ersten Einrichtung darstellt. Die Übergänge $S_1 \rightarrow S_3$ und $S_2 \rightarrow S_4$ erfolgen unter dem Einfluß des Forderungenstromes der Ausfälle der zweiten Einrichtung. Die umgekehrten Übergänge werden durch einen Forderungenstrom der Ereignisse verursacht, denen ein „Reparaturende" zugrunde liegt: die Übergänge $S_2 \rightarrow S_1$ und $S_4 \rightarrow S_3$ durch den Strom der Reparaturabschlüsse der ersten Einrichtung, die Übergänge $S_3 \rightarrow S_1$ und $S_4 \rightarrow S_2$ durch den Strom der Reparaturabschlüsse der zweiten Einrichtung.

Der Übergang aus dem Zustand S_i in den Zustand S_j erfolgt, sobald das nächste Ereignis im jeweiligen Strom eintritt. Die Schlußfolgerung liegt nahe, daß die Wahrscheinlichkeit des Übergangs $S_i \rightarrow S_j$ zu einem festen Zeitpunkt t gleich der Wahrscheinlichkeit sein wird, daß das Ereignis im Forderungenstrom zum gegebenen Zeitpunkt eintritt. Es hat jedoch keinen Sinn, von der Wahrscheinlichkeit des Übergangs zum konkreten Zeitpunkt t zu sprechen. Wie die Wahrscheinlichkeit jedes konkreten Wertes einer stetigen Zufallsgröße, ist diese Wahrscheinlichkeit gleich null. Hier wirkt sich aus, daß die Zeit kontinuierlich ist. Deshalb sprechen wir auch von der Übergangswahrscheinlichkeit (von der Wahrscheinlichkeit, daß ein Ereignis im Forderungenstrom eintritt) nicht zum Zeitpunkt t, sondern im Intervall von t bis $t + \Delta t$. Diese Wahrscheinlichkeit bezeichnen wir mit $P_{ij}(t; \Delta t)$. Durch den Grenzübergang $\Delta t \rightarrow 0$ gelangen wir zum Begriff *Wahrscheinlichkeitsdichte des Übergangs* zum Zeitpunkt t:

$$\lambda_{ij} = \lim_{\Delta t \rightarrow 0} \frac{P_{ij}(t; \Delta t)}{\Delta t} \ . \tag{2.1}$$

Diese Größe heißt auch *Intensität des Forderungenstromes*, durch den der jeweilige Übergang hervorgerufen wird.

Im allgemeinen Fall hängt die Intensität des Stromes von der Zeit ab. Vergessen wir jedoch nicht, daß die Abhängigkeit der Intensität des Forderungenstromes von der Zeit nicht mit der Lage der Verdickungen und Verdünnungen der Ereignisse bei dieser oder jener Verwirklichung eines Stromes im Zusammenhang steht. Der Einfachheit halber werden wir deshalb annehmen, daß die Wahrscheinlichkeitsdichte der Übergänge und folglich die Intensität des Forderungenstromes nicht von der Zeit abhängt. Wir werden also *stationäre* Forderungenströme behandeln.

Die Kolmogorowschen Gleichungen im stationären Regime. Mit p_i bezeichnen wir die Wahrscheinlichkeit, daß sich das System im Zustand S_i befindet (wir begnügen uns mit der Untersuchung des *stationären* Regimes, in dem die Wahrscheinlichkeiten p_i zeitunabhängig sind). Als Beispiel nehmen wir ein System, dessen Zustandsgraph in Abbildung 2.1 dargestellt ist. λ_1 sei die Intensität des Forderungenstromes der Ausfälle der ersten Einrichtung, λ_2 die der zweiten Einrichtung; μ_1 sei die Intensität des Forderungenstromes der Reparaturbeendigungen der ersten Einrichtung, μ_2 die der zweiten Einrichtung. Wenn wir die Intensitäten der Forderungenströme berücksichtigen, dann erhalten wir den *Zustandsgraphen*; der in der Abbildung 2.3 zu sehen ist.

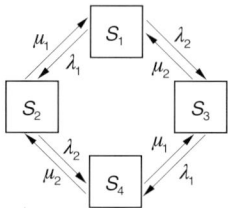

Abb. 2.3

Stellen wir uns einmal vor, es gäbe N gleiche Systeme, die durch den in Abbildung 2.3 abgebildeten Zustandsgraphen beschrieben werden. Es sei $N \gg 1$ (wesentlich größer). Die Anzahl der im Zustand S_i befindlichen Systeme ist gleich Np_i (diese Behauptung ist umso genauer, je größer N ist). Wir untersuchen jetzt einen konkreten Zustand, z.B. den Zustand S_1. Aus diesem Zustand sind Übergänge in die Zustände S_2 und S_3 möglich – mit der Gesamtintensität $\lambda_1 + \lambda_2$, bezogen auf eine Zeiteinheit. (Im stationären Fall ist die Wahrscheinlichkeitsdichte eine Wahrscheinlichkeit für die endliche Zeitspanne Δt, dividiert durch Δt.) Somit ergibt sich die Anzahl der Übergänge aus dem Zustand S_1 in einen anderen Zustand in einer Zeiteinheit in den zu untersuchenden Systemen zu $Np_1(\lambda_1 + \lambda_2)$. Hier läßt sich eine allgemeine Regel erkennen: Die in einer Zeiteinheit vollzogene Anzahl der Übergänge $S_i \rightarrow S_j$ ist gleich dem Produkt der Anzahl der Systeme im Zustand S_i (im Ausgangszustand) und der Übergangsintensität. Wir haben die Übergänge aus dem Zustand S_1 erörtert. Diesen Zustand erreichen wir durch Übergänge aus S_2 und S_3. Die Anzahl der Übergänge in den Zustand S_1 in einer Zeiteinheit beträgt $N \cdot p_2 \cdot \mu_1 + N \cdot p_3 \cdot \mu_2$. Da wir uns hier im stationären Zustand befinden, muß die Anzahl für jeden Zustand ausgeglichen sein. Folglich gilt

$$N \cdot p_1(\lambda_1 + \lambda_2) = N \cdot p_2 \cdot \mu_1 + N \cdot p_3 \cdot \mu_2 \ .$$

Bei der Betrachtung der Bilanz der Anzahl der Übergänge aus und der Übergänge in den Zustand für jeden der vier Zustände (und nach Division der Gleichungen durch den gemeinsamen Faktor N) erhalten wir folgende Gleichungen für die Wahrscheinlichkeiten p_1, p_2, p_3, p_4:

für den Zustand S_1: $(\lambda_1 + \lambda_2)p_1 = \mu_1 \cdot p_2 + \mu_2 \cdot p_3$,

für den Zustand S_2: $(\lambda_2 + \mu_1)p_2 = \lambda_1 \cdot p_1 + \mu_2 \cdot p_4$,

für den Zustand S_3: $(\lambda_1 + \mu_2)p_3 = \lambda_2 \cdot p_1 + \mu_1 \cdot p_4$,

für den Zustand S_4: $(\mu_1 + \mu_2)p_4 = \lambda_2 \cdot p_2 + \lambda_1 \cdot p_3$.

Es ist leicht ersichtlich, daß die vierte Gleichung durch Addition der ersten drei Gleichungen erhalten werden kann. An die Stelle dieser Gleichung setzen wir die Bedingung

$$p_1 + p_2 + p_3 + p_4 = 1 \quad .$$

Sie bedeutet, daß sich das System mit Sicherheit in einem der vier Zustände befindet. Somit gelangen wir zum Gleichungssystem:

$$\left.\begin{array}{l} (\lambda_1 + \lambda_2)p_1 = \mu_1 \cdot p_2 + \mu_2 \cdot p_3 \ , \\ (\lambda_2 + \mu_1)p_2 = \lambda_1 \cdot p_1 + \mu_2 \cdot p_4 \ , \\ (\lambda_1 + \mu_2)p_3 = \lambda_2 \cdot p_1 + \mu_1 \cdot p_4 \ , \\ p_1 + p_2 + p_3 + p_4 = 1 \quad . \end{array}\right\} \tag{2.2}$$

Das sind die Kolmogorowschen Gleichungen; sie wurden aufgestellt für das System, dessen Zustandsgraph in Abbildung 2.3 dargestellt ist.

Welche Rationalisierungen sollen wir wählen? Wir wollen eine konkrete Situation analysieren und dabei die Gleichungen (2.2) einsetzen. Der diesen Gleichungen entsprechende Zustandsgraph (siehe Abbildung 2.3) beschreibt ein System, das, wie wir oben beschrieben haben, aus zwei Einrichtungen besteht, die unabhängig voneinander ein Produkt erzeugen. Nehmen wir an, die zweite Einrichtung dieses Systems habe eine modernere Bauart und eine doppelt so hohe Produktivität wie die erste. Die erste Einrichtung bringt in einer Zeiteinheit einen Gewinn, der fünf festgelegten Einheiten entspricht, die zweite einen Gewinn von zehn Einheiten. Leider fällt die zweite Einrichtung im Mittel doppelt so oft aus wie die erste; es sei $\lambda_1 = 1$, $\lambda_2 = 2$. Die Intensitäten der Forderungsströme der Instandsetzungen (die Reparatur wurde beendet) seien gleich $\mu_1 = 2$, $\mu_2 = 3$. Wir setzen die Parameter ein und erhalten (2.2) in der Form

$$\begin{array}{l} 3p_1 = 2p_2 + 3p_3 \\ 4p_2 = p_1 + 3p_4 \\ 4p_3 = 2p_1 + 2p_4 \\ p_1 + p_2 + p_3 + p_4 = 1 \quad . \end{array}$$

Als Lösung dieses Gleichungssystems finden wir $p_1 = 0{,}4$; $p_2 = 0{,}2$; $p_3 = 0{,}27$; $p_4 = 0{,}13$. Das bedeutet, daß beide Einrichtungen im Durchschnitt 40 % der Betriebszeit zugleich funktionieren (Zustand S_1 in der Abbildung 2.3), 20 % der Zeit funktioniert nur die erste Einrichtung, die zweite wird unterdessen instandgesetzt (Zustand S_2), 27 % der Zeit funktioniert nur die zweite Einrichtung, die erste wird unterdessen instandgesetzt (Zustand S_3), 13% der Zeit beansprucht die Instandsetzung beider Einrichtungen zugleich (Zustand S_4). Ohne Mühe läßt sich der Gewinn berechnen, den das aus den zwei obigen Einrichtungen bestehende System in der Zeiteinheit bringt:

$$(5 + 10) \cdot 0,4 + 5 \cdot 0,2 + 10 \cdot 0,27 = 9,7 \text{ Einheiten.}$$

Angenommen, uns gelingt eine Rationalisierung, die es ermöglichen wird, die Dauer der Instandsetzung entweder der ersten oder der zweiten Einrichtung auf 50% zu verringern. Aus gewissen Gründen kann nur eine der beiden Einrichtungen rationalisiert werden. Nun erhebt sich die Frage, welche Einrichtung zu wählen ist, die erste oder die zweite. Das ist ein konkretes Beispiel für eine Situation aus der Praxis, wo es unter Einsatz der Wahrscheinlichkeitstheorie darauf ankommt, die Entscheidungsfindung mathematisch unterstützt zu begründen.

Gesetzt den Fall, wir wählten die erste Einrichtung. Durch die Verwirklichung des Verbesserungsvorschlags verdoppelt sich die Intensität der Reparaturenden dieser Einrichtung, μ_1 beträgt nunmehr 4 (die übrigen Intensitätswerte bleiben unverändert: $\lambda_1 = 1$, $\lambda_2 = 2$, $\mu_2 = 3$). Die Gleichungen (2.2) erhalten nun die folgende Form:

$$3p_1 = 4p_2 + 3p_3$$
$$6p_2 = p_1 + 3p_4$$
$$4p_3 = 2p_1 + 4p_4$$
$$p_1 + p_2 + p_3 + p_4 = 1 \ .$$

Als Lösung dieses Gleichungssystems ergibt sich $p_1 = 0,48$; $p_2 = 0,12$; $p_3 = 0,32$; $p_4 = 0,08$. Unter Beachtung der erhaltenen Wahrscheinlichkeiten ermitteln wir den Gewinn, den uns nunmehr das System bringen würde:

$$(5 + 10) \cdot 0,48 + 5 \cdot 0,12 + 10 \cdot 0,32 = 11 \text{ Einheiten.}$$

Wenn wir hingegen die zweite Einrichtung wählen, so verdoppelt sich im Ergebnis der Rationalisierung die Intensität μ_2. In diesem Fall sind $\lambda_1 = 1$, $\lambda_2 = 2$, $\mu_1 = 2$, $\mu_2 = 6$. Die Gleichungen (2.2) nehmen die folgende Gestalt an:

$$3p_1 = 2p_2 + 6p_3$$
$$4p_2 = p_1 + 6p_4$$
$$7p_3 = 2p_1 + 2p_4$$
$$p_1 + p_2 + p_3 + p_4 = 1 \ .$$

Als Lösung dieses Gleichungssystems erhalten wir: $p_1 = 0,5$; $p_2 = 0,25$; $p_3 = 0,17$; $p_4 = 0,08$. Wir berechnen den Gewinn:

$$(5 + 10) \cdot 0,5 + 5 \cdot 0,25 + 10 \cdot 0,17 = 10,45 \text{ Einheiten.}$$

Es stellt sich heraus, daß es sich lohnt, die Verbesserung an Hand der ersten Einrichtung vorzunehmen.

Bedienungssysteme

Bedienungsprobleme. Eine moderne Gesellschaft ist heute ohne weitverzweigte *Bedienungsnetze* undenkbar. Zu solchen Systemen gehören Fernsprechämter, Behörden, Geschäfte, Polikliniken, Gaststätten, Fahrkartenschalter, Tankstellen, Frisiersalons usw. Trotz der großen Vielfalt besitzen alle diese Systeme Gemeinsamkeiten.

Eines solcher gemeinsamen Probleme ist das Problem der Bildung von Schlangen. Wenn wir eine Behörde, Poliklinik, Verkaufsstelle, Gaststätte usw. besuchen, müssen wir häufig recht lange anstehen. Wir verlieren dabei viel Zeit, unsere weiteren Pläne geraten durcheinander.

Es ist klar, daß solche Probleme vom *zufälligen Charakter* der Erscheinungen herrühren, die in Bedienungssystemen auftreten. Zufällig ist die Menge der eintreffenden Anrufe, die ein Fernsprechamt zu bewältigen hat, zufällig ist die Dauer eines Gesprächs. Die Zufälligkeiten lassen sich nicht grundsätzlich beseitigen. Sie lassen sich allerdings auf geeignete Weise berücksichtigen, infolgedessen Bedienungssysteme recht sinnvoll organisiert werden können. Die Untersuchung solcher Fragen begann im ersten Viertel unseres Jahrhunderts. Es wurden mathematische Aufgaben formuliert und erörtert, wo zufällige Vorgänge in Systemen mit diskreten Zuständen modelliert wurden. So entstand und entwickelte sich eine neue Richtung in der Wahrscheinlichkeitstheorie, die auf Vorschlag des sowjetischen Mathematikers A. J. Chintschin „Bedienungstheorie" genannt wurde.

Historisch betrachtet, basiert diese Theorie auf Arbeiten, in denen das Problem der Überlastung von Fernsprechleitungen untersucht wurde, das zu Beginn unseres Jahrhunderts sehr akut wurde. Anhaltspunkte für die Entwicklung dieser Theorie gaben die Arbeiten des dänischen Wissenschaftlers A. Erlang aus den Jahren 1908 – 1922. Seitdem nahm das Interesse für Bedienungsprobleme rasch zu. Bestrebt, große Kundenmengen schneller zu bedienen, wurden die Gesetzmäßigkeiten der Schlangenbildung untersucht. Es stellte sich bald heraus, daß Aufgaben, für die sich zunächst die Bedienungstheorie interessierte, über den Rahmen der Dienstleistungssphäre hinausgehen, ein viel größeres Anwendungsspektrum bereithalten. Nehmen wir an, ein Arbeiter bediene mehrere Werkzeugmaschinen. Zu zufälligen Zeitpunkten treten Störungen an den Maschinen auf, die schnellstens behoben werden sollen. Die Dauer der Beseitigung von Störungen ist eine Zufallsgröße. Es ergibt sich die gleiche Situation wie in gewöhnlichen Bedienungssystemen. In diesem Fall handelt es sich nicht mehr um die Bedienung vieler Menschen durch ein System, sondern um die Bedienung mehrerer Werkzeugmaschinen durch eine Person.

Der Bereich der praktischen Aufgaben der Bedienungstheorie ist sehr groß. Wir nutzen Resultate dieser Theorie, wenn es darauf ankommt, die Arbeit in einem modernen Seehafen effektiv zu organisieren, falls wir zum Beispiel die Umschlagkapazität eines Großkais analysieren wollen. Wir bedienen uns dieser Theorie auch bei der Untersuchung der Funktion des Geiger-Müller-Zählrohrs. Solche Zählrohre finden in der Kernphysik Anwendung, sie dienen der Teilchenzählung. Gelangt ein Teilchen ins Innere des Zählrohrs, so entsteht dort eine Entladung, die das Auftreffen des Teilchens meldet. Solange eine Entladung erfolgt, kann ein anderes Teilchen nicht registriert („bedient") werden. Zufällig sind die Zeitpunkte des Auftreffens des Teilchens im Zählrohr, zufällige Schwankungen erfährt die Entladungsdauer (die „Bedienungs"dauer). Dies ist eine charakteristische Bediensituation.

Grundbegriffe. Jedes Bedienungssystem dient der Erfüllung der Forderungen eines *Nachfragestromes*. Als Forderung können verschiedene Begebenheiten betrachtet werden: Ein Passagier will eine Fahrkarte kaufen, eine Störung ist in einem Gerät entstanden, ein Schiff läuft einen Hafen an, ein Teilchen wird im Geiger-Müller-Zählrohr aufgezeichnet. Das System besteht aus einer oder mehreren Bedienungseinheiten, die als *Bedienungskanäle* bezeichnet werden. Kommt ein Kunde zum Beispiel in einen Frisiersalon und fragt danach, wieviele Friseure zur Zeit bedienen, so stellt er fest, wie groß in diesem Falle die Zahl der Bedienungskanäle ist. In anderen Situationen handelt es sich um die Anzahl der geöffneten Fahrkartenschalter, die Anzahl der Telefonzellen im Postamt, die Anzahl der Anlegekais im Hafen, die Anzahl der Zapfsäulen an der Tankstelle usw. Wenn wir einen bestimmten Arzt in seiner Praxis aufsuchen, so haben wir es mit einem einkanaligen Bedienungssystem zu tun.

Bei der Untersuchung eines Bedienungssystems sollten vor allen Dingen die Anzahl der Bedienungskanäle, die Anzahl der Forderungen, die je Zeiteinheit in das System gelangen, und die Bedienungszeiten berücksichtigt werden. Zu beachten ist, daß die Anzahl der ankommenden Forderungen, die Zeitpunkte ihres Eintreffens, die Dauer der Bedienung in der Regel *zufällige* Faktoren sind. Deshalb ist die Bedienungstheorie ein Teilgebiet der *Theorie der zufälligen Prozesse.*

Mit zufälligen Vorgängen dieser Art haben wir uns schon im vorangegangenen Abschnitt auseinandergesetzt. Wir meinen dabei die zufälligen Vorgänge mit *diskreten Zuständen.* Die Systemübergänge aus einem Zustand in die anderen erfolgen unter der Wirkung des zum System gelangenden Forderungenstromes und des *Bedienungsstromes.* Unter diesem Strom wird ein Forderungenstrom verstanden, der aus bedienten Forderungen eines ständig besetzten Bedienungskanales des Systems besteht.

Typen von Bedienungssystemen. Es gibt zwei Grundtypen von Bedienungssystemen: *Verlustsysteme* und *Wartesysteme.* Gelangt eine Forderung zu einem Zeitpunkt in ein Verlustsystem, wo alle Bedienungskanäle besetzt sind, so erhält die Forderung eine „Absage" und sie geht verloren. Mit solchen Systemen haben wir es zu tun, wenn wir z.B. eine Telefonnummer wählen. Ist sie besetzt, so bekommen wir eine Absage und wir müssen den Handapparat auflegen. Wählen wir erneut, so erzeugen wir eine neue Forderung. Viel häufiger haben wir es in der Wirklichkeit mit Systemen zu tun, in denen sich Warteschlangen bilden. Diese werden als Wartesysteme bezeichnet. Nicht von ungefähr wird deshalb die Bedienungstheorie auch *Warteschlangentheorie* genannt. In solchen Systemen stellt sich eine Forderung an, wenn sie zu einem Zeitpunkt ins System tritt, wo alle Bedienungskanäle besetzt sind. Die Forderung *wartet* in der Schlange, bis ein Kanal frei wird. Es gibt Systeme mit *unbeschränkter Schlangenlänge* (eine anstehende Forderung wird früher oder später bedient werden, dabei ist die Anzahl der Anstehenden unbeschränkt) und Systeme mit *beschränkter Warteschlange.* Die Einschränkungen können unterschiedlich sein – sie betreffen zum Beispiel die Anzahl der zugleich anstehenden Forderungen (es darf eine gewisse Anzahl von Forderungen anstehen, jede zusätzliche Forderung wird abgelehnt), die Verweildauer der anstehenden Forderungen (nach Ablauf einer gewissen Verweildauer in der Schlange wird eine nicht bediente Forderung abgelehnt), die Arbeitszeit des Systems (die zu bedienenden Forderungen werden innerhalb einer gewissen Zeit das System verlassen oder sie gehen verloren) usw.

In Betracht kommen auch verschiedene Bedienungsdisziplinen. Für gewöhnlich erfolgt die Bedienung entsprechend der Reihenfolge des Eintretens der Forderungen in das System. Möglich ist auch eine bevorzugte Bedienung, wobei einige Forderungen außerhalb der Reihenfolge bedient werden. Dabei kann eine gerade ankommende Forderung mit höherer *Priorität* die bereits laufende Bedienung einer Forderung mit niedrigerer Priorität unterbrechen oder abwarten, bis die laufende Bedienung beendet ist. Im ersten Fall handelt es sich um eine *absolute*, im zweiten Fall um eine *relative* Priorität. Bedienungssysteme sind immer *multikriterielle* Systeme; sie zeichnen sich durch eine Reihe von *Effektivitätskennziffern* aus. Als solche agieren die mittlere Anzahl der Forderungen, die das System je Zeiteinheit bedient; die mittlere Anzahl der besetzten Bedienungskanäle; die mittlere Anzahl der wartenden Forderungen; die mittlere Wartezeit bis zum Beginn der Bedienung; der mittlere Prozentsatz der abgewiesenen Forderungen; die Wahrscheinlichkeit, daß eine ankommende Forderung sofort bedient wird. Möglich sind auch noch viele andere Effektivitätskennziffern. Es ist wohl selbstverständlich, daß bei der Organisation eines Bedienungssystems eine Verminderung der mittleren Anzahl der wartenden Forderungen und eine Verkürzung der Wartezeit vor der Bedienung anzustreben sind. Wünschenswert ist, mit höchstmöglicher Wahrscheinlichkeit zu sichern, daß eine ankommende Forderung auch unverzüglich bedient wird, und daß der mittlere Anteil der abgelehnten Forderungen auf ein Minimum herabgesetzt wird. Dazu muß die Leistungsfähigkeit des Systems gesteigert werden (zum Beispiel können wir die Dauer der Bedienung verkürzen; die Betriebsverhältnisse des Systems rationalisieren und die Anzahl der Bedienungskanäle vergrößern). Bei der Vergrößerung der Anzahl der Bedienungskanäle vermindert sich unverzüglich solch eine Kennziffer wie die mittlere Anzahl der besetzten Kanäle. Das bedeutet jedoch andererseits, daß die Dauer der Betriebsunterbrechungen größer wird, daß ein Kanal unter Umständen längere Zeit unbesetzt bleibt. Daraus resultiert eine Senkung der Effektivität beim Einsatz des Systems. Somit ergibt sich die Notwendigkeit, den Systembetrieb zu *optimieren*. Die Anzahl der Bedienungskanäle darf nicht allzu klein sein (um große Schlangenlängen zu vermeiden und die Zahl der Verluste nicht zu vergrößern) und nicht allzu groß sein (um die Anzahl und Dauer der erzwungenen Betriebsunterbrechungen nicht zu vergrößern).

Verlustsysteme. Das einfachste Bedienungssystem stellt ein *einliniges System mit Verlusten* dar. Als Beispiel für ein solches System kann eine aus einer Fernsprechleitung bestehende Anlage angesehen werden oder auch ein Teilchennachweisgerät, das aus einem Geiger-Müller-Zählrohr besteht. Der Zustandsgraph dieses Systems ist aus der Abbildung 2.4a ersichtlich. S_0 bedeutet hier, daß das Bedienungsgerät frei, und S_1, daß das Bedienungsgerät besetzt ist. Mit λ wird die Intensität des Forderungenstromes, mit μ die Intensität des Bedienungsstromes bezeichnet. Der Zustandsgraph ist denkbar einfach. Befindet sich das System im Zustand S_0, so leitet eine ankommende Forderung das System in den Zustand S_1 über; die Bedienung beginnt. Sobald die Bedienung beendet ist, kehrt das System in den Zustand S_0 zurück und kann eine weitere Forderung aufnehmen. Ohne auf Einzelheiten dieses Systemtyps einzugehen, betrachten wir lieber einen allgemeineren Fall – ein *Verlustsystem mit n Bedienungsgeräten*. Als Beispiel kann ein aus n Fernsprechleitungen bestehendes System dienen. Seinerzeit interessierte sich Erlang, der Begründer der Bedienungstheorie, gerade für ein solches System. Der entsprechende Zustandsgraph ist in Abbildung 2.4b dargestellt. Die Systemzustände haben folgende Bezeichnungen: S_0 bedeutet, daß alle Bedienungsgeräte frei sind, S_1, es ist ein Bedienungsgerät besetzt, die übrigen sind frei, S_2, es sind zwei Bedienungsgeräte besetzt, die übrigen sind frei, S_n, alle n Bedienungsgeräte sind besetzt. Wie beim obigen Beispiel geben λ die Intensiät des Forderungenstromes und μ die Intensität des Bedienungsstromes an.

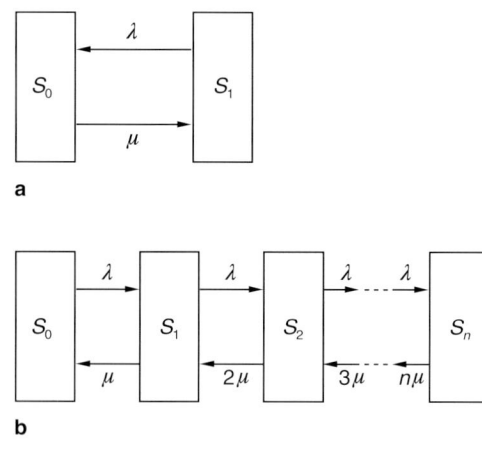

a

b

Abb. 2.4

Das System befinde sich im Zustand S_0. Sobald eine Forderung ankommt, wird ein Bedienungsgerät besetzt – das System geht in den Zustand S_1 über. Befindet sich das System in S_1 und kommt die nächste Forderung an, bevor die Bedienung am „ersten" Gerät beendet ist, so werden bereits zwei Bedienungsgeräte besetzt – das System geht aus S_1 in S_2 über. Ein und derselbe Forderungenstrom (mit der Intensiät λ) leitet also das System aus jedem beliebigen Zustand in den benachbarten *von links nach rechts* über (im abgebildeten Zustandsgraphen läßt sich das gut verfolgen). Etwas komplizierter ist die Frage nach den Strömen, die die Übergänge zwischen den benachbarten Zuständen in Richtung *von rechts nach links* herbeiführen. Befindet sich das System in S_1 (ein Bedienungsgerät ist besetzt), so gibt das nächste Ereignis im Bedienungsstrom dieses Bedienungsgerät frei und leitet das System in den Zustand S_0 über. Wir beachten, daß die Intensiät des Bedienungsstromes μ beträgt. Nehmen wir nun an, das System befindet sich in S_2, also sind zwei Bedienungsgeräte besetzt. Die mittlere Bedienungsdauer in jedem Gerät hat ein und denselben Wert. Jeder Kanal wird unter der Wirkung ein und desselben Bedienungsstromes mit der Intensiät μ freigegeben. Für den Übergang des Systems aus S_2 in S_1 ist belanglos, welches der zwei Bedienungsgeräte freigegeben wird. Folglich hat der Forderungenstrom, der das System aus S_2 in S_1 überleitet, die Intensiät 2μ. Für den Übergang des Systems aus S_3 in S_2 ist belanglos, welches der drei besetzten Bedienungsgeräte freigegeben wird. Der Forderungenstrom, der das System aus S_3 in S_2 überleitet, weist die Intensiät 3μ auf, und so weiter und so fort. Ohne Mühe können wir feststellen, daß der Forderungenstrom, der das System aus S_k in S_{k-1} überleitet, die Intensiät $k\mu$ hat.

Wir wollen annehmen, daß sich das System im stationären Zustand befindet. Unter Einsatz der im vorangegangenen Abschnitt formulierten Regel und des in Abbildung 2.4b angeführten Zustandsgraphen können wir die Kolmogorowschen Gleichungen für die Wahrscheinlichkeiten p_0, p_1, p_2, ..., p_n aufstellen (es sei daran erinnert, daß p_i die Wahrscheinlichkeit ist, daß sich das System im Zustand S_i befindet). Wir erhalten das folgende Gleichungssystem:

$$\left.\begin{array}{l} \lambda \cdot p_0 = \mu \cdot p_1 \\ (\lambda + \mu)p_1 = \lambda \cdot p_0 + 2\mu \cdot p_2 \\ (\lambda + 2\mu)p_2 = \lambda \cdot p_1 + 3\mu \cdot p_3 \\ \\ (\lambda + k\mu)p_k = \lambda \cdot p_{k-1} + (k+1)\mu \cdot p_{k+1} \\ \\ (\lambda + (n-1)\mu)p_{n-1} = \lambda \cdot p_{n-2} + n\mu \cdot p_n \\ p_0 + p_1 + p_2 + ... + p_n = 1 \ . \end{array}\right\} \qquad (2.3)$$

Dieses Gleichungssystem ist leicht lösbar. Mittels der ersten Gleichung drücken wir p_1 durch p_0 aus und setzen dieses in die zweite Gleichung ein. Der Wert p_2 aus der zweiten Gleichung wird danach durch p_0 ausgedrückt und in die dritte eingesetzt usw. In der vorletzten Etappe wird p_n durch p_0 ausgedrückt. Schließlich werden die bei jedem Schritt erhaltenen Ergebnisse in die letzte Gleichung eingefügt. Wir erhalten somit einen Ausdruck für p_0. Es gilt also:

$$p_0 = \left(1 + \lambda/\mu + \frac{(\lambda/\mu)^2}{2!} + \frac{(\lambda/\mu)^3}{3!} + ... + \frac{(\lambda/\mu)^n}{n!} \right)^{-1} ; \qquad (2.4)$$

$$p_k = \frac{(\lambda/\mu)^k}{k!} p_0 \qquad (k = 1, 2, 3, ..., n) \ .$$

Eine Forderung wird abgelehnt, wenn sie zu einem Zeitpunkt ankommt, wo alle n Bedienungsgeräte besetzt sind, d.h., wenn sich das System im Zustand S_n befindet. Die Wahrscheinlichkeit, daß sich das System in S_n befindet, ist gleich p_n. Das ist die Wahrscheinlichkeit dafür, daß eine zum System gelangende Forderung verloren geht und nicht bedient wird. Daraus ergibt sich die Wahrscheinlichkeit, daß eine ankommende Forderung vom System aufgenommen und bedient wird:

$$Q = 1 - p_n = 1 - \frac{(\lambda/\mu)^n}{n!} p_0 \ . \qquad (2.5)$$

Wir multiplizieren Q mit λ und erhalten die Intensiät des Stromes der vom System bedienten Forderungen. Da jedes besetzte Bedienungsgerät je Zeiteinheit im Mittel μ Anträge bedient, erhalten wir die mittlere Anzahl der besetzten Bedienungsgeräte im System durch Division dieses Produktes durch μ:

$$\mathrm{E}N = \frac{\lambda}{\mu} \left(1 - \frac{(\lambda/\mu)^n}{n!} p_0 \right) \qquad (2.6)$$

(N gibt die zufällige Anzahl der besetzten Bedienungsgeräte an).

Wieviele Bedienungsgeräte sind nötig? Wir untersuchen ein konkretes Beispiel. Es sei bekannt, daß die mittlere Anzahl der in ein Fernsprechamt kommenden Forderungen 1,5 je Minute beträgt und der Bedienungsstrom eine Intensiät von 0,5 Anträgen je Minute aufweist (die mittlere Bedienungsdauer beträgt also zwei Minuten je Auftrag). Somit ist $\lambda/\mu = 3$. Das Amt besitze drei Bedienungsgeräte (drei Fernsprechleitungen). Unter Einsatz der Gleichungen (2.4) – (2.6), für $\lambda/\mu = 3$ und $n = 3$ können wir berechnen, daß die Wahrscheinlichkeit für die Bedienung einer ankommenden Forderung lediglich 65 % beträgt. Dabei beträgt der Durchschnitt der besetzten Bedienungsgeräte 1,96, was 65 % der gesamten Kapazität ausmacht. Folglich werden 35 % der ins System kommenden Forderungen abgelehnt und nicht bedient. Dieser Prozentsatz ist unvertretbar groß. Wir entschließen uns, die Zahl der Bedienungsgeräte zu vergrößern. Wir wollen noch ein viertes Bedienungsgerät in Dienst stellen. In diesem Fall steigt die Wahrscheinlichkeit der Bedienung der Forderungen auf 79 % (die Verlustwahrscheinlichkeit sinkt auf 21 %). Gleichzeitig steigt die Anzahl der durchschnittlich besetzten Bedienungsgeräte auf 2,38, was 60 % der gesamten Kapazität der Bedienungsgeräte ausmacht. Anscheinend war die Entscheidung, das vierte Bedienungsgerät hinzuzufügen, durchaus begründet, da die Bedienungswahrscheinlichkeit bei einer relativ kleinen Verringerung des Prozentsatzes der besetzten Bedienungsgeräte (von 65 auf 60 %) recht erheblich ansteigt (von 65 auf 79 %). Eine weitere Vergrößerung der Anzahl der Bedienungsgeräte kann sich als unvorteilhaft erweisen, weil ungenutzte Bedienungsgeräte die Effektivität des Systems in Frage stellen. Da kommt es auf eine eingehendere Analyse unter Beachtung der Kosten jedes Bedienungsgeräts an. Es sei bemerkt, daß wir für $n = 5$ bereits $Q = 89\%$, $EN/n = 53\%$ und für $n = 6$ sogar $Q = 94\%$, $EN/n = 47\%$ erhalten.

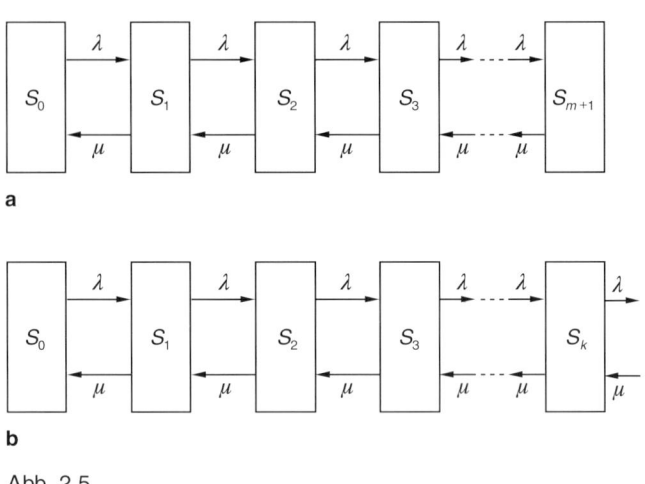

Abb. 2.5

Einliniges Bedienungssystem mit beschränkter Schlangenlänge. Es steht ein Bedienungsgerät zur Verfügung, die Anzahl der anstehenden Forderungen wird durch m beschränkt. Sind alle Warteplätze besetzt, so wird jede folgende ins System eintreffende Forderung abgelehnt. Als Beispiel für ein solches System dient eine Tankstelle, die nur eine Zapfsäule (ein Bedienungsgerät) besitzt und über einen Wartebereich verfügt, wo sich zugleich maximal m Fahrzeuge befinden können. Ist der Wartebereich vollständig besetzt, so hält der nächste Wagen, der zur Tankstelle möchte, gar nicht erst an, sondern fährt vorbei.

Der Zustandsgraph des betreffenden Systems ist aus Abbildung 2.5a ersichtlich. Es bedeuten: S_0, die Zapfsäule ist frei; S_1, das Bedienungsgerät ist besetzt; S_2, das Bedienungsgerät ist besetzt und eine Forderung steht an; S_3, das Bedienungsgerät ist besetzt und zwei Autos warten; S_{m+1}, das Bedienungsgerät ist besetzt und m Wagen besetzen den Wartebereich. Wie immer bedeuten λ die Intensität des Forderungenstromes und μ die Intensiät des Bedienungsstromes. Die Kolmogorowschen Gleichungen für den stationären Zustand nehmen in diesem Fall folgende Form an:

$$\left.\begin{array}{l} \lambda \cdot p_0 = \mu \cdot p_1 \\ (\lambda + \mu)p_1 = \lambda \cdot p_0 + \mu \cdot p_2 \\[2mm] (\lambda + \mu)p_m = \lambda \cdot p_{m-1} + \mu \cdot p_{m+1}) \\ p_0 + p_1 + p_2 + ... + p_{m+1} = 1 \ . \end{array}\right\} \tag{2.7}$$

Für die Lösung dieses Gleichungssystems verwenden wir die Bezeichnung $\varrho = \lambda/\mu$:

$$p_0 = \frac{1}{1 + \varrho + \varrho^2 + \varrho^3 + ... + \varrho^{m+1}} = \frac{1 - \varrho}{1 - \varrho^{m+2}} \ ; \quad p_k = \varrho^k p_0 \ . \tag{2.8}$$

Eine Forderung wird abgelehnt, wenn sie zu einem Zeitpunkt ankommt, wo das Bedienungsgerät besetzt ist und m Forderungen anstehen, d.h., wenn sich das System im Zustand S_{m+1} befindet. Somit beträgt die Verlustwahrscheinlichkeit p_{m+1}. Die mittlere Anzahl der anstehenden Forderungen wird aus der offensichtlichen Beziehung

$ER = \sum\limits_{k=1}^{m} k p_{k+1}$ ermittelt (R steht für die zufällige Anzahl der wartenden Forderungen,

p_{k+1} für die Wahrscheinlichkeit, daß k Forderungen anstehen). Die mittlere Wartezeit in der Schlange ist gleich dem Verhältnis ER/λ. Nehmen wir an, daß im Durchschnitt ein Wagen je Minute zur Tankstelle kommt ($\lambda = 1$ Forderung je Minute) und daß die Betankung im Mittel 2 Minuten dauert ($\mu = 1/2$). Somit ergibt $\varrho = \lambda/\mu = 2$. Beträgt die Anzahl der Warteplätze $m = 3$, so läßt sich die Verlustwahrscheinlichkeit unschwer berechnen. Sie beträgt 51,6%, die mittlere Wartezeit in der Schlange beträgt 2,1 Minuten. Gesetzt den Fall, wir versuchen, die Anzahl der Schlangenplätze zu verdoppeln, weil es wünschenswert ist, die Verlustwahrscheinlichkeit zu verringern. Es stellt sich heraus, daß die Verlustwahrscheinlichkeit bei $m = 6$ nun gleich 50,2 % ist, sie sinkt also praktisch nicht, dafür wird aber die Wartezeit länger (sie erreicht nunmehr 5 Minuten). Aus (2.8) ergibt sich für $\varrho > 1$, daß sich bei großen Werten von m die Verlustwahrscheinlichkeit stabilisiert; sie ist dann gleich $(\varrho - 1)/\varrho$. Um die Verlustwahrscheinlichkeit erheblich zu verringern, sollte (wenn sich ϱ nicht verringern läßt) auf mehrlinige Systeme umgestellt werden.

Einliniges System mit unbeschränkter Schlangenlänge. Solche Bedienungssysteme sind recht häufig in der Praxis anzutreffen: Ein Arzt, der bestimmte Sprechstunden hat, ein Münzfernsprecher mit einer Zelle, ein Hafen mit einem Anlegekai, wo Schiffe abgefertigt werden können, usw. Der Zustandsgraph des betreffenden Systems ist in Abbildung 2.5b dargestellt. Hier stehen S_0 für: das Bedienungsgerät ist frei; S_1, das Bedienungsgerät ist besetzt; S_2, das Bedienungsgerät ist besetzt und eine Forderung steht an; S_3, das Bedienungsgerät ist besetzt und zwei Forderungen stehen an; S_k, das Bedienungsgerät ist besetzt und $k-1$ Anträge stehen an.

Bisher hatten wir mit Zustandsgraphen zu tun, wo die Anzahl der Zustände endlich ist. Hier handelt es sich nun um ein System, das sich durch unendlich viele diskrete Zustände auszeichnet. Es erhebt sich die Frage: Kann von einem stationären Zustand eines solchen Systems gesprochen werden? Die Antwort lautet: Ja. Dabei wird vorausgesetzt, daß $\varrho < 1$ ist. Ist dies der Fall, so läßt sich die Summe $1 + \varrho + \varrho^2 + \varrho^3 + ... + \varrho^{m+1}$ in (2.8) durch die Summe der unendlichen fallenden geometrischen Folge $1 + \varrho + \varrho^2 + \varrho^3 + ... = 1/(1 - \varrho)$ ersetzen. Im Ergebnis erhalten wir:

$$p_0 = 1 - \varrho \; ; \qquad p_k = \varrho^k \cdot p_0 \; . \tag{2.9}$$

Wird die Voraussetzung $\varrho < 1$ nicht erfüllt, so stellt sich kein stationärer Zustand im betreffenden System ein: Bei $t \to \infty$ wächst die Schlangenlänge über alle Grenzen.

Methode der statistischen Simulation

Statistische Simulationen setzen eine vielfache Wiederholung typengleicher Vorgänge voraus. Das Ergebnis jedes einzelnen Vorgangs ist zufällig und an und für sich nicht von Interesse. Die Gesamtheit einer Vielzahl solcher Ergebnisse bringt hingegen einen großen Nutzeffekt. Diese Gesamtheit weist eine bestimmte Stabiliät auf, die als *statistische Stabiliät* bezeichnet wird. Sie erlaubt es, eine Erscheinung, die in vielen Prüfungen untersucht wird, quantitativ zu beschreiben. In diesem Abschnitt betrachten wir ein spezielles Verfahren zur Untersuchung zufälliger Prozesse, das auf statistischen Simulationen beruht. Das Verfahren heißt *Methode der statistischen Simulation* oder *Monte-Carlo-Methode*. Die Bezeichnung Monte-Carlo-Methode ist weit verbreitet und wird sehr häufig für all jene Methoden verwandt, die sich auf nach einer Verteilung erzeugte Zufallszahlen stützen.

Es sei von vornherein bemerkt, daß die Stadt Monte Carlo im Fürstentum Monaco, ihre Einwohner und Gäste mit der Monte-Carlo-Methode nichts zu tun haben. Die Bezeichnung der Methode rührt daher, daß diese Stadt durch ihre Spielkasinos, in denen vermögende Gäste nicht unbeträchtliche Summen im Roulette setzen, weltberühmt geworden ist, und daß das Roulette, das im Wappen der Stadt geführt werden könnte, ein Generator zufälliger Zahlen ist. Und gerade hierauf spielt die Bezeichnung der Methode an.

Zwei Beispiele, die den Nutzeffekt statistischer Simulationen erkennen lassen. *Beispiel 1:* Abbildung 2.6a zeigt ein Quadrat mit der Seitenlänge x. In das Quadrat ist ein Viertelkreis mit dem Radius r einbeschrieben. Das Verhältnis der hellen Fläche zur Quadratfläche beträgt $(\pi r^2)/(4r^2) = \pi/4$. Dieses Verhältnis und, folglich, die Zahl π lassen sich annähernd ermitteln, wenn wir folgende Simulation durchführen. Wir legen ein Blatt Papier mit betreffender Zeichnung auf eine horizontale Ebene und werfen auf

dieses Blatt auf gut Glück feine Körnchen, so daß ein Körnchen mit gleicher Wahrscheinlichkeit jede Blattstelle treffen kann. Dazu können wir uns zum Beispiel die
Augen zubinden. Die gestreuten Körnchen verteilen sich dann auf dem Blatt auf
zufällige Weise (Abbildung 2.6b). Zum Teil werden sie sich außerhalb des Quadrats
befinden und bei der Auswertung nicht beachtet. Wir wollen die Körnchen zählen, die
auf der Quadratfläche liegen, und diese Zahl mit N_1 bezeichnen. Genauso registrieren
wir die Zahl der Körnchen N_2, die den hellen Bereich getroffen haben. Da jedes
Körnchen mit gleicher Wahrscheinlichkeit jeden Bereich der Zeichnung treffen konnte,
wird das Verhältnis N_2/N_1 etwa gleich dem Verhältnis der hellen Fläche zur Gesamtfläche des Quadrats sein, also gleich der Zahl $\pi/4$, wenn die Anzahl der geworfenen
Körnchen hinreichend groß war. Je mehr Körnchen geworfen wurden, desto genauer
wird diese Näherung sein.

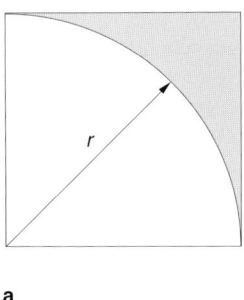
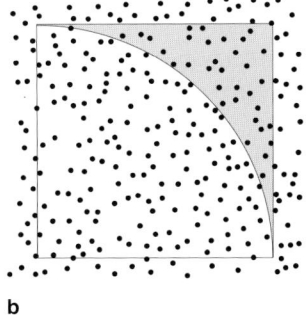

a   b

Abb. 2.6

Dieses Beispiel ist von Interesse, weil eine bestimmte Zahl (hier die Zahl π) durch
Simulation annähernd bestimmt wird. Der Zufall wurde dazu benutzt, ein deterministi-
sches Problem zu lösen, nämlich, einen Näherungswert für die Zahl π zu finden.

Beispiel 2: Viel häufiger werden statistische Simulationen zur Untersuchung *zufälliger Ereignisse* und *zufälliger Prozesse* eingesetzt. Angenommen, es wird ein Erzeugnis hergestellt, das aus drei Bauelementen besteht (Bauelemente *A*, *B*, *C*). Der
Montagearbeiter hat drei Kästen, wo sich jeweils Bauelemente *A*, *B* und *C* befinden.
Die Hälfte der Bauteile jedes Typs weise Abmessungen mit Plusabweichungen vom
Nennwert auf, die andere Hälfte mit Minusabweichungen. Das Erzeugnis kann nur dann
nicht normal funktionieren, wenn alle drei Bauelemente Plusabweichungen aufweisen.
Der Montagearbeiter entnimmt die Bauelemente den Kästen auf gut Glück. Die Frage
lautet: Wie groß ist die Wahrscheinlichkeit, daß ein normal funktionierendes Erzeugnis
zusammengebaut wird?

Natürlich handelt es sich hierbei um ein simples Beispiel. Die gesuchte Wahrscheinlichkeit läßt sich leicht berechnen. Die Wahrscheinlichkeit, daß ein Fehlfabrikat aus-
geliefert wird, ist gleich der Wahrscheinlichkeit, daß alle drei Bauelemente Plusabweichungen aufweisen; sie beträgt 1/8 (1/2 · 1/2 · 1/2). Folglich beträgt die Wahrscheinlichkeit, daß ein brauchbares Erzeugnis zusammengebaut wird, 0,875 (1 − 1/8).

Vergessen wir einmal, daß wir die Wahrscheinlichkeit ausrechnen können. In
diesem Fall können uns Simulationen helfen. In unserem Beispiel kommen Generatoren
in Frage, bei denen zwei gleichmögliche Ergebnisse erzielt werden können, z. B. das

Werfen einer Münze. Wir nehmen drei Münzen: *A*, *B* und *C*. Jede Münze entspricht dem jeweiligen Bauelement beim Zusammenbau des Erzeugnisses. Beim Werfen der Münze soll Wappen bedeuten, daß das jeweilige Bauelement bei diesem Versuch eine Plusabweichung hat, Zahl bedeutet eine Minusabweichung. Das wird unsere Spielregel sein. Nun können wir mit den Simulationen beginnen. Bei jeder statistischen Simulation werden zugleich drei Münzen geworfen. Wir nehmen an, daß N Versuche ($N \gg 1$) durchgeführt wurden, wobei bei n Versuchen Wappen zugleich bei allen drei Münzen erschien. Wir sehen, daß das Verhältnis $(N - n)/N$ ein Näherungswert der gesuchten Wahrscheinlichkeit ist.

Selbstverständlich läßt sich anstelle der Münzen jeder andere Generator zufälliger Zahlen einsetzen. Wir könnten z. B. drei Würfel werfen, unter der Bedingung, daß drei beliebige Augenzahlen (belanglos, welche) der Plusabweichung, die anderen drei der Minusabweichung zugeordnet werden.

Hervorhebenswert ist, daß beide Beispiele erkennen lassen, daß der Zufall nicht nur eine negative, sondern auch eine positive Rolle spielen kann. Er dient als Instrument zur Gewinnung der nötigen Informationen. Bildhaft gesprochen, der Zufall arbeitet hier für uns, nicht gegen uns.

Eine Zufallszahlentabelle kommt ins Spiel. In einfachen Situationen, wie sie oben beschrieben sind, greift in der Praxis niemand zur Methode der statistischen Simulation. Sie wird verwendet, wenn die Berechnung der gesuchten Wahrscheinlichkeit sehr kompliziert oder gar unmöglich ist. Hier möchten wir der Frage der Leser zuvorkommen, ob in diesem Fall Simulationen nicht übermäßig kompliziert, platz- und zeitraubend sind? In den obigen Beispielen haben wir Körnchen oder drei Münzen geworfen. Was wird von uns in nicht einfachen Situationen erwartet? Vielleicht haben wir es dann mit unüberwindlichen Komplikationen zu tun?

In der Wirklichkeit ist es gar nicht nötig, für statistische Simulationen reale Versuche oder „Spiele" durchzuführen. Statt dessen benötigen wir nur eine *Tabelle zufälliger Zahlen*, die das Werfen der Münzen, Körnchen usw. durchaus ersetzen kann. Anhand der zwei oben angeführten Beispiele wollen wir zeigen, wie die Tabelle zu benutzen ist.

Beispiel 1: Wir wenden uns der in der Abbildung 2.6 gezeigten Figur zu. Entlang der Quadratseiten sollen Koordinatenachsen gezogen werden. Der Maßstab ist so zu wählen, daß eine Quadratseite gleich eins ist (Abbildung 2.7). Hier bedienen wir uns nicht der Körnchen, sondern der Zufallszahlentabelle (siehe Abbildung 1.6). Zunächst teilen wir jede Tabellenzahl durch den Faktor 10 000 und erhalten eine Folge zufälliger Zahlen im Bereich von 0 bis 1. Wir vereinbaren, daß die Zahlen in ungeraden Zeilen der Tabelle als *x*-Koordinate, die darunter stehenden als *y*-Koordinate der zufälligen Punkte gelten; die Punkte werden auf die Zeichnung aufgetragen, wobei die Spalten der Zufallszahlentabelle der Reihe nach benutzt werden (z. B. zunächst die ganze erste Spalte von oben nach unten, dann die ganze zweite Spalte usw.). Die ersten fünfzehn zufälligen Punkte sind in der Abbildung als Stern ausgezeichnet, sie haben folgende Koordinaten: (0,0655; 0,5255), (0,6314; 0,3157), (0,9052; 0,4105), (0,1437; 0,4064), (0,1037; 0,5718), (0,5127; 0,9401), (0,4064; 0,5458); (0,2461; 0,4320), (0,3466; 0,9313), (0,5179; 0,3010), (0,9599; 0,4242), (0,3585; 0,5950), (0,8462; 0,0456), (O,0672; 0,5163), (0,4995; 0,6751). Weitere 85 zufällige Punkte sind in der Abbildung als kleine Kreisflächen gezeichnet. Mit Hilfe der Abbildung können wir schnell

ausrechnen, daß für die ersten fünfzehn Punkte $N_2/N_1 = 13/15$ und folglich der Schätzwert für $\pi = 3,47$ ist; für einhundert Punkte ist $N_2/N_1 = 78/100$ und folglich beträgt der
Schätzwert 3,12.

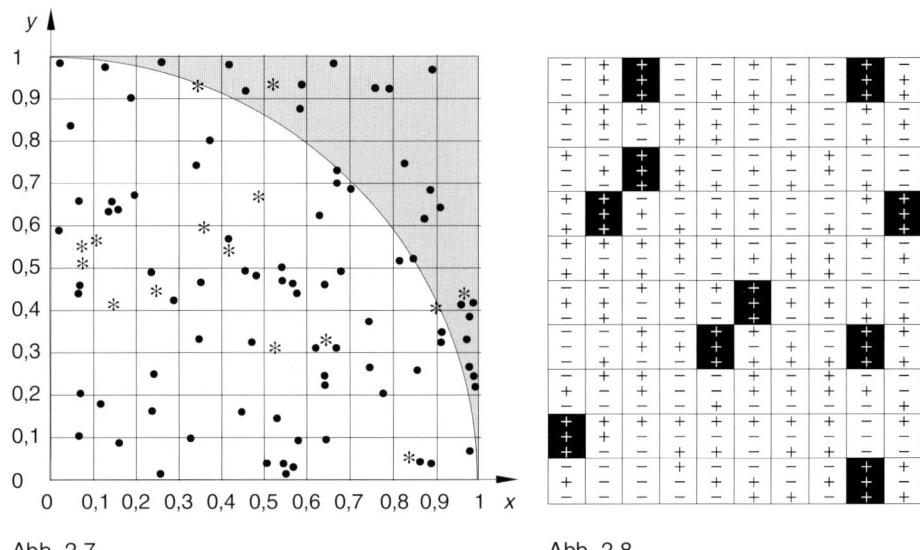

Abb. 2.7   Abb. 2.8

Beispiel 2: Hier werfen wir nun keine Münzen, sondern greifen ebenfalls auf die
bereits wohlbekannte Zufallszahlentabelle zurück (siehe Abbildung 1.6). Jede der
Tabellenzahlen, die größer als 5 000 ist, ersetzen wir durch das Pluszeichen, die übrigen
Zahlen ersetzen wir durch das Minuszeichen. Im Ergebnis wird die Tabelle aus einer
zufälligen Folge von Plus- und Minuszeichen bestehen. Diese Folge gliedern wir in
Dreiergruppen von Zeichen entsprechend der Abbildung 2.8. Jeder Dreiergruppe
entspricht ein Satz aus drei Bauelementen. Das Pluszeichen bedeutet, daß das entsprechende Bauelement eine Plusabweichung besitzt, das Minuszeichen bedeutet eine
Minusabweichung. Der Näherungswert der gesuchten Wahrscheinlichkeit ist gleich
dem Verhältnis $(N - n)/N$, wobei N die Gesamtzahl der Dreiergruppen, n die Anzahl
der Dreiergruppen mit drei Pluszeichen sind (in der Abbildung sind sie unterlegt). Man
sieht, daß $(N - n)/N$ in diesem Fall gleich 0,9 ist, was etwa dem genauen Wert von 0,875
entspricht. Wir haben also die statistische Simulation auf eine Arbeit mit der Zufallszahlentabelle zurückgeführt. Es war kein Versuchsstand, sondern nur ein Bleistift nötig.
Statt eine Vielzahl von Abläufen durchzuspielen, haben wir einfach eine Tabelle zufälliger Zahlen „gelesen".

Ein Computer kommt ins Spiel. Es ist gar nicht nötig, sich selbst zu plagen, um Zahlen
aus der Tabelle herauszufischen. Mit dieser Arbeit kann ebensogut ein *Computer*
beauftragt werden. Dazu wird eine Zufallszahlentabelle eingelesen; der Computer wird
sie durchmustern und die zufälligen Zahlen auf entsprechende Art und Weise
auseinandersortieren. In bezug auf unsere zwei Beispiele wird der Vorgang wie folgt
aussehen:

Beispiel 1: Der Computer soll die *x*- und *y*-Koordinaten jedes zufälligen Punktes prüfen und feststellen, ob sie die Ungleichung $x^2 + y^2 < 1$ erfüllen. Er soll die Anzahl der Punkte berechnen, die dieser Ungleichung genügen (es ist die Zahl N_2), und die Anzahl der Punkte, die diese Ungleichung nicht erfüllen (die Zahl dieser Punkte entspricht der Differenz $N_1 - N_2$).

Beispiel 2: Alle eingelesenen zufälligen Zahlen sind in Dreiergruppen zu gliedern. Der Computer mustert alle diese Dreiergruppen durch und sondert diejenigen aus, in denen jede der drei Zahlen größer als 5 000 ist. Die Anzahl solcher Dreiergruppen ist *n*.

Monte-Carlo-Methode. Nachdem ein Computer in das Spiel gebracht wurde, hat sich die ganze Situation grundlegend verändert. Bei der Arbeit mit der Zufallszahlentabelle entsprechend einem bestimmten Programm spielt der Computer gleichsam die nötigen statistischen „Versuche" fiktiv durch. Der Vorgang läuft viel schneller ab als bei der Arbeit auf einem realen Versuchsstand oder bei der Auswertung der Tabelle der zufälligen Zahlen von Hand. Jetzt kann man von der Monte-Carlo-Methode sprechen, einer Methode für Wahrscheinlichkeitsberechnungen, die sehr nützlich und wirksam ist. Sie läßt sich auf ganz verschiedene praktische Aufgaben anwenden, insbesondere auf diejenigen, die sich analytisch nicht oder nur schwer lösen lassen. Bei der Monte-Carlo-Methode dürfen wir zwei Umstände nicht außer acht lassen. *Erstens* setzen wir bei dieser Methode den *Zufall gegen den Zufall* ein. Wir versuchen nicht, die Tiefen der komplizierten zufälligen Prozesse zu erkunden, wir geben uns keine Mühe, diese Prozesse in einem Modell zu analysieren. Statt dessen schlagen wir dem Zufall gleichsam vor, sich mit den Komplikationen, die er selbst hervorgerufen hat, auch selbst auseinanderzusetzen. Der unerkundete Zufall läßt das betreffende Bild kompliziert erscheinen, den gleichen Zufall setzen wir als Instrument zur Aufklärung desselben Bildes ein. *Zweitens* ist diese Methode *universell* anwendbar, da wir bei ihrer Anwendung nicht das schon vorhandene Wissen durch irgendwelche Vermutungen und Vereinfachungen einschränken. Daraus ergeben sich zwei wichtige Anwendungsbereiche. Das erste Gebiet stellt die Untersuchung zufälliger Prozesse dar, die sehr kompliziert sind und sich analytisch nicht untersuchen lassen. Die Überprüfung von Analysemodellen, die in diesen oder jenen Situationen verwendet werden, ist ein zweites Gebiet. Dabei wird festgestellt, inwieweit diese Modelle eine gegebene Situation wiederspiegeln und wie genau sie sind.

Die Monte-Carlo-Methode wird in der Operationsforschung, bei der optimalen Entscheidungsfindung unter den Bedingungen der Unbestimmtheit, bei Untersuchungen komplizierter Aufgaben mit vielen Kriterien oft verwendet. Diese Methode läßt sich heute auch in der Physik mit Erfolg einsetzen, und zwar für die Untersuchung von komplizierten, an zufälligen Einflüssen reichen Vorgängen.

Beispiel für das Modellieren eines physikalischen Vorgangs mit der Monte-Carlo-Methode. Wir untersuchen die Ausbreitung eines Neutronenstrahles durch die Wandung eines Kernreaktors. In der aktiven Reaktorzone spalten sich die Urankerne und emittieren Neutronen mit sehr hohen Energiewerten (einige Millionen Elektronenvolt). Der Reaktor ist von einer Wand umgeben, die zum Schutz des Bedienungspersonals gegen die aktive Zone dient. Die Wand wird von einem intensiven Neutronenstrahl beschossen, den die aktive Zone emittiert. Die Neutronen dringen in die Wand ein und treten mit den Atomkernen des Wandmaterials in Wechselwirkung. Im Ergebnis werden sie entweder absorbiert oder gestreut. Im letzteren Fall übertragen sie einen Teil ihrer Energie an Kerne, die die Neutronenstreuung verursachen.

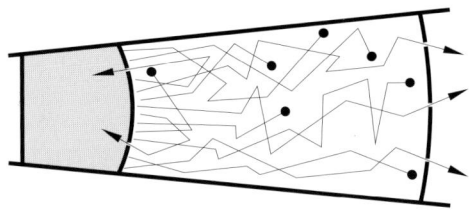

Abb. 2.9

Wir haben es also mit einem komplizierten multiplen physikalischen Prozeß zu tun, der *reich an Zufälligkeiten* ist. Zufällig sind die Energiewerte und die Bewegungsrichtungen des Neutronen zum Zeitpunkt ihres Übergangs aus der aktiven Zone in die Wand, zufällig ist die Länge der Neutronenbahn bis zur ersten Wechselwirkung, zufällig ist der Charakter der Wechselwirkung (Absorption oder Streuung), zufällig sind Energiewerte und Bewegungsrichtung des gestreuten Neutrons usw. Wir möchten ganz allgemein beschreiben, wie die Monte-Carlo-Methode für die Analyse solcher Vorgänge eingesetzt wird. Bei der Analyse kommen wir ohne Computer nicht aus. In den Computer werden Daten der Elementarvorgänge der Wechselwirkung von Neutronen mit Atomkernen (Absorptions- und Streuungswahrscheinlichkeiten usw.) sowie Parameter des auf die Wand auftreffenden Neutronenstrahles und Materialparameter der Wand eingelesen. Für ein Neutron werden die Ausgangswerte für die Energie und die Bewegungsrichtung zum Zeitpunkt des Übergangs aus der aktiven Reaktorzone in die Wand „ausgewürfelt“, das heißt unter Berücksichtigung der entsprechenden Wahrscheinlichkeiten zufällig gewählt. Danach wird die Länge der Bewegungsbahn des Neutrons bis zur ersten Wechselwirkung ermittelt (wiederum mit Rücksicht auf die jeweiligen Wahrscheinlichkeiten). Im Anschluß daran wird der Typ der ersten Wechselwirkung „ausgespielt“. Wird das Neutron dabei nicht absorbiert, so werden alle nachfolgenden Ereignisse zufällig ermittelt: Die Länge der Bewegungskurve des Neutrons bis zur zweiten Wechselwirkung, der Typ der zweiten Wechselwirkung usw. Im Ergebnis wird das „Schicksal“ des betreffenden Neutrons klar – vom Zeitpunkt des Eintretens in das Wandinnere bis zum Zeitpunkt des Beendens des „Spiels“ oder seiner Teilnahme daran. Es gibt drei Möglichkeiten, das Spiel zu verlassen: Absorption, Rückstreuung in die aktive Zone des Reaktors und die Streuung in den Arbeitsraum. Danach wiederholt sich der gesamte computergestützte Spielablauf für das zweite, dritte, vierte und jedes weitere betroffene Neutron. Im Ergebnis erhalten wir eine große Menge möglicher (im Spiel realisierter) Neutronenbahnen im Wandinneren (Abbildung 2.9). Jede Bahn resultiert aus einer Simulation, bei der das Schicksal eines einzelnen Neutrons durchgespielt wird. Die riesengroße Testfolge erlaubt es, das gesamte Bild des Durchgangs des Neutronenflusses durch die Schutzwand zu analysieren und insbesondere die Werte für die Wanddicke und die Zusammensetzung des Wandmaterials zu gewinnen, die empfehlenswert sind, um die Betriebssicherheit im Reaktorraum zu garantieren.

Die Physik von heute ist reich an Beispielen für nutzbringende Anwendungen der Monte-Carlo-Methode. Die Physiker bedienen sich dieser Methode, wenn sie die Entwicklung der Teilchenschauer kosmischer Strahlung in der Erdatmosphäre und das Verhalten großer Elektronenstrahlen in modernen Elektrovakuumgeräten untersuchen oder wenn sie es mit verschiedenen Kettenreaktionen zu tun haben, die sich spontan entwickeln.

Spiel und Entscheidungsfindung

Was ist „Spieltheorie"? Angenommen, es gilt eine Entscheidung unter solchen Bedingungen zu treffen, wo unseren Bemühungen die Bemühung einer anderen Seite, wo unserem Willen der Wille der anderen Seite entgegenwirkt. Wir haben es häufig mit derartigen *Konfliktsituationen* zu tun. Sie sind für militärische Handlungen, für Sportspiele und für zielorientierte praktische Tätigkeiten kennzeichnend. Sie treten häufig bei der Lösung verschiedener wirtschaftlicher und politischer Probleme auf, sie sind mehr oder weniger akut. Ein Eishockeyspieler trifft auf dem Spielfeld eine Entscheidung; er geht nicht nur von der sich zum betreffenden Zeitpunkt ergebenden Situation aus, sondern berücksichtigt auch die möglichen Handlungen der anderen Spieler. Ein Schachspieler, der jedesmal diese oder jene Entscheidung trifft, bemüht sich, eventuelle Handlungen des Gegenspielers zu beachten. Eine Entscheidung, diese oder jene militärische Handlung durchzuführen, sollte mit Rücksicht auf entgegenwirkende Handlungen getroffen werden. Bei der Entscheidung, einen Warenpreis festzulegen, beachtet der Verkäufer auf dem Markt eventuelle Kundenreaktionen auf diesen Preis. Bei der Durchführung bestimmter Maßnahmen im Wahlkampf bemüht sich jede politische Partei, die Handlungen der anderen beteiligten Parteien vorauszusehen. In allen ähnlichen Fällen erfolgt eine Konfrontation gegensätzlicher Interessen; bei der Entscheidungsfindung will jede der beteiligten Seiten einen *Konflikt überwinden*.

Die Entscheidungsfindung ist in einer Konfliktsituation dadurch erschwert, daß das Verhalten des Konkurrenten nicht vorherbestimmt ist. Wir wissen, daß sich der Rivale bemüht, unseren Absichten entgegenzuwirken und Handlungen vorzunehmen, die ihm die meisten Vorteile bringen. Wir wissen aber nicht, inwieweit unser Konkurrent die Situation und eventuelle Folgen abschätzen und insbesondere unsere Absichten und Potenzen bewerten kann. Wir können die Gegnerhandlungen nicht exakt voraussagen, ebenso wie der Gegner unsere Handlungen nicht voraussagen kann. Nichtsdestoweniger müssen sowohl wir als auch unser Gegenüber ganz bestimmte Entscheidungen treffen.

Die Notwendigkeit, *optimale* Entscheidungen zu begründen, die in diesen oder jenen Konfliktsituationen getroffen werden, bewirkte die Entstehung einer Fachdisziplin in der modernen Mathematik, die *Spieltheorie* heißt. Unter „Spiel" wird hier ein vereinfachtes mathematisches Modell der betreffenden Konfliktsituation verstanden. Im Unterschied zum wirklichen Konflikt erfolgt das Spiel nach festgelegten Spielregeln, die Rechte und Pflichten der Spielteilnehmer sowie das Spielergebnis (Gewinn bzw. Verlust jedes Teilnehmers) exakt bestimmen. Lange vor dem Aufkommen der Spieltheorie wurden ähnliche vereinfachte Konfliktmodelle vielfach verwendet – das waren die eigentlichen Spiele: Schach, Dame, Domino, Kartenspiele usw. Daher rührt sowohl der Name der Theorie selbst als auch die Verwendung verschiedener Fachausdrücke. Die Parteien im Konflikt heißen *Spieler*, ein real stattfindendes Spiel heißt *Partie*, die Wahl dieser oder jener Handlung durch einen Spieler (entsprechend den Spielregeln) heißt *Zug* usw. Es werden zwei unterschiedliche Arten der Züge unterschieden – persönliche und zufällige.

Ein *persönlicher* Zug setzt eine bewußte Wahl dieser oder jener Handlung durch den Spieler entsprechend den Spielregeln voraus. Ein zufälliger Zug hängt nicht vom Willen des Spielers ab – beim Würfeln, Knobeln, Ziehen einer Spielkarte aus dem Kartenstapel usw. Die Spiele, die nur aus zufälligen Zügen bestehen, nennt man *Hasardspiele*. Ein charakteristisches Beispiel ist das Lottospiel. Die Spiele, in denen es persönliche Züge gibt, heißen *strategische* Spiele. Unter ihnen gibt es solche, die nur aus persönlichen Zügen bestehen, beispielsweise das Schachspiel, aber auch solche, die sowohl aus persönlichen als auch aus zufälligen Zügen bestehen, z. B. Kartenspiele. Beachtenswert ist, daß bei Spielen mit persönlichen und zufälligen Zügen die Unsicherheit gleichsam in zwei Gestalten auftritt – als Unsicherheit des Ergebnisses der zufälligen Züge und als Unsicherheit des Verhaltens des Gegners bei seinen persönlichen Zügen.

Die Spieltheorie interessiert sich nicht für Hasardspiele. Sie befaßt sich nur mit strategischen Spielen. Die Aufgabe der Spieltheorie liegt darin, eine Spielstrategie zu entwickeln, die einem Spieler die besten Gewinnchancen sichert. Dem Auffinden der optimalen Strategien liegt der folgende Grundsatz zugrunde. Es wird angenommen, daß der Gegenspieler ebenso klug und aktiv ist wie der Spieler selbst, daß er sich alle Mühe gibt, um einen Erfolg zu erzielen.

In der Praxis ist das freilich nicht immer der Fall. Häufig erweisen sich unsere Handlungen im realen Konflikt nicht in dem Fall als optimal, wo wir davon ausgehen, daß sich unser Gegner am sinnvollsten verhalten wird, sondern in dem Fall, wo wir erraten, worin die Schwäche unseres Gegners liegt, und uns diese Schwäche zunutze machen. Dabei gehen wir ein Risiko ein. Denn bekanntlich ist es riskant, damit zu rechnen, daß der Gegner eine Dummheit begeht. Die Spieltheorie berücksichtigt die Risikoelemente nicht. Sie ermittelt lediglich vorsichtige Verhaltensvarianten zur „Rückversicherung" in der gegebenen Situation. Wir können sagen, daß die Spieltheorie uns weise berät. Unter Beachtung ihrer Ratschläge treffen wir dann in der Praxis diese oder jene Entscheidungen, wobei wir häufig ein gewisses Risiko bewußt in Kauf nehmen. In dem Buch „Operationsforschung" schrieb E. S. Wenzel, daß die Spieltheorie wertvoll vor allem durch die Aufgabenstellung selbst sei. Sie lehre, daß man nicht vergessen dürfe, daß der Gegner auch überlegen kann und sich auf allerlei Kniffe und Tricks einlassen wird, um zu gewinnen. Die Empfehlungen, die sich aus dem spieltheoretischen Herangehen ergeben, mögen nicht immer bestimmt und nicht immer realisierbar sein – trotzdem sei es nützlich, sich beim Entscheidungsvorgang u. a. auch vom Spielmodell leiten zu lassen. Es gelte nur, die sich aus dem Spielmodell ergebenden Schlüsse nicht für endgültig und für unanfechtbar zu halten.

Gewinnmatrix des Spiels. Am besten erforscht sind in der Spieltheorie die *endlichen Nullsummenpaarspiele*. Am Paarspiel nehmen zwei Spieler teil. Wir haben es mit einem *endlichen* Spiel zu tun, wenn jeder Spieler eine endliche Anzahl von Strategien, also eine endliche Anzahl der Verhaltensvarianten hat. Bei einem persönlichen Zug folgt der Spieler einer Strategie (Spielweise). *Nullsummenspiel* heißt ein Spiel, wo der Gewinn eines Spielers dem Verlust des anderen gleich ist.

Wir betrachten ein bestimmtes endliches Nullsummenpaarspiel, wo der Spieler A über m, der Spieler B über n Strategien verfügt (das Spiel heißt $m \times n$-Spiel). Wir bezeichnen die Strategien des Spielers A mit A_1, A_2, ..., A_m, die des Spielers B mit B_1, B_2, ..., B_n. Bei einem persönlichen Zug wählt der Spieler A eine gewisse Strategie A_i ($1 \leq i \leq m$), der Spieler B hingegen eine gewisse Strategie B_j ($1 \leq j \leq n$). Mit a_{ij} bezeichnen wir den in diesem Fall erzielbaren Gewinn des Spielers A. Der Bestimmtheit halber identifizieren wir uns mit dem Spieler A und bewerten jeden Zug im Hinblick auf den Gewinn des Spielers A. Unter dem Gewinn a_{ij} wird dabei sowohl der tatsächliche Gewinn als auch der Verlust gemeint (der Verlust kann ja als negativer Gewinn betrachtet werden). Die Gewinne a_{ij} für verschiedene i- und j-Werte werden als eine Matrix angeordnet, deren Zeilen den Strategien des Spielers A, die Spalten den Strategien des Spielers B entsprechen (Abbildung 2.10). Diese Matrix heißt *Gewinnmatrix*.

	B_1	B_2	B_3
A_1	2	−3	4
A_2	−3	4	−5
A_3	4	−5	6

a

	B_1	B_2	B_3	...	B_n
A_1	a_{11}	a_{12}	a_{13}	...	a_{1n}
A_2	a_{21}	a_{22}	a_{23}	...	a_{2n}
A_3	a_{31}	a_{32}	a_{33}	...	a_{3n}
...	...	...	...	...	...
A_m	a_{m1}	a_{m2}	a_{m3}	...	a_{mn}

	B_1	B_2	B_3
A_1	8	3	10
A_2	3	10	1
A_3	10	1	12

b

Abb. 2.10   Abb. 2.11

Als Beispiel setzen wir uns mit dem folgenden Spiel auseinander. Die Spieler A und B schreiben zugleich und unabhängig voneinander je eine der drei Zahlen 1, 2 oder 3 auf. Ergibt sich eine *gerade* Summe der aufgeschriebenen Zahlen, so zahlt der Spieler B dem Spieler A den jeweiligen Betrag; ist diese Summe *ungerade*, so muß der Spieler A den Betrag dem Spieler B zahlen. Der Spieler A hat drei Strategien: A_1 entspricht der Eins, A_2 entspricht der Zwei, A_3 entspricht der Drei. Die gleichen Strategien hat der Spieler B. Das zu untersuchende Spiel ist das Spiel 3×3, seine Gewinnmatrix besteht aus drei Zeilen und drei Spalten. Die Matrix dieses Spiels ist in Abbildung 2.11a dargestellt. Man beachte, daß der Gewinn des Spielers A, der beispielsweise gleich -3 ist, in Wirklichkeit seinen Verlust bedeutet.

Bei der in Abbildung 2.11a abgebildeten Gewinnmatrix sind die einen Elemente positiv, die anderen negativ. Es kann so eingerichtet werden, daß alle Elemente der Gewinnmatrix positiv sind. Dazu vergrößern wir jedes Element der betreffenden Matrix um ein und dieselbe Zahl z. B. um 6. Wir erhalten eine Gewinnmatrix, die in Abbildung

2.11b zu sehen ist. Vom Standpunkt der Analyse der optimalen Strategien ist diese Matrix der Ausgangsmatrix gleichwertig.

Das Minimax-Prinzip. Es wird ein Spiel analysiert, für das die in der Abbildung 2.11b dargestellte Gewinnmatrix gilt. Wir nehmen an, daß wir (der Spieler A) die Strategie A_1 wählen. Je nach der gewählten Strategie unseres Gegenspielers wird unser Gewinn dann entweder 8 oder 3 oder 10 betragen. Bei der Wahl der Strategie A_1 gewinnen wir im schlechtesten Fall eine Drei. Wählen wir jedoch die Strategien A_2 oder A_3, so gewinnen wir im schlimmsten Fall eine Eins. Wir notieren die mindestmöglichen Gewinne für verschiedene Strategien A_i als eine zusätzliche Spalte der Gewinnmatrix (Abbildung 2.12). Es liegt auf der Hand, daß die Strategie zu wählen ist, bei der sich der *mindestmögliche Gewinn als der größte* gegenüber den übrigen Strategien erweist.

	B_1	B_2	B_3	
A_1	8	3	10	3
A_2	3	10	1	1
A_3	10	1	12	1
	10	10	12	

Abb. 2.12

In diesem Fall gilt das für die Strategie A_1. Der Gewinn 3 ist der Höchstgewinn in der Dreiergruppe der Mindestgewinne (in der Dreiergruppe 3, 1, 1). Er wird *Maximinge- winn* oder einfach *Maximin* genannt. Er hat noch einen Namen – der *untere Spielpreis*. Wählen wir die Maximin-Strategie (im gegebenen Fall die Strategie A_1), so ist uns bei jedem Gegenzug des Spielers B ein Gewinn sicher, der nicht unter dem unteren Spielpreis liegt (in unserem Fall der Gewinn 3). Ähnliche Überlegungen stellt der Gegenspieler an. Wählt er die Strategie B_1, so überläßt er uns im für ihn schlimmsten Fall den Gewinn 10. Dasselbe gilt für die Strategie B_2. Bei der Wahl der Strategie B_3 entspricht der für den Gegner schlimmste Fall unserem Gewinn von 12. Die Zahlen 10, 10, 12 sind Höchstwerte unserer Gewinne, die den Strategien des Gegners von jeweils B_1, B_2 und B_3 entsprechen. Wir vermerken auch diese Werte als zusätzliche Zeile der Gewinnmatrix (siehe Abbildung 2.12). Es ist klar, daß der Gegner die Strategie zu wählen hat, wo sich unser *höchstmöglicher Gewinn als der kleinste* erweist. Das sind die Strategien B_1 oder B_2. Beide Strategien stellen Minimax-Strategien dar, sie beide geben dem Spieler die Gewähr, daß unser Gewinn nicht über dem *Minimax*, d. h. nicht über dem *oberen Spielpreis* liegen wird, der in diesem Fall 10 beträgt.

Unsere Maximin-Strategie, ebenso wie die Minimax-Strategie des Gegenspielers, ist eine Strategie mit „Rückversicherung", also die behutsamste Strategie. Das Behut- samkeitsprinzip, von dem sich die Spieler bei der Wahl solcher Strategien leiten lassen, heißt *Minimax-Prinzip*.

Wir greifen noch einmal auf unsere Matrix in Abbildung 2.12 zurück und versuchen, einiges zu ergründen. Der Gegenspieler hat zwei Minimax-Strategien (B_1 und B_2).

Welche der beiden wird er eher wählen? Glaubt er, daß wir behutsam handeln und die Maximin-Strategie A_1 wählen, so wird er wohl nicht auf die Strategie B_1 zurückgreifen, da wir dabei den Gewinn 8 bekommen würden. Der Gegenspieler wird also eher der Strategie B_2 den Vorzug geben, da unser Gewinn dann gleich 3 ist. Haben wir jedoch die Absichten des Gegners richtig verstanden, so wird es sich wohl lohnen, ein Risiko einzugehen und die Strategie A_2 zu wählen. Falls der Gegner die Strategie B_2 wählt, erhalten wir ja bei der Wahl der Strategie A_2 den Gewinn 10. Unser Rücktritt vom Minimax-Prinzip kann uns jedoch teuer zu stehen kommen. Wenn der Gegenspieler recht hinterlistig ist und die gleichen Überlegungen anstellt, so erwidert er unsere Strategie A_2 nicht mit der Strategie B_2, sondern mit B_3. In diesem Fall müssen wir uns mit dem Gewinn 1 statt 10 begnügen.

Bedeuten diese Ausführungen, daß die Spieltheorie empfiehlt, sich nur von Minimax-(Maximin-)Strategien leiten zu lassen? Die Antwort auf diese Frage hängt davon ab, ob die Gewinnmatrix einen *Sattelpunkt* hat.

Das Spiel mit Sattelpunkt. Wir untersuchen ein 3×3-Spiel, dessen Gewinnmatrix in der Abbildung 2.13 wiedergegeben ist. Sowohl der Maximin- als auch der Minimax-Gewinn betragen 4. Mit anderen Worten, in diesem Spiel stimmen der untere und der obere Spielpreis überein, beide sind gleich 4. Der Gewinn 4 ist zugleich der Höchstgewinn aus den Mindestgewinnen für die Strategien A_1, A_2, A_3 als auch der Mindestgewinn unter den Höchstgewinnen für die Strategien B_1, B_2, B_3. In der Geometrie wird ein Punkt auf einer Oberfläche, der zugleich ein Minimum entlang der einen Koordinatenachse und ein Maximum entlang der anderen darstellt, Sattelpunkt genannt. Als solcher erscheint der Punkt C auf der Oberfläche, die auch in Abbildung 2.13 abgebildet ist. Der Punkt C bildet das Maximum auf der x-Koordinate und das Minimum bezüglich der y-Koordinate. Es ist deutlich zu sehen, daß die Fläche in der Umgebung dieses Punktes tatsächlich einem Sattel ähnelt. Wegen dieser Ähnlichkeit wird das Element $a_{22} = 4$ der hier zu betrachtenden Gewinnmatrix *Sattelpunkt der Matrix* genannt. Wir haben es hier also mit einem Spiel zu tun, das einen Sattelpunkt hat.

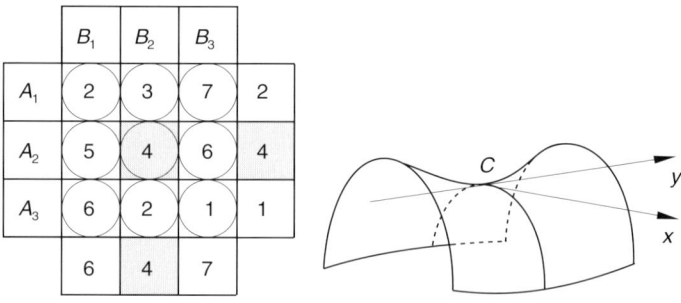

	B_1	B_2	B_3	
A_1	2	3	7	2
A_2	5	4	6	4
A_3	6	2	1	1
	6	4	7	

Abb. 2.13

Wenn wir die Matrix, die in Abbildung 2.13 dargestellt ist, aufmerksam betrachten, verstehen wir, daß sich jeder Spieler von der Maximin-(Minimax-)Strategie leiten lassen sollte. Diese Strategien sind die besten in einem Spiel mit Sattelpunkt. Jedes Abweichen hiervon bringt dem entsprechenden Spieler Nachteile.

Besitzt jedoch ein Spiel keinen Sattelpunkt (siehe die Matrix in Abbildung 2.12), so sind weder eine der Strategien A_i noch eine der Strategeien B_j optimal. In diesem Fall kommt es darauf an, die Strategie zufällig zu verändern. Angenommen, wir und unser Gegenspieler spielen mehrfach ein Spiel mit der in 2.12 abgebildeten Matrix. Wenn wir eine gewisse Strategie, z. B. die Maximin-Strategie A_1, verwenden und diese von Spiel zu Spiel beibehalten, dann wird der Spieler B das durchschauend die Strategie B_2 nehmen, wir werden uns also mit dem untersten Niveau zufriedengeben müssen, unser Gewinn wird nur 3 betragen. Wenn wir jedoch für den Gegner unverhofft die Strategie A_1 durch A_2 ersetzen, dann wird unser Gewinn auf 10 steigen. Nachdem unser Gegner unsere neue Strategie durchschaut hat (gesetzt den Fall, wir bleiben nun bei dieser Strategie), dann wird er schleunigst seine Strategie B_2 gegen B_3 auswechseln, wobei dann unser Gewinn auf 1 sinken wird. So geht das dann weiter. Hier läßt sich eine allgemeine Regel für Spiele ohne Sattelpunkt erkennen: Der Spieler, der sich von einer *bestimmten (determinierten) Strategie* leiten läßt, hat geringere Gewinnchancen im Spiel gegen den Spieler, der seine *Strategie auf zufällige Weise verändert*.

Zufällige Veränderungen der Strategie sollten übrigens nicht auf gut Glück, sondern mit Köpfchen vorgenommen werden. Es seien A_1, A_2, ..., A_m mögliche Strategien des Spielers A (Abbildung 2.10). Um den größten Effekt zu erzielen, muß er alle oder auch nur einige dieser Strategien zufällig einsetzen, jedoch nicht mit gleichen Wahrscheinlichkeiten, sondern mit eigens dazu errechneten Wahrscheinlichkeiten. Die Strategie A_1 werde mit der Wahrscheinlichkeit p_1, die Strategie A_2 mit p_2 usw. eingesetzt. Diese Herangehensweise wird *gemischte Strategie* $S_A(p_1, p_2, ..., p_m)$ genannt. Im Unterschied zu gemischten Strategien S_A heißen die Strategien A_i *reine Strategien*. Bei entsprechender Auswahl der Wahrscheinlichkeiten p_j kann sich die gemischte Strategie als optimal erweisen. Dabei wird der Gewinn des Spielers A nicht unter einem bestimmten Wert v liegen, der als *Spielpreis* bezeichnet wird. Dieser Wert wird größer als der untere, jedoch kleiner als der obere Spielpreis sein.

Auf ähnliche Weise sollte der Spieler B handeln. Seine optimale Strategie ist auch eine gewisse gemischte Strategie. Wir bezeichnen sie mit $S_B(q_1, q_2, ..., q_n)$, wobei q_j eigens dazu ausgewählte Wahrscheinlichkeiten sind, mit denen der Spieler B die Strategien B_j einsetzt. Bei der Wahl der optimalen gemischten Strategie durch den Spieler B wird der Gewinn des Spielers A nicht größer sein als der Spielpreis v.

Auffinden der optimalen gemischten Strategie. Wir bezeichnen die optimale gemischte Strategie des Spielers A mit $S_A(p_1, p_2, ..., p_m)$. Die Wahrscheinlichkeiten $p_1, p_2, ..., p_m$ und der Spielpreis v sind unter der Voraussetzung zu ermitteln, daß die Spielmatrix (siehe Abbildung 2.10) bekannt ist. Gesetzt den Fall, der Spieler B wählt die reine Strategie B_1, dann beträgt der mittlere Gewinn des Spielers A gerade $a_{11}p_1 + a_{21}p_2 + ... + a_{m1}p_m$. Dieser Gewinn soll nicht unter dem Spielpreis n liegen, folglich gilt:

$$a_{11}p_1 + a_{21}p_2 + ... + a_{m1}p_m \geq v .$$

Wenn der Spieler B die Strategie B_2 wählt, so soll auch in diesem Fall der mittlere Gewinn des Spielers A nicht unter dem Spielpreis n liegen:

$$a_{12}p_1 + a_{22}p_2 + ... + a_{m2}p_m \geq v .$$

Welche Strategie der Spieler *B* auch wählen würde, der Gewinn des Spielers *A* dürfte immer über dem Spielpreis *v* liegen. Deshalb können wir folgendes System aufschreiben, das aus *n* Ungleichungen besteht (es sei daran erinnert, daß *n* die Anzahl der reinen Strategien des Spielers *B* war):

$$\left. \begin{aligned} a_{11}p_1 + a_{21}p_2 + \ldots + a_{m1}p_m &\geq v \\ a_{12}p_1 + a_{22}p_2 + \ldots + a_{m2}p_m &\geq v \\ \\ a_{1n}p_1 + a_{2n}p_2 + \ldots + a_{mn}p_m &\geq v \ . \end{aligned} \right\} \tag{2.10}$$

Dabei ist

$$p_1 + p_2 + \ldots + p_m = 1. \tag{2.11}$$

Nach der Einführung der Bezeichnungen $x_1 = p_1/v$, $x_2 = p_2/v$, $x_m = p_m/v$ können wir (2.10) und (2.11) in folgender Form schreiben:

$$\left. \begin{aligned} a_{11}x_1 + a_{21}x_2 + \ldots + a_{m1}x_m &\geq 1 \\ a_{12}x_1 + a_{22}x_2 + \ldots + a_{m2}x_m &\geq 1 \\ \\ a_{1n}x_1 + a_{2n}x_2 + \ldots + a_{mn}x_m &\geq 1 \ . \end{aligned} \right\} \tag{2.12}$$

$$x_1 + x_2 + \ldots + x_m = 1/v. \tag{2.13}$$

Wünschenswert ist es, den Spielpreis möglichst hoch anzusetzen, folglich muß $1/v$ möglichst klein sein. Somit läuft die Suche nach einer optimalen gemischten Strategie auf die Lösung der folgenden mathematischen Aufgabe hinaus: Es gilt, nichtnegative Größen x_1, x_2, ..., x_m zu finden, die den Ungleichungen (2.12) Rechnung tragen und dabei die Summe $x_1 + x_2 + \ldots + x_m$ minimieren.

Flugzeuge kontra Flak. Wir wollen eine optimale gemischte Strategie für ein konkretes ,,Spiel" finden. (Auch wenn die Spieltheorie historisch auf den Brief B. Pascals an P. Fermat vom 29. Juli 1654 zurückgeht, waren es die militärischen Notwendigkeiten des Zweiten Weltkrieges, die diese Theorie wesentlich beeinflußten, und in der Hand heutiger Krieger als ,,Spiel" die Welt terrorisieren. *Der Übersetzer*) Nehmen wir an, die Seite *A* greift die Seite *B* an. Die Seite *A* besitze zwei Flugzeuge, die eine furchtbare Vernichtungswaffe an Bord haben. Die Seite *B* verteidigt mit vier Flaks ein wichtiges Objekt. Das Objekt wird zerstört, wenn auch nur ein Flugzeug die Flakabwehr überwindet. Um das Objekt anzufliegen, können die Flugzeuge jede der vier Flugschneisen benutzen (Abbildung 2.14; *O* Objekt; I, II, III, IV Flugschneisen). Die Seite *A* kann beide Flugzeuge entweder durch eine oder durch verschiedene Flugschneisen schicken. Die Seite *B* kann ihre vier Flaks im Bereich der in Frage kommenden Flugschneisen ebenfalls auf verschiedene Art und Weise aufstellen. Jede Flak kann nur einmal abfeuern. Dieser Schuß trifft das Flugzeug sicher, wenn es in der jeweiligen Flugschneise fliegt.

Die Seite *A* hat zwei reine Strategien: Bei der Strategie A_1 werden die Flugzeuge durch verschiedene Flugschneisen (es ist belanglos, durch welche genau) geschickt, bei der Strategie A_2 fliegen beide Flugzeuge durch eine der Flugschneisen. Die möglichen

Strategien der Seite B sind die folgenden: B_1 – je eine Flak für jede Schneise aufstellen, B_2 – je zwei Flaks für irgendwelche zwei Schneisen aufstellen und die übrigen zwei ohne Abwehr belassen, B_3 – zwei Flaks für eine der Schneisen und je eine Flak für zwei weitere Schneisen aufstellen, B_4 – drei Flaks für eine der Schneisen und eine Flak für eine weitere Schneise aufstellen, B_5 – alle vier Flaks im Bereich nur einer Schneise aufstellen. Die Strategien B_4 und B_5 sind von vornherein allein schon deshalb unvorteilhaft, weil drei, geschweige denn vier Flaks im Bereich einer Flugschneise nicht nötig sind, weil die Seite A nur zwei Flugzeuge besitzt. Deshalb kommen nur die Strategien B_1, B_2 und B_3 in Frage.

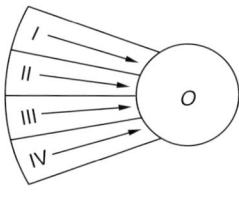

Abb. 2.14

	B_1	B_2	B_3
A_1	0	5/6	1/2
A_2	1	1/2	3/4

Abb. 2.15

Nehmen wir einmal an, die Seite A habe die Strategie A_1, die Seite B hingegen die Strategie B_1 gewählt. Es ist klar, daß keines der Flugzeuge das Objekt erreichen wird – der Gewinn der Seite A ist gleich null ($a_{11} = 0$). Es seien nun die Strategien A_1 und B_2 gewählt. Dabei wird angenommen, daß sich die Flaks in den Flugschneisenbereichen I und II befinden. Die Flugzeuge fliegen durch verschiedene Schneisen, wobei sechs Varianten gleichmöglich sind: Sie fliegen durch I und II, durch I und III, I und IV, II und III, II und IV, III und IV. Nur in einem der sechs aufgezählten Fälle durchbricht kein Flugzeug die Objektverteidigung (wenn die Flugzeuge durch I und II fliegen). Welche zwei Schneisen die Seite B für die Aufstellung der Flakpaare auch wählen würde, die Flugzeuge werden immer sechs gleichwahrscheinliche Varianten und nur eine ungünstige Varinte haben. Bei der Wahl der Strategien A_1 und B_2 wird der wahrscheinliche Gewinn der Seite A somit 5/6 ($a_{12} = 5/6$) betragen. Auf die gleiche Weise finden wir unschwer auch die übrigen Elemente der Matrix für dieses Spiel. Wie aus Abbildung 2.15 ersichtlich ist, handelt es sich um eine 2×3-Matrix. Es sei bemerkt, daß die Matrixelemente *wahrscheinlichkeitsbedingte* Gewinne ausdrücken, denn bereits die reinen Strategien schließen den Zufall in sich ein. Der untere Spielpreis ist gleich 1/2, der obere 3/4. Die Maximin-Strategie ist A_2, die Minimax-Strategie B_3. Es gibt hier keinen Sattelpunkt, eine optimale Spiellösung liegt im Bereich der gemischten Strategien.

Um eine optimale gemischte Strategie zu finden, benutzen wir die Gewinnmatrix und die Relationen (2.12) und (2.13). In diesem Fall nehmen diese Ungleichungen die folgende Form an:

$$\left. \begin{array}{l} x_2 \geq 1 \\ 5/6\,x_1 + 1/2\,x_2 \geq 1 \\ 1/2\,x_1 + 3/4\,x_2 \geq 1 \end{array} \right\} \tag{2.14}$$

$$x_1 + x_2 = 1/v \tag{2.15}$$

Günstig ist die grafische Darstellung der Lösung. Wir werden die positiven x_1- und x_2-Werte auf den Koordinatenachsen auftragen (Abbildung 2.16).

Der ersten Ungleichung (2.14) entspricht der Bereich über der Geraden CC; der zweiten Ungleichung (2.14) der Bereich über der Geraden DD, der dritten Ungleichung (2.14) der Bereich über der Geraden EE. Alle drei Ungleichungen erfüllt der in der Abbildung hervorgehobene Bereich. Die Gleichung $x_1 + x_2 = const$ beschreibt die Parallelen zu den Geraden, die als gestrichelte Linien in der Abbildung dargestellt sind. Von allen solchen Geraden, die zumindest einen Punkt im hervorgehobenen Bereich haben, entspricht der Mindestsumme $x_1 + x_2$ die Gerade FF. Der Punkt G gibt die Lösung an, die der *optimalen gemischten Strategie* entspricht. Die G-Koordinaten sind $x_1 = 3/5$, $x_2 = 1$. Daraus erhalten wir, daß $v = 5/8$, $p_1 = 3/8$, $p_2 = 5/8$ sind. Die optimale gemischte Strategie des Spielers A setzt also den Einsatz der Strategie A_1 mit der Wahrscheinlichkeit 3/8 und der Strategie A_2 mit der Wahrscheinlichkeit 5/8 voraus.

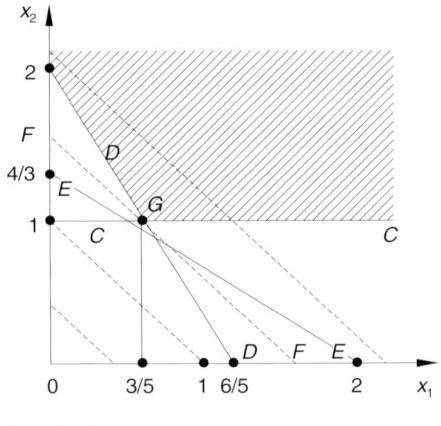

Abb. 2.16

Wie läßt sich diese Empfehlung in der Praxis benutzen? Erfolgt das Spiel *einmal*, so soll der Spieler A anscheinend die Strategie A_2 wählen, da $p_2 > p_1$ ist. Nehmen wir an, daß dieses Spiel *mehrmals* gespielt wird (zum Beispiel in bezug zu mehreren unter Beschuß zu nehmenden Objekten). Wiederholt sich das Spiel N mal ($N \gg 1$), so sollte der Spieler A in $3N/8$ Fällen die Strategie A_1, in $5N/8$ Fällen die Strategie A_2 wählen.

Bisher diskutierten wir lediglich die Handlungsweise der Seite A und ließen die Seite B willkürlich handeln. Wählt der Spieler A eine optimale gemischte Strategie, so liegt sein mittlerer Gewinn im Bereich zwischen dem oberen Spielpreis von 3/4 und den Spielpreis $v = 5/8$. Ist die Handlungsweise des Spielers B unvernünftig, so kann der Gewinn des Spielers A gleich dem oberen Spielpreis sein oder gar darüber liegen. Wenn sich der Spieler B jedoch von einer optimalen gemischten Strategie leiten lassen wird, so ergibt sich für den Spieler A ein Gewinn, der gleich dem Spielpreis n ist. Die optimale gemischte Strategie des Spielers B läßt sich darauf zurückführen, daß er die Strategie B_3 überhaupt nicht einsetzt, die Strategie B_1 mit der Wahrscheinlichkeit 1/4 und die Strategie B_2 mit der Wahrscheinlichkeit 3/4 verwendet. Daß der Einsatz der Strategie B_3 nicht zweckmäßig ist, läßt sich aus Abbildung 2.16 erkennen: Die dieser Strategie entsprechende Gerade EE hat keine gemeinsamen Punkte mit dem hervorgehobenen

Bereich. Um die Wahrscheinlichkeiten zu ermitteln, mit denen die Strategien B_1 und B_2 einzusetzen sind, benutzen wir den bereits gefundenen Spielpreis ($v = 5/8$): $q_1 \cdot 0 + (1 - q_1) \cdot 5/6 = 5/8$. Daraus folgt, daß $q_1 = 1/4$, $q_2 = 1 - q_1 = 3/4$ sind.

3 Regelung und Selbstregelung

Der Prozeß der Erschließung und Nutzung von Informationen ist ein Vorgang unserer Annäherung an die Zufälligkeiten des uns umgebenden Mediums und unserer Lebenstätigkeit darin.

Norbert Wiener[1]

Die Kybernetik ergründete und durchdringt alle Gebieten der Arbeit und des Lebens der Menschen. Das ist die Lehre vom optimalen Steuern komplizierter Prozesse und Systeme.

A. I. Berg[2]

Das Steuerungsproblem

Steuerung kontra Desorganisation. Obwohl die uns umgebende Welt sehr reich an Zufälligkeiten ist, erweist sie sich nichtsdestoweniger als eine recht gut organisierte, in vielerlei Hinsicht geordnete Welt. Der desorganisierenden Wirkung der Zufälle steht die organisierende Wirkung der Regelungsprozesse und der Selbstregelung gegenüber.

Ein Flugzeug fliegt z.B. von Moskau nach St. Petersburg. Beim Flug wirken verschiedene Faktoren von zufälligem Charakter ein. Deshalb erweisen sich alle drei räumlichen Koordinaten des Fluges als zufällige Zeitfunktionen. Seine Flugbahn ergibt sich aus der Realisierung dieser zufälligen Funktionen. Alle diese „Raffinessen" beunruhigen die Fluggäste gar nicht. Beim Anschnallen der Gurte vor dem Start zweifeln sie überhaupt nicht daran, daß das Flugzeug auf dem Flughafen von St. Petersburg ankommen wird, welche Widrigkeiten den Flugzeugkommandanten auch überraschen, welche Winde die Flugbahn auch ungünstig beeinflussen mögen. Und nicht ohne Grund: Das Flugzeug hat ja ein zuverlässiges Steuersystem, die Piloten handeln sicher. Im Kapitel 2 haben wir Bedienungssysteme beschrieben. Tatsächlich sind diese Systeme reich an Zufälligkeiten. Nichtsdestoweniger erfüllen sie ihre Aufgaben gut, was auf eine wohldurchdachte Systemorganisation und Systemsteuerung zurückzuführen ist.

Der Steuerungs- und Regelungsfaktor kann verschiedene Gestalt annehmen. Wir möchten zum Beispiel, daß ein bestimmtes Buch den Menschen möglichst lange diene. Dem stehen Zufälligkeiten unterschiedlichster Art im Wege, die sowohl rein physikalischer Natur sind als auch mit der Behandlung des Buches durch die Leser zusammenhängen. Hier beginnen wir, die Vorgänge zu regeln: Wir sorgen für den Einband, regeln die Temperatur, Feuchtigkeit und Beleuchtung in den Räumen, wo die Bücher aufbewahrt werden, führen Leserkarten in der Bibliothek, legen die Regeln für die Buchnutzung fest.

Es gibt keinen Menschen, der gegen Erkrankungen gefeit ist. Obwohl viele Krankheiten ganz bestimmte Ursachen haben, ist das Bild von Erkrankungen, sagen wir in einer Großstadt, durch einen Überfluß an Zufällen gekennzeichnet. Um die Krankheiten zu bekämpfen, fangen wir an zu regeln: Wir sorgen für eine Verbesserung der Lebens- und Arbeitsbedingungen der Menschen, führen medizinische vorbeugende Maßnahmen durch, bauen Stadien, Schwimmbäder, Sportanlagen, versorgen die Apotheken mit den nötigen Arzneimitteln. In der Welt herrscht also ein Kampf zweier leistungsstarker entgegengesetzt wirkender Faktoren, zweier Grundtendenzen. Einerseits ist es der Zufallsfaktor, der Trend zur Desorgenisation, Fehlordnung und letzten Endes zur Zerstörung. Andererseits ist es der Faktor der Steuerung, Regulierung und Selbstregelung, der Trend zur Organisation, Ordnung, zur weiteren Entwicklung.

Die Auswahl als unerläßliche Voraussetzung für die Regelung. Wären alle Prozesse und Erscheinungen in der Welt streng determiniert, so wäre es sinnlos, von der Möglichkeit der Steuerung und Regelung selbst zu sprechen. Um zu regeln, muß man eine Wahlmöglichkeit haben. Es hat keinen Sinn, von der Entscheidungsfindung zu sprechen, wenn alles von vornherein prädestiniert ist. Jede Erscheinung sollte eine Wahrscheinlichkeit verschiedener Entwicklungslinien haben. Eigentlich ist die Welt, wo die Wahrscheinlichkeit herrscht, gerade die Welt, wo die Regelung einzig und allein erst möglich ist.

Die Regelung wirkt dem Zufall entgegen. Die Möglichkeit der Regelung ist zugleich auf die eigentliche Existenz der Zufälligkeiten zurückzuführen. Gerade der Zufall steht der Vorherbestimmung im Wege. Es stellt sich also heraus, daß der Zufall seinen Totengräber – die Regelung – erst möglich macht. Wir sehen darin eine Erscheinungsform der dialektischen Einheit von Notwendigkeit und Zufall in der realen, uns umgebenden Welt.

Durch ihr Predigen der göttlichen Herkunft allen Seins, des Verkoppelns mit dem „Willen Gottes" in Vorhersehung alles Entstehenden versucht die kirchliche Lehre den Menschen eine Vorstellung strenger Determiniertheit der Welt aufzudrängen, wo den Menschen keine freie Auswahl mehr bleibt und folglich auch keine Möglichkeit, irgend etwas zu regeln. Eine solche Herangehensweise nimmt den Menschen den eigenen Willen, den Wunsch tätig zu werden und erst recht entgegenzuwirken. Muß die Fragwürdigkeit einer solchen Sicht bewiesen werden?

Regelung und Rückkopplung. In vereinfachter Form zeigt die Abbildung 3.1 zwei grundsätzlich verschiedene Regelsysteme: S ist ein System (Regelstrecke), das geregelt wird, R die Regeleinrichtung, y die Stellgröße (Eingangsgröße), z sind zufällige Störungen, die auf das zu regelnde System einwirken; x ist die Regelgröße (Abgangsgröße), die sich aus der Systemregelung ergibt. Im Unterschied zum Schema (a) hat das Schema (b) eine Rückkopplung: Die Regeleinrichtung bekommt Informationen über das Regelergebnis. Wozu ist die Rückkopplung denn gut? Um diese Frage beantworten zu können, müssen wir darauf hinweisen, daß die „Beziehungen" des Zufalls und der Regelung dadurch gekennzeichnet sind, daß sie sich gegenseitig eifrig „bekämpfen". Die Regelung wirkt dem Zufall aktiv entgegen, ebenso wie die Zufälle der Regelung. Letzterer Umstand setzt eine flexible Regelung und ihre Fähigkeit voraus, sich fortwährend umzustellen. Um die Regelung umzustellen, muß die Regeleinrichtung die ganze Zeit hindurch Informationen über die Regelergebnisse bekommen, so daß sie ihre Einwirkungen auf das System entsprechend diesen Informationen korrigieren kann.

Jedes wirkliche Regelschema setzt eigentlich eine Rückkopplung voraus. Eine Regelung ohne Rückkopplung ist nicht wirksam, mehr als das: Sie ist faktisch nicht „lebensfähig".

Hier ein einfaches Beispiel: Ein Chauffeur steuert seinen Wagen. Stellen Sie sich vor, daß die Rückkopplung verschwunden ist – der Fahrer überwacht die Fahrt seines Wagens nicht mehr. Die Fahrt wird geregelt, aber ohne Rückkopplung. Unverzüglich beginnen ganz verschiedene Zufälle, ungebremst ihre Wirkung zu hinterlassen. Ein Schlagloch – zufällig – auf der Straße, plötzlich eine Wegkurve, unversehens kommt ein Fahrzeug entgegen – alle diese Zufälle verursachen in wenigen Sekunden einen Unfall.

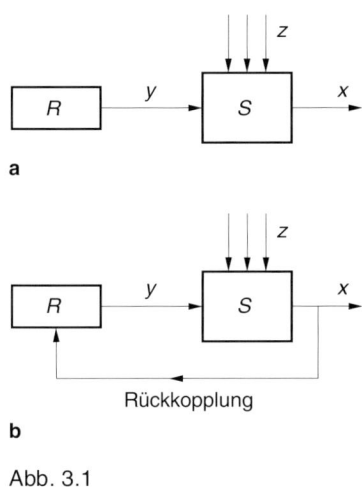

Abb. 3.1

Regelungsalgorithmen. Was kann getan werden, um eine Regelung zu erreichen? Ausschlaggebend sind eine konkrete Situation und die Bestimmung eines Zieles, das wir in diesem oder jenem Fall anstreben. Die Antwort auf diese Frage ist im Regelungsalgorithmus enthalten. Dieser Algorithmus begreift in sich eine Abfolge bestimmter Handlungen, die auszuführen sind, um gesetzte Ziele zu erreichen.

Beim obigen Beispiel mit dem Autofahrer schließt der Regelungsalgorithmus Anweisungen für das Ein- und Ausschalten des Motors, für den Bremsvorgang, das Wenden, für das Schalten der Gänge usw. ein ebenso wie die Beachtung von Verkehrsregeln. In manchen Fällen ist der Regelalgorithmus recht einfach. Um einen Zigarettenautomaten zu benutzen, sind nur zwei Handlungen auszuführen: Münzen in den richtigen Spalt zu werfen und einen Knopf zu betätigen. Das genügt für den Algorithmus der Automatenbedienung. In anderen Fällen ist dieser Regelalgorithmus viel komplizierter. Es ist beispielsweise recht schwierig, ein Auto zu lenken. Noch komplizierter ist die Steuerung eines Düsenflugzeugs. In sehr komplizierten Fällen läßt sich der Regelungs- und Steuerungsalgorithmus erschöpfend gar nicht definieren. Es gibt z.B. keine definierten Algorithmen für die Leitung eines Großbetriebs, geschweige denn für die Dominanz einer ganzen Industriebranche.

(Wir verwenden den Begriff Regeln, wenn eine „Regelgröße" fortlaufend erfaßt wird und durch Vergleich mit einer Zielgröße im Sinne einer Angleichung an diese beeinflußt wird. Steuern ist der Begriff für die Beeinflussung einer Regelgröße auf Grund einer bestimmten Zielsetzung in gerader Linie. Es wird nicht das Unmögliche versucht, beide Begriffe ständig auseinanderzuhalten. *Der Übersetzer*)

Von der „black box" zur Kybernetik

Die Regelungs- und Steuerungsprozesse lassen sich trotz der großen Vielfalt der Algorithmen von allgemeinen Positionen untersuchen, unabhängig davon, welche Beschaffenheiten die zu untersuchenden Systeme aufweisen. Kennzeichnend ist das Beispiel des Modellierens verschiedener Systeme mit Hilfe der Methode der „black box".

Was ist die Black-box-Methode? Wir wollen ein zu regelndes System betrachten. Es seien y_1, y_2, ..., y_m Input- oder Eingangseinwirkungen auf das System (steuernde Einwirkungen), z zufällige Einwirkungen, x_1, x_2, ..., x_n Output- oder Abgangsgrößen des Systems (Abbildung 3.2). Wir nehmen ferner an, daß wir nicht wissen oder gar nicht wissen wollen, wie das System selbst aufgebaut ist. Wir untersuchen lediglich die Beziehungen zwischen den Inputeinwirkungen (y_1, y_2, ..., y_m) und Outputgrößen (x_1, x_2, ..., x_n). In diesem Fall spricht man von einem soll „schwarzen Kasten". Unter einem schwarzen Kasten" wird jedes zu regelnde System verstanden, dessen innere Struktur als unbekannt anzusehen ist, wobei sich jedoch aus seinen als Output bezeichneten Äußerungen auf bestimmte Eingaben oder Input seine Wirkungsweise erschließen kann.

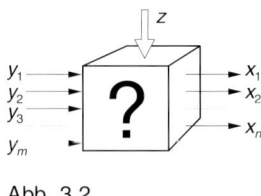

Abb. 3.2

Der Mensch im Umfeld des „schwarzen Kastens". Dank der Entwicklung von Wissenschaft und Technik sieht sich der Mensch von einer großen Anzahl ganz verschiedener gesteuerter Systeme umgeben. In der Regel bedrückt ihn das gar nicht, weil er sich rasch daran gewöhnt, alle diese Systeme als „schwarzen Kasten" anzusehen (ohne sich dessen mitunter bewußt zu werden). Er weiß, wie sie zu bedienen sind, um den gewünschten Effekt zu erzielen. Um sich ein Fernsehprogramm anzuschauen, müssen wir den Aufbau und die Wirkungsweise des Fernsehempfängers nicht kennen. Wir müssen nur den jeweiligen Knopf betätigen. Um zu telefonieren, ist es nicht notwendig, den Aufbau eines Fernsprechapparats zu untersuchen. Wir heben den Hörer ab und drehen die Wählscheibe bzw. drücken die Tasten auf der vorderen Gerätetafel. Der Fernseher, der Fernsprecher und viele andere gesteuerte Systeme werden als „schwarzer Kasten" angesehen. Bei Bedarf können wir uns mit dem Aufbau und der Wirkungsweise der Systeme vertraut machen. Der Mensch von heute erspart sich die

Zeit, wenn er in seiner praktischen Tätigkeit ohne entsprechende Informationen aus-
kommt. Bei einem Ausfall des „schwarzen Kastens" beansprucht er lieber Dienstleistungen von Fachleuten.

Wir müssen zugestehen, daß Behauptungen, der Mensch von heute sei wenig
wißbegierig, weil er nicht immer den Wunsch hat, auf den Grund der Dinge zu stoßen,
in gewissem Sinne richtig sind. Wir sollten aber nicht übertreiben, da es sehr viele
„solcher Dinge" in der Umgebung der Menschen von heute gibt. Erstens wird jedem
Menschen in der Schule ein Minimum an Grundlagenkenntnissen vermittelt. Zweitens
hängt die Entwicklung der Gesellschaft nicht davon ab, was jeder einzelne Mensch weiß
oder auch nicht weiß, sondern davon, worüber die menschliche Gesellschaft insgesamt
Kenntnis besitzt.

Komplizierte Systeme und die Black-box-Methode. Die modernen Systeme werden
immer komplizierter, ihre Funktionsmöglichkeiten immer vielfältiger. In den Vordergrund rückt unter diesen Verhältnissen nunmehr die Notwendigkeit, gerade die Funktionsmöglichkeiten dieser Systeme zu untersuchen. Die Untersuchung der inneren
Systemstruktur tritt jedoch in den Hintergrund, um so mehr, als das in vielen Fällen
ganz unmöglich ist, da der Aufbau der Systeme sehr kompliziert ist. Dieser Sachverhalt
bewirkt einen qualitativ neuen Standpunkt, wo es darauf ankommt, allgemeine Gesetzmäßigkeiten der Prozesse des Regelns und Selbstregelns zu untersuchen, unabhängig
davon, wie diese oder jene gesteuerten Systeme aufgebaut sind. Gerade dieser Standpunkt ließ die Kybernetik als Wissenschaftsdisziplin entstehen, die die Regelung
(Selbstregelung) in komplizierten Systemen untersucht.

Dabei läßt sich ein sehr beachtenswerter Umstand erkennen, der uns veranlaßt, die
Black-box-Methode unter einem ganz anderen Blickwinkel zu betrachten. Es stellt sich
heraus, daß es gar nicht nötig ist, alle Raffinessen des Aufbaus eines recht komplizierten
Systems kennenzulernen, daß andererseits eine Zergliederung in wesentliche Bestandteile wichtige Informationen fundamentalen Charakters verloren gehen läßt. In dieser
Situation erlangt die Black-box-Methode eine grundsätzliche Bedeutung als einzig
mögliche Behandlung eines komplizierten Systems.

Was ist Kybernetik? Die Entwicklung der Kybernetik ist mit dem Namen des
hervorragenden amerikanischen Wissenschaftlers Norbert Wiener (1894 – 1964) verknüpft. Üblicherweise legt man die Geburtsstunde der Kybernetik in das Jahr 1948, als
Wiener sein Werk „Cybernetics or Control and Communication in the Animal and the
Maschine" in Paris veröffentlichte. Er regte selbst an, »die gesamte Theorie der
Kontrolle und der Kommunikation in Maschinen und lebenden Organismen als Kyber-
netik zu bezeichnen«. Der Begriff Kybernetik kommt aus dem Griechischen und läßt
sich als „Steuermannskunst" übersetzen, in diesem Sinne ist „Kybernetik" schon bei
Plato anzutreffen. In der ersten Hälfte des 19. Jahrhunderts ordnete der französische
Physiker Ampère in seinem Klassifikationssystem in der Spalte 83 eine Wissenschaft
an, die Methoden der staatlichen Leitung untersuchen sollte. Ampère nannte diese
Wissenschaft ebenfalls „Kybernetik". Heute verwenden wir diesen Begriff nur in dem
Sinne, den ihm N. Wiener verlieh. Die Kybernetik ist eine Wissenschaftsdisziplin, die
die allgemeinen Gesetzmäßigkeiten von Kontrollprozessen und von Kommunikation
in komplizierten Systemen untersucht, einschließlich der in Maschinen als auch in
lebenden Organismen ablaufenden Prozesse.

In seinem Buch „This Chancy, Chancy, Chancy World" bemerkt der sowjetische Wissenschaftler Leonard Rastrigin: »Schon bevor die Kybernetik auftauchte, wurden in der Elektrotechnik Regelungsprozesse in Stromerzeugern erforscht, befaßte sich die Mechanik mit den Bewegungen des Uhrpendels und ihrer Steuerung, die Biologie mit der Eigenart der Populationsdynamik. Norbert Wiener war der erste, der auf den universellen Charakter der Steuerung und Regelung hinwies, und zeigte, daß es Standardprozeduren zur Objektregelung gibt, d. h., daß die kybernetischen Methoden unabhängig von den physikalischen Eigenschaften der Objekte in Anwendungen geeignet sind«[3]. Für die Kybernetik verwendet Rastrigin die Metapher von der „Lehre, wie das Chaos zu bekämpfen ist"[4] und unterstreicht somit den Gedanken, daß die Regelung der Desorganisation und der Zerstörung entgegenwirkt, die durch ganz verschiedene zufällige Faktoren verursacht wurden.

Kybernetik und Roboter. Eine der wichtigsten Aufgaben der Kybernetik besteht in der Automatisierung von Prozessen, insbesondere der Selbstregulation in komplizierten Systemen (Automatik). Die Untersuchung dieser Probleme führte zur Herausbildung einer Fachrichtung in Wissenschaft und Technik, die „Robotertechnik" (Robotik) genannt wurde. In der modernen Fachliteratur werden Möglichkeiten der Entwicklung von Automaten diskutiert, die sich selbst reproduzieren und belehren könnten. Es wird das Problem der künstlichen Intelligenz untersucht. Akut werden Fragen wie: Kann die Maschine schöpferisch tätig sein? Kann eine Maschine aufgebaut werden, die klüger ist als die Menschen, die sie entwickelt haben? Kann die Maschine denken?

Roboter ganz verschiedener Typen haben heute die Grenzen der Wissenschaft und Technik überschritten, sie wurden Helden vieler Werke der Science-fiction-Literatur. Immer häufiger werden Perspektiven der Robotertechnik diskutiert, insbesondere das Problem der Schaffung eines künstlichen Menschen. Manche Laien glauben sogar, die Kybernetik sei nichts anderes als die Wissenschaft von den Robotern, von bewundernswerten Automaten, vernunftbegabten Maschinen. Das Wesen der Kybernetik als einer Wissenschaft, die die Probleme der Steuerung und Regelung zu lösen hat, wird dabei von effektvollen technischen Perspektiven verschleiert.

Die Kybernetik befaßt sich tatsächlich mit Automatisierungsproblemen und leistet somit einen sehr großen Beitrag zum wissenschaftlich-technischen Fortschritt. Die Automatisierung zahlreicher Produktionsprozesse, die Entwicklung automatischer Mondfahrzeuge (z. B. Lunochod), automatische Kopplungsmanöver im Weltraum sind Errungenschaften der Kybernetik, deren Erfolgsliste recht umfangreich ist. Zugleich untersucht die Kybernetik auch die Möglichkeiten der maschinengestützten Kreativität und der Schaffung eines künstlichen Intellekts. Dabei besteht nicht das Ziel, in Zukunft künstliche Menschen zu erzeugen. Wenn wir Maschinen entwickeln, die Musik „komponieren" oder Erzählungen „schreiben", die Schach „spielen" oder sich über dieses oder jenes Thema „unterhalten", so untersuchen wir das grundsätzlich wichtige Problem der Modellierung schöpferischer Prozesse, wodurch wir tiefer auf den Grund der Natur solcher Prozesse gehen können. Wir können sagen, daß wir extreme Potenzen der Maschinen nicht in der Absicht untersuchen, lebende Menschen in Zukunft durch Maschinen zu ersetzen, sondern mit dem Ziel, uns mit vielen grundsätzlich wichtigen Fragestellungen besser auseinandersetzen zu können. Das soll es uns ermöglichen, die in lebenden Menschen ablaufenden Regulationsprozesse zu verstehen. Dieses sollte der Leser im Auge behalten, wenn er von der Kybernetik spricht. Sie ist keine „Wissenschaft von den Robotern". Nun ist es jedoch an der Zeit, den Leser über den zentralen Begriff der Kybernetik, über die Information, in Kenntnis zu setzen. Es sei von vornherein betont, daß die Kybernetik Prozesse der Regelung und der Selbstregulierung in erster Linie vom Standpunkt der Information aus untersucht. Sie studiert die Problematik der Entstehung, Übertragung, Umwandlung und Speicherung von Informationen. Im gewissen Sinne ist die Kybernetik die „Wissenschaft von der Information".

Information

Wir beginnen unsere Betrachtung mit einem Auszug aus dem großen Gedicht „De rerum natura" von Titus Lucretius Carus:

»Gäbe es nämlich Entstehen aus Nichts, so könnte aus allem alles hervorgehen auch, und es würde kein Samen benötigt. Menschen entstünden vorerst aus dem Meere, die schuppigen Fische aber aus trockenem Lande, die Vögel entflögen dem Himmel. Großvieh und Kleinvieh und jegliche Raubtiere hausten in Gärten, so auch in Einöden, rätselhaft bliebe ihr Ursprung. Auf Bäumen wüchsen auch niemals die gleichen Fruchtsorten, nein, die Erträge wechselten, Bäume könnten beliebige Obstarten tragen.... «

Man beachte, wie der Verfasser hier andeutet, daß der Erhaltungssatz nicht nur die Materie und die Energie betrifft, sondern noch etwas, was weder Materie noch Energie ist. Im Meer mangelt es nicht an Materie und Energie, aber die Menschen entstehen nicht aus dem Meer. Das trockene Land kann ebensowenig Fische gebären. Der Dichter kommt zu dem Schluß, daß es unmöglich sei, irgendwelche Wesen ohne jegliche „Samen" zu gebären. In der Sprache der heutigen Wissenschaft handelt es sich hierbei um die Informationserhaltung. Die in Pflanzen und Lebewesen gespeicherten reichen Informationen können nicht »aus dem Nichts sich gestalten« (»De nihilo nihil.« – »Nichts kann aus dem Nichts je entstehen.«[6]). Sie werden in „Samen" gespeichert und als Erbe hinterlassen.

Der Begriff Information wird in der Wissenschaft von heute und in der menschlichen Praxis überhaupt häufig verwendet. Die gesamte Tätigkeit der Menschen ist ohne Verarbeitung, Gewinnung, Übertragung und Speicherung von Informationen nicht denkbar. Wir leben in einer Welt, die reich an ganz verschiedenen Informationen ist, unsere Existenz wäre ohne Informationen unmöglich. Der Wissenschaftler A. I. Berg spricht davon, daß die Information in alle Poren des menschlichen und gesellschaftlichen Lebens eindringt und weder im stofflich-energetischen noch im Informationsvakuum ein Leben möglich ist.

Das Bit als Informationseinheit. Was ist eigentlich Information? In welchen Einheiten wird sie gemessen? Hier ein einfaches Beispiel. Ein Zug nähert sich der Bahnstation. Durch Fernbedienung der Weiche kann der Dispatcher den Zug entweder auf das Gleis A oder auf das Gleis B lenken. Wird der Schalter in seine „obere Stellung" gebracht, so fährt der Zug auf dem Gleis A ein, in der „unteren Stellung" hingegen auf dem Gleis B. Bei der Umschaltung sendet der Dispatcher also ein Steuersignal, das eine Information von einem Bit enthält. Das Bit ist aus der Abkürzung von binary digit (englischer Begriff für Binärziffer) entstanden.

Um das Wort Binärziffer zu erklären, möchten wir daran erinnern, wie Zahlen mit Hilfe der Ziffern aufgeschrieben werden. Für gewöhnlich benutzen wir beim Rechnen das Zehnersystem (Dezimalsystem) mit den zehn Ziffern 0, 1, 2, ..., 9. Nehmen wir eine Zahl, die sich im Zehnersystem wie folgt schreiben läßt: z.B. 235. Wir sagen „zweihundertfünfunddreißig“ und denken normalerweise nicht daran, daß wir es mit einer aus zwei Hundertern, drei Zehnern und fünf Einsen bestehenden Summe zu tun haben: $2 \cdot 10^2 + 3 \cdot 10^1 + 5 \cdot 10^0$. Die gleiche Zahl läßt sich im Zweiersystem (Binärsystem), der Rechnung mit Hilfe von nur zwei Ziffern, zum Beispiel 0 und 1, wie folgt darstellen: 11101011. Diese Zahl läßt sich so entschlüsseln: $1 \cdot 2^7 + 1 \cdot 2^6 + 1 \cdot 2^5 + 0 \cdot 2^4 + 1 \cdot 2^3 + 0 \cdot 2^2 + 1 \cdot 2^1 + 1 \cdot 2^0$. In der Tat, da $2^7 = 28$, $2^6 = 64$, $2^5 = 32$, $2^3 = 8$, $2^2 = 2$ und $2^0 = 1$ sind, beträgt deren Summe nicht mehr und nicht weniger als 235 (128 + 64 + 32 + 8 + 2 + 1). Jede Zahl läßt sich sowohl im Dezimal- wie auch im Binärsystem darstellen. Ein Leser, der unsere Erläuterungen nicht nachvollziehen konnte, kann sich die Abbildung 3.3 näher anschauen.

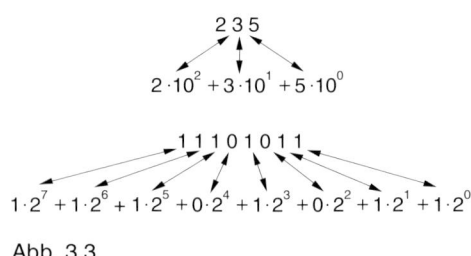

Abb. 3.3

Kommen wir auf unser Beispiel mit dem Zug und der Weiche zurück. Wie wir uns erinnern, haben wir zwei Ergebnisse: Der Schalter in der „oberen Stellung“ lenkt den Zug auf das Gleis A, in der „unteren Stellung“ auf das Gleis B.

Wir verschlüsseln das erste Ergebnis mit der Ziffer 0, das zweite mit der Ziffer 1. Man kann sagen, daß das Steuersignal in diesem Fall mit einer der zwei Binärziffern – entweder mit der Null oder mit der Eins – verschlüsselt wird. Das ist also die Information von einem Bit – die Information, die in einer Binärziffer steckt.

Wenden wir uns einem interessanteren Beispiel zu. In der Abbildung 3.4 wird die Verzweigung der Gleise bei der Einfahrt in eine Bahnstation schematisch dargestellt. Die Weichen sind mit den Buchstaben a, b, c, d, e, f und g bezeichnet. Kommt auf eine Weiche das Steuersignal 0, so wird der Zug auf das linke Gleis gelenkt, beim Steuersignal 1 wird das rechte Gleis freigegeben. Der Dispatcher hat drei Schalter: Der erste Schalter schickt das Signal (0 oder 1) auf die Weiche a, der zweite Schalter lenkt des Signal gleichzeitig auf die Weichen b und c, der dritte Schalter wirkt zugleich auf die Weichen d, e, f und g. Die Bahnstation besitzt acht Gleise: A, B, C, D, E, F, G, H. Um den Zug auf das Gleis A zu lenken, muß der Dispatcher alle drei Schalter in die Stellung 0 bringen, also ein System von Signalen 000 senden. Um den Zug auf das Gleis B zu bringen, muß das Signalsystem 001 gesendet werden. Jedem Gleis entspricht sein eigenes Signalsystem:

A	B	C	D	E	F	G	H
000	001	010	011	100	101	110	111

Um eines der acht Ergebnisse zu erzielen, müssen wir jedesmal ein System aus drei Elementarsignalen wählen, wobei jedes einzelne Signal eine Information von einem Bit trägt. Jedesmal ist also eine Information von drei Bit nötig.

Um eine Variante aus den zwei möglichen auszuwählen, benötigt man also ein Bit Information; um eine Variante aus den acht auszuwählen, sind 3 Bit Information nötig. Um eine von N Varianten auszuwählen, wird eine Information von I Bit benötigt:

$$I = \log_2 N \tag{3.1}$$

Dieser Ausdruck (Hartley-Formel) wurde 1928 vom Amerikaner Hartley vorgeschlagen, der sich für die quantitative Bewertung der Information interessierte.

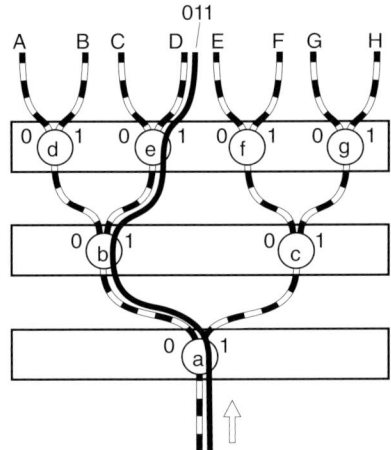

Abb. 3.4

Das „Bar-Kochba"-Spiel. 132 bis 135 n. Chr. tobte im alten Judäa ein Aufstand gegen die römische Fremdherrschaft. Sein Führer war Bar Kochba (hebr. für „der Sternensohn"). Laut einer Überlieferung schickte Bar Kochba einen Kundschafter in das römische Lager. Der Kundschafter konnte vieles herausfinden, wurde jedoch ertappt und in den Kerker geworfen. Er wurde gefoltert, die Römer rissen ihm die Zunge heraus. Dem Kundschafter gelang es, aus dem Kerker zu fliehen. Jedoch konnte er ohne seine Zunge nicht erzählen, was er ausgekundschaftet hatte. Bar Kochba war jedoch erfinderisch und wies den Ausweg. Er stellte dem Kundschafter nur solche Fragen, die mit Ja (mit dem Kopfnicken) oder Nein (Kopfschütteln) beantwortet werden konnten. Auf diese Weise erfuhr Bar Kochba vom Kundschafter alles, was dieser herausgefunden hatte.

Eine ähnliche Situation wird im Roman von Alexandre Dumas „Le Comte de Monte-Christo" („Der Graf von Monte Christo") beschrieben. Der alte Mann Noirtier, der „Präsident", kann weder sprechen noch die Hände bewegen, da er gelähmt ist. Nichtsdestoweniger unterhalten sich die Verwandten mit ihm. Sie stellen ihm nur

Fragen, die mit Ja oder Nein beantwortet werden können. Im ersteren Fall schließt der alte Mann die Augen, im zweiten Fall blinzelt er einige Male.

Es stellt sich heraus, daß man jede Information in der Form der Antworten Ja oder Nein auf entsprechend aufgebaute Fragen darstellen kann. Diese Idee liegt also dem Bar-Kochba-Spiel zugrunde, das Anfang unseres Jahrhunderts zunächst in Ungarn und dann in anderen Ländern beliebt wurde. Ein Spieler gibt etwas zu raten auf. Das kann z. B. ein Wunsch oder gar ein Satz sein. Der andere Spieler soll herausfinden, was sich der Partner ausgedacht hat. Dazu stellt er dem Partner verschiedene Fragen, die letzterer ehrlich beantworten soll. Wichtig ist, daß die gestellten Fragen entweder eine bejahende oder verneinende Antwort voraussetzen. Die Menge der Information, die für das Erraten nötig ist, läßt sich durch die Anzahl der Fragen beim rationellsten Fragestellungsverfahren messen. Jede Antwort kann mit einer der Binärziffern kodiert werden. Der Antwort Ja entspricht z. B. die Eins, der Antwort Nein die Null. Dann wird die für das Erraten erforderliche Information in Form einer Kombination von Einsen und Nullen verschlüsselt.

Spielen wir das Bar-Kochba-Spiel mit dem Bahnhofsdispatcher (siehe Abbildung 3.4). Der Dispatcher gab zum Erraten auf, auf welchem Gleis der Zug, der sich der Bahnstation nähert, einfahren wird. Wir haben dieses herauszufinden. Das Spiel kann z. B. wie folgt ablaufen:

Frage: Wird die Weiche a das rechte Gleis freigeben?
Antwort: Nein (wir verschlüsseln diese Antwort mit der Ziffer 0).
Frage: Wird die Weiche b das rechte Gleis freigeben?
Antwort: Ja (entspricht der Eins).
Frage: Wird die Weiche e das rechte Gleis freigeben?
Antwort: Ja (entspricht der Eins).

Wir haben drei Fragen gestellt und herausgefunden, daß der Dispatcher sich das Gleis D gemerkt hatte. Die für das Erraten erforderliche Information kann mit der Antwortkette „Nein-Ja-Ja" oder, andersherum, durch die Wahl der Binärziffern 011 kodiert werden. Wir wissen, daß die Informationskapazität des „Dispatcherrätsels" 3 Bit beträgt. Jede der drei Antworten des Dispatchers enthielt eine Information von 1 Bit.

Noch ein einfaches Beispiel für das Bar-Kochba-Spiel. In einer Klasse gibt es 32 Schüler. Der Lehrer merkt sich einen von ihnen. Wie kann man erraten, wen? Nehmen wir das Klassenbuch, wo alle Namen der Schüler in alphabetischer Reihenfolge angeordnet und durchnumeriert sind. Fangen wir an, Fragen zu stellen.

Frage: Befindet sich der betreffende Schüler unter den Nummern von 17 bis 32?
Antwort: Ja (entspricht der Eins).
Frage: Ist er unter den Nummern von 25 bis 32?
Antwort: Nein (0).
Frage: Ist er unter den Nummern von 21 bis 24?
Antwort: Nein (0). Frage: Ist er unter den Nummern 19 und 20?
Antwort: Ja (1).
Frage: Ist seine Nummer 20? Antwort: Nein (0).

Der Lehrer hat sich also den Schüler gemerkt, dessen Name im Klassenbuch unter der Nummer 19 steht. Die gewonnene Information läßt sich durch die Antwortkette „Ja-Nein-Nein-Ja-Nein" oder, anders, durch die Wahl der Binärziffern 10010 verschlüsseln. Aus der Abbildung 3.5 geht hervor, wie sich das Suchgebiet durch die Beantwortung der einzelnen Fragen allmählich verringert. Um die Aufgabe zu lösen, sollten wir fünf Fragen stellen. Gemäß der Formel von Hartley sind für die Wahl aus 32 Varianten Informationen von $\log_2 32 = 5$ Bit nötig. Jede Antwort, die bei diesem Spiel erhalten wurde, enthält folglich eine Information von 1 Bit.

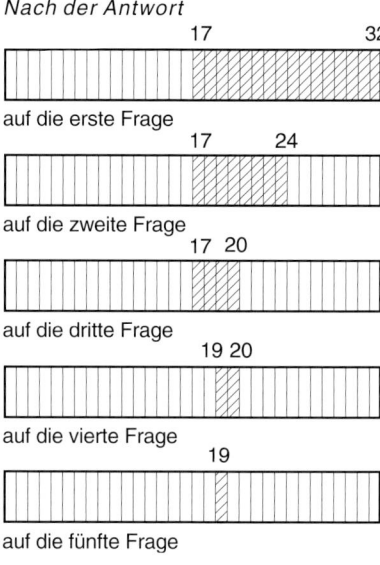

Nach der Antwort

auf die erste Frage

auf die zweite Frage

auf die dritte Frage

auf die vierte Frage

auf die fünfte Frage

Abb. 3.5

Es kann der Eindruck entstehen, daß jede Antwort beim Bar-Kochba-Spiel immer die Information von 1 Bit enthält. Wir können uns leicht davon überzeugen, daß diese Behauptung nicht stimmt. Nehmen wir an, daß der Antwort, die betreffende Person sei unter den Nummern von 17 bis 32, die Frage folgte: Ist diese Person unter den Nummern von 9 bis 16? Klar ist, daß auf diese Frage die Antwort Nein folgt, was offensichtlich bedeutet, daß sie überhaupt keine Information enthält. Wir können uns freilich auch Situationen ohne solche offenkundig „dummen" Fragen vorstellen.

Frage: Ist die betreffende Person unter den Nummern von 1 bis 8?
Antwort: Nein.
Frage: Ist sic unter den Nummern von 25 bis 32?
Antwort: Nein.
Frage: Ist sie unter den Nummern von 9 bis 16?
Antwort: Nein.
Frage: Ist sie unter den Nummern 17 bis 24?
Antwort: Ja.
Frage: Ist sie unter den Nummern 17 bis 18?
Antwort: Nein.
Frage: Ist sie unter den Nummern 23 und 24?
Antwort: Nein.
Frage: Ist sie unter den Nummern 19 und 20?
Antwort: Ja.
Frage: Ist ihre Nummer 19?
Antwort: Ja.

Bei der Wahl dieser Fragen erhalten wir die nötigen Informationen, nachdem nicht fünf, sondern acht Fragen gestellt worden sind. Die Informationsmenge ist nach wie vor gleich 5 Bit. In diesem Fall enthielt also eine Antwort im Mittel nur 5/8 -Bit Information.

Wir stellen also fest, daß die Antwort Ja/Nein nicht immer 1 Bit enthält. Vorwegnehmend sei bemerkt, daß 1 Bit der höchstmöglichen Informationsmenge entspricht, die eine solche Antwort enthalten kann.

„Erlauben Sie mal", kann der Leser fragen, „in diesem Fall trägt auch die Binärziffer nicht immer eine Information von 1 Bit?" „Ganz recht", werden wir erwidern. „Stimmt denn die obige Definition des Informationsbits etwa nicht? Gilt die Formel von Hartley dann noch, wenn es sich so verhält?" Die Definition des Informationsbits und die Formel von Hartley bleiben in Kraft, nur unter einem Vorbehalt: Die Varianten müssen gleichwahrscheinlich sein. Wir wollten diese Feststellung nicht vorwegnehmen. Jetzt ist es soweit.

Information und Wahrscheinlichkeit. Die Shannonsche Formel. Wir haben bereits darauf hingewiesen, daß Steuerung und Regelung nur in einem Umfeld möglich sind, wo dem Notwendigen der Zufall dialektisch gegenübersteht. Um regeln zu können, muß es eine Wahlmöglichkeit geben. Die Situation, in der wir nun regeln wollen, soll in sich eine Ungewißheit bergen. Diese Art der Ungewißheit kann mit einem Informationsmangel verglichen werden. Bei der Regelung bringen wir Informationen bei und verringern somit die Ungewißheit.

Ein Zug kann z.B. auf einem der acht Gleise einfahren, es ist also ungewiß, auf welchem genau. Der Dispatcher schickt ein Steuersignal mit einer Informationskapazität von drei Bit und hebt somit die Ungewißheit auf – der Zug wird auf ein bestimmtes Gleis gelenkt. Der Lehrer konnte sich jeden der 32 Schüler merken – wir hatten es erneut mit einer Ungewißheit zu tun. Nachdem wir Antworten auf mehrere Fragen mit einer summarischen Informationskapazität von fünf Bit erhalten hatten, hoben wir diese Ungewißheit auf und ermittelten den ausgewählten Schüler.

Kehren wir aber jetzt zum Ausgangspunkt unserer Überlegungen zurück, nämlich zur Frage nach der Wahlmöglichkeit. Bisher setzten wir voraus, daß die Wahlvarianten gleichwahrscheinlich sind. Für unseren Dispatcher ist die Wahl jedes der acht Gleise gleichwahrscheinlich. Der Lehrer greift auf gut Glück einen von 32 Schülern heraus, den er sich dann merkt. Häufig muß man jedoch zwischen Varianten wählen, die nicht gleichwahrscheinlich sind. In diesem Fall muß die Wahrscheinlichkeit der Wahl dieser oder jener Variante berücksichtigt werden.

Wir nehmen an, daß Fragen gestellt werden, die mit Ja oder Nein beantwortet werden können. Sind beide Ergebnisse gleichmöglich, so enthält die Antwort eine Information von einem Bit. Sind jedoch die Ergebnisse Ja oder Nein unterschiedlich wahrscheinlich, so enthält die Antwort eine Information von weniger als einem Bit. Die Differenz ist um so größer, je größer der Unterschied zwischen den Wahrscheinlichkeiten der Ergebnisse ist. Im äußersten Fall, wo die Wahrscheinlichkeit der Antwort Ja (oder Nein) den Wert eins annimmt, enthält die Antwort überhaupt keine Information.

Nehmen wir also an, daß verschiedene Ergebnisse (verschiedene Varianten) durch unterschiedliche Wahrscheinlichkeiten gekennzeichnet sind. Wir wollen gleich zur Diskussion der wichtigsten Ergebnisse übergehen, da mathematisch strenge Abhandlungen sehr viel Platz in unserem Buch beanspruchen würden. Es sei X eine diskrete Zufallsgröße, die die Werte $x_1, x_2, x_3, ..., x_N$ mit Wahrscheinlichkeiten annehmen kann, die jeweils gleich $p_1, p_2, p_3, ..., p_N$ sind. Wir haben N Ergebnisse (N verschiedene Werte der Zufallsgröße), deren Wahrscheinlichkeiten unterschiedlich sind. Wir beobachten die Größe X und stellen fest, daß sie einen Wert angenommen hat. Wie groß ist die Informationsmenge, die wir im Ergebnis der Beobachtung gewinnen? Diese Frage untersuchte Mitte der 40er Jahre unseres Jahrhunderts der amerikanische Wissenschaftler Claude Shannon. Er kam zu dem Schluß, daß wir in der betreffenden Situation eine Informationsmenge gewinnen, die in Bit gleich

$$I(X) = \sum_{i=1}^{N} p_i \log_2 \frac{1}{p_i} \tag{3.2}$$

ist. Diese Relation gehört zu den wichtigsten in der Informationstheorie. Sie heißt Shannonsche Formel.

Nehmen wir an, die Ergebnisse seien gleichmöglich: die Werte x_i der Zufallsgröße werden mit der gleichen Wahrscheinlichkeit p realisiert. Diese Wahrscheinlichkeit beträgt folglich $1/N$. Aus (3.2) ergibt sich in diesem Fall:

$$I = \frac{1}{N} \sum_{i=1}^{N} \log_2 N = \frac{1}{N} N \log_2 N = \log_2 N \ ,$$

d. h., wir erhalten die Formel von Hartley (3.1). Wir sehen also, daß diese sich aus der Shannonschen Formel als Spezialfall ergibt, wenn alle Ergebnisse gleichmöglich sind.

Mit Hilfe der Shannonschen Formel können wir feststellen, wie groß die Informationsmenge sein kann, die eine Antwort auf eine Frage mit zwei möglichen Ergebnissen (Ja oder Nein) enthält. Es sei p die Wahrscheinlichkeit, daß auf die gestellte Frage die Antwort Ja folgt. Dann ist die Wahrscheinlichkeit der Antwort Nein gleich $1 - p$. Gemäß (3.2) folgt die aus der Antwort auf die gestellte Frage gewonnene Informationsmenge aus

$$I = p \log_2 \frac{1}{p} + (1-p) \log_2 \frac{1}{1-p} \ . \tag{3.3}$$

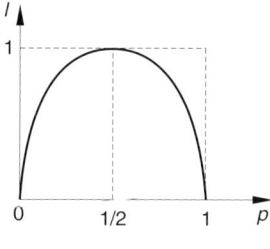

Abb. 3.6

Das Kurvenbild in der Abbildung 3.6 zeigt, wie I von p gemäß (3.3) abhängt. Wir sehen, daß die maximale Informationsmenge von 1 Bit erst dann gewonnen wird, wenn $p = 1/2$ ist, d.h., wenn die Ergebnisse Ja oder Nein gleichmöglich sind. Es ist nun an der Zeit, den Begriff „1 Bit Information" zu präzisieren. Es handelt sich um eine Informationsmenge, die ein Codezeichen in sich trägt, das nur zwei Werte annimmt, vorausgesetzt, daß beide Werte gleichmöglich sind.

Daraus folgt, daß die beste Strategie beim Bar-Kochba-Spiel diejenige ist, bei der die Fragen entsprechende Antworten mit gleichmöglichen (oder fast gleichmöglichen) Ja oder Nein nach sich ziehen. Wir wollen erneut die Frage aufgreifen, ob die betreffende Person unter den Nummern von 17 bis 32 ist. Die Antworten Ja und Nein sind hier gleichmöglich, da es in der Klasse 32 Schüler gibt und die Nummern von 17 bis 32 genau die Hälfte aller Schüler erfassen. Deshalb liefert die Antwort auf diese Frage als Informationsmenge genau ein Bit. Stellen wir eine andere Frage: Ist die betreffende Person unter den Nummern von 1 bis 8? Dieser Bereich erfaßt nur ein Viertel aller Nummern, deshalb besitzt die Antwort Ja die Wahrscheinlichkeit 1/4, die Antwort Nein entsprechend die Wahrscheinlichkeit 3/4. Die Antwort auf die gestellte Frage enthält somit eine Informationsmenge von weniger als einem Bit. Laut (3.3), wo $p = 1/4$ anzunehmen ist, beträgt sie 0,8 Bit.

Es sei nochmals darauf hingewiesen, daß Prozesse der Steuerung und Regelung in dialektischer Einheit mit Zufallsprozessen der Desorganisation zu betrachten sind. Bereits daraus ergibt sich die Schlußfolgerung, daß die Informationstheorie mit der Wahrscheinlichkeitstheorie in enger Beziehung steht. Die Shannonsche Formel (3.2) läßt eine Beziehung deutlich erkennen. Gerade die wahrscheinlichkeitstheoretische Herangehensweise ergibt den wissenschaftlich fundierten, objektiven Informationsbegriff, der frei von subjektiven Vorstellungen ist, die die Informationsmenge mit dem Informationswert und der Wichtigkeit vermengen.

Informationsübertragung über Kommunikationskanäle mit Störungen. Bei der Informationsübertragung sind Verluste von Informationen unvermeidlich. Diese Verluste lassen sich auf die Wirkung verschiedener zufälliger Faktoren zurückführen, die für gewöhnlich als Störungen bezeichnet werden. Abbildung 3.7 zeigt die schematische Darstellung eines Kommunikationskanals, der der Informationsübertragung vom Eingang A zum Ausgang B dient. Während der Übertragung durch den Kanal wirken auf die Information Störungen P ein. Nehmen wir an, daß dem Eingang A eine diskrete Zufallsgröße X zugeführt wird, deren Werte $x_1, x_2, \dots x_N$ mit den Wahrscheinlichkeiten $p_1, p_2, \dots, p_N$ realisiert werden. Nehmen wir ferner an, daß wir am Ausgang B die Größe Y empfangen, die die Werte $y_1, y_2, \dots y_M$ mit den Wahrscheinlichkeiten $q_1, q_2, \dots, q_M$ annimmt. Mit $P_i(j)$ bezeichnen wir die Empfangswahrscheinlichkeit des Wertes $Y = y_j$ am Ausgang unter der Voraussetzung, daß dem Eingang der Wert $X = x_i$ zugeführt wurde. Ausschlaggebend sind für die Wahrscheinlichkeit $P_i(j)$ Störungen im Kommunikationskanal. Die Informationstheorie beweist, daß sich die Informationsmenge über die Zufallsgröße X, die bei der Beobachtung der Zufallsgröße Y gewonnen wird, mit der folgenden Formel beschreiben läßt:

$$I_Y(X) = \sum_{i=1}^{N} \sum_{j=1}^{M} P_i(j) p_i \log_2 \frac{P_i(j)}{q_i} \qquad (3.4)$$

Hier wird die Information I durch zweierlei Wahrscheinlichkeiten ausgedrückt – durch die Wahrscheinlichkeiten p_i und q_j und durch die Wahrscheinlichkeiten $P_i(j)$. Während die ersten beiden Wahrscheinlichkeiten Ausdruck der Wahrscheinlichkeitsnatur der

Information sind, die jeweils dem Eingang des Kommunikationskanals zugeführt und an seinem Ausgang empfangen wird, so ist die Wahrscheinlichkeit $P_i(j)$ Ausdruck des zufälligen Charakters von Störungen im Kommunikationskanal.

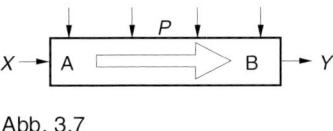

Abb. 3.7

Nehmen wir an, die Störungen seien ausgeblieben. Dann stellen wir die eindeutige Übereinstimmung zwischen den Werten der dem Kanaleingang zugeführten Zufallsgröße und denen der am Kanalausgang empfangenen Zufallsgröße fest. Das bedeutet, daß

$$N = M \; ; \qquad p_i = q_i \; ; \qquad P_i(j) = \delta_{ij} \tag{3.5}$$

sind, wobei

$\delta_{ij} = 1$ ist, für $i = j$ und
$\delta_{ij} = 0$ bei $i \neq j$.

Durch Einsetzen von (3.5) in (3.4) und mit Rücksicht darauf, daß

$$\lim_{z \to 0} z \log_2 z = 0$$

ist, erhalten wir die Shannonsche Formel. Das Ergebnis war zu erwarten, da keine Informationsmenge bei der Übertragung verlorengeht, wenn Störungen ausbleiben.

Bekämpfung von Störungen im Kommunikationskanal. Es gibt ganz verschiedene Kommunikationskanäle. Informationen lassen sich mit Hilfe von Schallwellen übertragen, die sich in der Luft oder in einem anderen Medium ausbreiten; mit Hilfe elektrischer Signale über Drahtleitungen; mittels elektromagnetischer Wellen, die sich in einem Medium oder Vakuum ausbreiten, usw. Jeder Kommunikationskanal hat seine spezifischen Störungen. Es gibt allgemeine Verfahren zur Bekämpfung von Störungen, die für verschiedene Kommunikationskanäle geeignet sind. Es ist vor allen Dingen wünschenswert, den Störpegel auf ein Minimum herabzusetzen und den Nutzsignalpegel zu erhöhen. In solchen Fällen sagt man, es gelte, das Signal/Rausch-Verhältnis zu vergrößern. Eine Vergrößerung dieses Verhältnisses wird auch durch eine entsprechende Codierung der zu übertragenden Informationen erzielt, d. h. durch deren Darstellung in Form solcher Zeichen (z. B. der Impulse bestimmter Form), die sich von Störungen deutlich abheben. Diese Codierung vergrößert die Störsicherheit der zu übertragenden Informationen.

Eine Sonderstellung bei der Bekämpfung von Störungen gebührt sicherlich der Filtration von Daten, die am Ausgang des Kommunikationskanals empfangen werden. Es gibt mittelnde und Korrelationsfilterungen. Nehmen wir an, die kennzeichnende Rauschfrequenz im Kommunikationskanal sei viel größer als die Frequenz, die die zeitlichen Nutzsignalschwankungen charakterisiert. In diesem Fall kann ein mittelnder Filter am Kanalausgang eingesetzt werden, der die hochfrequenten Schwingungen, die das Nutzsignal während seiner Übertragung durch den Kommunikationskanal überlagerten, einfach „abschneiden", glätten, wird. Diese Ausführungen werden in der Abbildung 3.8 erläutert, wo in (a) der Kommunikationskanal mit dem Filter (A Kanaleingang, B Kanalausgang, P Störungen, F Mittelungsfilter) schematisch dargestellt ist , in (b) das Signal, das dem Kanaleingang zugeführt wird, in (c) das Signal am Ausgang vor der Filtration, (d) zeigt das geglättete Signal nach der Filterung.

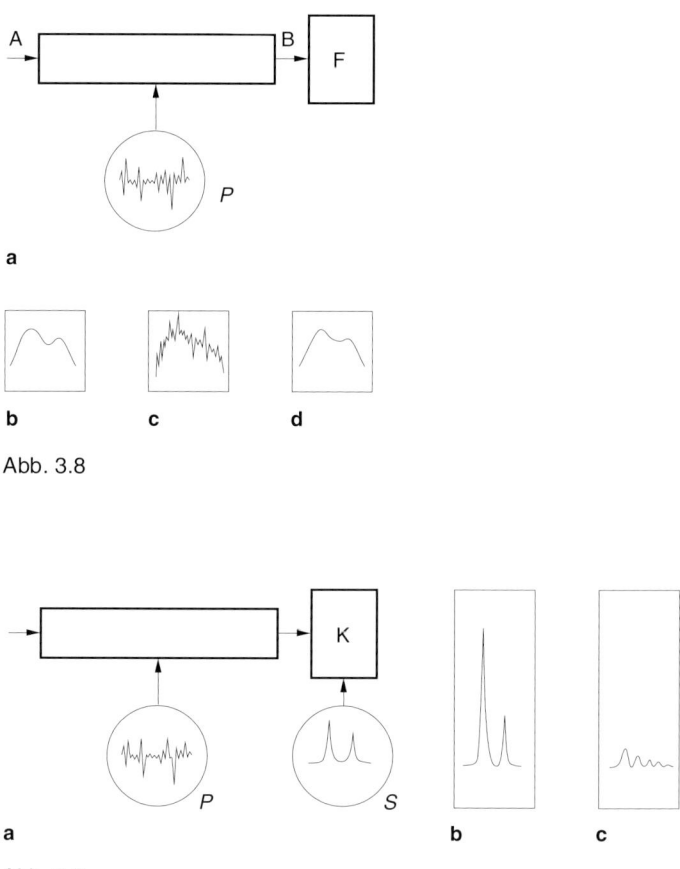

Abb. 3.8

Abb. 3.9

Nehmen wir an, es gilt aufzuklären, ob ein Signal mit definierter Form in Daten vorhanden ist, die am Kanalausgang empfangen werden. Besteht ein wesentlicher Unterschied (z.B. in Bezug auf die Frequenz) dieses Signals zu den Signalen, die die Störungen verursachen, so bereitet dieser Vorgang, der für gewöhnlich Signalrekonstruktion genannt wird, gar keine Schwierigkeiten. Schlimmer ist es, wenn das zu erkennende Signal von Rauschsignalen verschleiert wird. In solchen Fällen hilft die Korrelationsfilterung: Am Kanalausgang wird eine Sondervorrichtung aufgestellt, die das Ausgangssignal mit dem gesuchten Signal multipliziert. Ist das gesuchte Signal im

Ausgangssignal wirklich vorhanden, so ergibt die Multiplikation das Auftreten eines intensiven Korrelationssignals; ist dieses nicht der Fall, so tritt kein Korrelationssignal auf. In der Abbildung 3.9 wird das veranschaulicht: (a) zeigt schematisch den Kommunikationskanals (K Sondervorrichtung für die Multiplikation der Signale, P Störungen, S zu erkennendes Signal), (b) das Signal nach der Multiplikation, wenn das zu erkennende Signal S am Kanalausgang vorhanden ist (Korrelationssignal), (c) das Signal nach der Multiplikation, wenn das Signal S am Kanalausgang fehlt. Die Korrelationsfilterung wird z. B. in der Radartechnik für die Erkennung des Sendesignals in der vom Radar empfangenen Strahlung eingesetzt.

Die Informationsgewinnung aus dem Rauschen

Das Problem der Informationsentstehung und untaugliche Versuche, das Problem zu lösen. Ein Steuersignal trägt selbst gewisse Informationen. Ein Signal wird nach einem bestimmten Algorithmus gebildet, der auch entsprechende Informationen birgt. Seinerseits wurde der erwähnte Algorithmus auf der Basis von Informationen erstellt, die den anderen Regelalgorithmen zugrunde liegen, denen, die bei der Aufstellung „unseres" Algorithmus verwendet wurden. Es scheint eine Art Stafette bei der Übertragung der Informationen von den einen Algorithmen zu den anderen zu geben. Dieser Gedanke läßt sich an einem sehr einfachen Beispiel verdeutlichen. Ein Lehrer unterrichtet Sie; seinerzeit nahm dieser Lehrer gewiß bei jemandem Unterricht, und dieser Jemand hatte seine eigenen Lehrer usw. usf.

Solche Überlegungen erzwingen fast unvermeidlich Fragen: Wo liegt die Quelle der „ursprünglichen Informationen"? Woher kommen die ersten Algorithmen? Das Unvermögen (oder das Nichtwollen), dieses fundamentale Problem der Herkunft von Information wissenschaftlich zu lösen, führt zu seriösen Irrtümern. Bei dem Versuch, das Problem der Informationsquellen zu lösen, gibt es verschiedene Auffassungen.

Die eine besteht darin, daß Gott als Quelle der „ursprünglichen Informationen" angesehen wird. Auf dieser Auffassung beruhen verschiedene Religionen. Diese idealistische Vorstellung verknüpft die Schaffung von Informationen mit dem geheimnisvollen Willen des „Schöpfers", der unsere Welt „erdacht" und „geschaffen" hat. Einer anderen Auffassung liegt die Hypothese zugrunde, die besagt, daß die Erde einmal von Fremden aus dem Weltraum besucht wurde, die diese ursprünglichen Informationen mitgebracht hätten. Diese Hypothese ist ebenfalls außerstande, das Problem zu lösen. Offen bleibt doch nach wie vor die Frage, wo die Fremden diese Informationen hernahmen.

Durch willkürliche Übersetzung von »Information is information not matter or energy« (Wiener 1948) in »Information ist Information, weder Materie noch Energie.« statt »Information ist Information, weder Stoff noch Materie.« wird von einigen Philosophen Information neben Materie und Bewußtsein als ebenso wichtiges Drittes gestellt. In der modernen Informations- und Kommunikationswissenschaft wird das Problem der Informationsquellen auf drei unterschiedliche Ebenen verlegt:

»Information als allgemeine Eigenschaft der Materie,

Information entsteht mit dem Leben,

Information existiert im menschlich-gesellschaftlichen Bereich und entstand mit der Sprache.«[7]

Auf der Bühne erscheint wieder der Zufall. Die Vorstellung, die Informationen werden einfach als eine Art Stafettenstab übertragen, ist eine Vereinfachung des wahren Vorgangs. Es wurde bereits erwähnt, daß jede Informationsübertragung mit Verlusten einhergeht, die durch zufällige Faktoren verursacht wurden. Der Zufall „stiehlt" jedoch nicht nur Informationen, sondern erzeugt auch neue.

Auf den ersten Blick scheint dieser Gedanke absurd zu sein. Wir alle sind Zeugen der pausenlosen Erzeugung neuer Informationen durch die schöpferische Tätigkeit der Menschen. Neue Maschinen verlassen die Förderbänder in der Produktion, neue Raumflugkörper werden auf Umlaufbahnen gebracht, neue Bücher werden in den Druckereien gedruckt, in Apotheken werden neue Arzneimittel angeboten – das sind alles Zeugnisse dafür, daß der Prozeß der Informationserzeugung stürmisch abläuft, woran wir alle mehr oder weniger beteiligt sind. Seltsam klingt deshalb die Behauptung, der Zufall spiele dabei eine entscheidende Rolle als Erzeuger der Informationen.

Überlegen Sie selbst, wie der Denkvorgang abläuft, wie die Lösung einer Aufgabe und wie neue Ideen entstehen, wie eine Melodie oder eine künstlerische Gestalt „geboren" werden. Versuchen Sie einmal, den Mechanismus der assoziativen Wahrnehmung zu begreifen, der es uns erlaubt, Gegenstände zu erkennen und sie zu unterscheiden. Versuchen Sie es nur – und Sie werden sehen, daß Sie ein Gebiet kompliziertester Beziehungen, Wahrscheinlichkeitsrelationen, zufälliger Funde und jäher „Erleuchtungen" betreten. Es gibt kein determiniertes Vorgehen, um Erfindungen hervorzubringen oder Probleme zu lösen. Alles, was wir heute von den Prozessen wissen, die in unserem Gehirn ablaufen, weist auf die fundamentale Rolle zufälliger Faktoren in diesen Prozessen hin. Später werden wir diese Behauptung am Beispiel des Perzeptrons beweisen, eines kybernetischen Systems, das Bilder erkennen kann.

Zufall und Auswahl. Auf welche Weise kann der Zufall Informationen erzeugen? Auf welche Weise entsteht die Ordnung aus der Unordnung? Es stellt sich heraus, daß sich die Entstehung von Informationen aus dem Rauschen ohne Mühe modellieren läßt. Dazu nehmen wir uns mehrere aus Karton ausgeschnittene Quadrate mit darauf gezeichneten verschiedenen Buchstaben. In unserem ABC sollen alle Buchstaben einmal vertreten sein. Wir stecken die Quadrate in ein Säckchen, vermischen sie gut und entnehmen jeweils ein Quadrat auf gut Glück. Jeden zufällig gezogenen Buchstaben schreiben wir auf, das Quadrat legen wir danach wieder in das Säckchen zurück. Jedesmal sind die Quadrate im Säckchen sorgfältig zu mischen. Bei der Benutzung dieses einfachen Erzeugers zufälliger Buchstaben können wir eine beliebig lange, chaotische Folge von Buchstaben aufschreiben. Bei aufmerksamer Betrachtung dieser Buchstabenfolge werden Sie feststellen, daß es in der Folge einzelne aus drei, vier und mehr Buchstaben bestehende richtige Wörter gibt. Da haben Sie ein Beispiel für die Informationsentstehung aus dem Rauschen!

Mit Unterstützung seines Sohnes hat der Verfasser selbst einen solchen Versuch angestellt. In der aus 300 zufälligen Buchstaben bestehenden Folge hat er neun aus drei und zwei aus vier Buchstaben bestehende Wörter gefunden. Je mehr Buchstaben ein Wort besitzt, desto geringer ist die Wahrscheinlichkeit, daß dieses Wort im „Buchstabenrauschen" entstehen wird. Mit noch geringerer Wahrscheinlichkeit kann ein ganzer Satz, geschweige denn eine Zeile aus einem bekannten Werk der Literatur, entstehen. Nichts- destoweniger sind alle diese Wahrscheinlichkeiten nicht gleich null, so daß es grundsätzlich möglich ist, daß aus dem Rauschen praktisch jede beliebige Information entstehen kann.

Wir können also behaupten (obwohl diese Behauptung eher einem Wortspiel ähnelt), daß der Zufall Informationen zufällig entstehen läßt. Je größer der Umfang der Informationen ist, desto geringer ist die Wahrscheinlichkeit, daß diese Information zufällig entstehen wird. Mit der zufälligen Entstehung dieser oder jener Information wird das Problem noch nicht gelöst. Es gilt diese plötzlich entstandene Information aus dem riesengroßen Fluß sinnloser „Signale" auszusondern, mit anderen Worten, die Information aus dem Rauschen zu gewinnen. Bei unserem Beispiel mit den Kartonquadraten sorgt ein Mensch für die Informationsgewinnung aus dem Rauschen, der alle gezogenen Buchstaben zunächst auf ein Blatt Papier aufzeichnet, wonach er die Aufzeichnung aufmerksam zu prüfen hat.

Auswahlverstärkung. Ist eine bewußte Anwendung des Zufalls für die Informationserzeugung möglich? Die Antwort lautet Ja, wenn die Informationsauswahl verstärkt worden ist.

Der Leser selbst kann einen einfachen Versuch anstellen, der eine Verstärkung der Informationsgewinnung vorführt. Dazu eignet sich der Erzeuger zufälliger Buchstaben, den wir oben beschrieben haben. Um die Informationsgewinnung zu verstärken, sind in das Säckchen nicht nur die Buchstaben einmal, sondern mit Rücksicht auf deren Auftrittshäufigkeit in Wörtern mehrmals zu legen. Selten vorkommende Buchstaben sind einmal oder gar nicht hineinzulegen, häufig vorkommende Buchstaben sollen zum Beispiel in fünf oder mehr Exemplaren vertreten sein. Der Autor führte einen solchen Versuch nach seinem Gefühl folgendermaßen durch: X, Y und Q wurden nicht berücksichtigt, E kam in sieben Exemplaren vor, N fünffach, S, I, R, A, D und T je dreifach, U, H, L, C, G, O, M, B und W je doppelt und der Rest je einmal. Auch wenn diese Auswahl nicht optimal ist, gab es doch einen überraschenden Verstärkungseffekt: In der aus 300 zufällig gewählten Buchstaben bestehenden Folge erschienen 21 aus drei Buchstaben bestehende Wörter, vier Wörter aus vier und ein Wort aus fünf Buchstaben.

Um die Auslese weiter zu verstärken, sollten nicht einzelne Buchstaben, sondern ganze Wörter benutzt werden. Bemerkenswerterweise wurde eine Vorrichtung hierfür bereits in der ersten Hälfte des 18. Jahrhunderts vorgeschlagen; beschrieben wurde sie von Jonathan Swift in seinem weltberühmten Buch „Gullivers Reisen" (Reisen in verschiedene ferngelegene Länder der Erde von Lemuel Gulliver erst Wundarzt, später Kapitän mehrerer Schiffe). Als Gulliver die Akademie in Lagado besuchte (in der Hauptstadt des phantastischen Königreichs), wurde er an einen Rahmen geführt. »Der Rahmen war zwanzig Fuß im Quadrat und befand sich in der Mitte des Zimmers. Die Oberfläche bestand aus einzelnen Holzstücken von der Größe eines Würfels, ... Sie waren alle durch dünne Drähte miteinander verbunden. Diese Holzstücken waren auf jeder Seite mit Papier beklebt, und auf diese Papiere waren alle Worte der Landessprache in verschiedenen Konjugations- und Deklinationsformen geschrieben, jedoch ohne alle Ordnung«. Auf Befehl des anwesenden Professors nahmen seine Schüler »einen eisernen Griff in die Hand, von denen 40 am Rande des Rahmens befestigt waren. Durch eine plötzliche Drehung wurde die ganze Anordnung völlig verändert. Alsdann befahl er 36 Knaben«, schreibt Swift, »die verschiedenen Zeilen langsam zu lesen, so, wie sie auf dem Rahmen erschienen, und wenn sie drei oder vier Wörter herausgefunden hatten, die einen Satz bilden konnten, diktierten sie diese vier anderen Knaben, die sie nieder-

schrieben. Diese Arbeit wurde drei- oder viermal wiederholt. Die Maschine war so
eingerichtet, daß die Wörter bei jeder Umdrehung einen neuen Platz einnahmen, sobald
sich die Holzwürfel von oben nach unten verschoben.«[8] Anscheinend verspottete Swift
solche Erfindungen in seinem Buch – vielleicht aus dem Grunde, weil er sich fürchtete,
von seinen Zeitgenossen falsch verstanden zu werden, da die Rolle des Zufalls und der
Wahrscheinlichkeit damals noch nicht erkundet war.

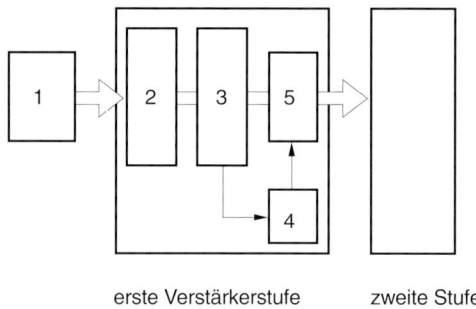

erste Verstärkerstufe   zweite Stufe

Abb. 3.10

Was im 18. Jahrhundert komisch und sinnlos zu sein schien, wurde in der Mitte des
20. Jahrhunderts Objekt der Forschung. Anfang der 50er Jahre schlug der englische
Wissenschaftler William Ross Ashby ein kybernetisches System vor, das die Informationsgewinnung verstärken sollte. Der Urheber nannte es Verstärker von Denkfähig-
keiten. Schematisch ist dieser Verstärker in Abbildung 3.l0 dargestellt. Der Rausch-
erzeuger 1 liefert das Ausgangsmaterial in die erste Verstärkerstufe. Der Rauschwandler 2
erzeugt verschiedene zufällige Varianten der Ausleseobjekte. Im Block 3 erfolgt die
Auslese entsprechend den eingegebenen Auslesekriterien. Entspricht das Ausleseer-
gebnis in diesem oder jenem konkreten Fall einem Kriterium, so wird der Steuerblock
4 ausgelöst, der das Ventil 5 öffnet und die gewonnene Information in den Wandler der
nächsten Verstärkerstufe passieren läßt. Wir können uns vorstellen, daß in der ersten
Verstärkerstufe, die mit zufälligen Buchstaben gespeist wird, eine Auslese zufällig
entstandener Wörter oder einzelner charakteristischer Silben erfolgt; in der zweiten
Stufe werden Wortkombinationen, in der dritten ganze Sätze, in der vierten Absätze
mit Ideengehalt herausgelesen usw.

Selbstorganisation auf der Basis zufälligen Suchens. Homöostat. Ein System befin-
de sich in einem Zustand, der die Ausübung gewisser Funktionen ermöglicht. Wir
wollen diesen Zustand als normalen Zustand ansehen. Er entspricht den äußeren
Bedingungen, unter denen das System funktioniert. Gesetzt den Fall, die Bedingungen
haben sich jäh verändert, das System falle aus dem normalen Zustand heraus. Den neuen
Bedingungen entspricht nun ein neuer normaler Zustand. Es ist wünschenswert, das
System in diesen neuen Zustand zu bringen. Wie kann man das einrichten? Nötig sind
Informationen zunächst über den neuen Zustand, weiterhin über die Realisierungsmög-
lichkeiten der Überführung in diesen neuen Zustand. Da sich die äußeren Bedingungen
in der Regel zufällig verändern, wissen wir nicht, welchen Charakter der neue Zustand
haben wird, wie die Überführung in ihn zu organisieren ist. In solch einer Situation

kommt uns ein zufälliges Suchen zu Hilfe, was bedeutet, daß Systemparameter auf zufällige Weise zu verändern sind, bis sich ein neuer normaler Systemzustand zufällig ergibt. Um ihn auch sogleich als einen solchen erkennen zu können, sollte das Systemverhalten pausenlos kontrolliert werden.

Tatsächlich entsteht bei der zufälligen Suche gerade die Information, die benötigt wird, um das System in den neuen Zustand zu bringen. Es handelt sich um nichts anderes als die uns bereits vertraute Informationsgewinnung aus dem Rauschen. Als Auswahlkriterium dient hier die Veränderung des Systemverhaltens: Wenn das System in einen neuen normalen Zustand geraten ist, so „beruhigt es sich" und fängt an, normal zu funktionieren. Im Jahre 1948 konstruierte Ashby ein Gerät, das die Eigenschaft der Selbstorganisation auf der Basis einer zufälligen Suche aufwies. Er nannte das Gerät Homöostat. Das Prinzip des Aufbaus ist schematisch in der Abbildung 3.11 dargestellt.

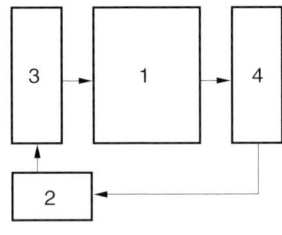

Abb. 3.11

Als Basisteil des Gerätes dient das System 1, das sich sowohl in einem stabilen als auch instabilen Zustand befinden kann. Ohne auf technische Details einzugehen, sagen wir nur, daß das System 1 aus vier Elektromagneten besteht. Die Magnetkerne können geschwenkt werden. Dabei erfolgt eine Verstellung der Rheostaten (regelbarer elektrischer Widerstand), wodurch die Stromversorgung der Elektromagneten geregelt wird. Somit ergibt sich, daß die Drehwinkel der vier Elektromagneten in einer Wechselbeziehung zueinander stehen. Diese Drehwinkel stellen Parameter des gegebenen dynamischen Systems dar. Im stabilen Zustand sind alle Magneten unbeweglich, bis eine äußere Störung den Homöostaten aus dem stabilen Zustand bringt. Unverzüglich schaltet der Steuerblock 2 den Erzeuger zufälliger Parameteränderungen 3 ein – die zufällige Suche beginnt. Sobald das System 1 zufällig in einen stabilen Zustand gerät, meldet der Signalgeber des Stabilitätsprüfteiles 4 dieses, und der Steuerblock 2 schaltet den Erzeuger zufälliger Parameteränderungen aus. Den Homöostaten vergleicht man oft mit einer schlummernden Katze. Wird ihr Schlaf gestört, so erwacht sie, nimmt eine neue bequeme Stellung ein und schläft erneut ein. Ähnlich verhält sich auch der Homöostat: Beim „Erwachen" realisiert er eine zufällige Suche nach den neuen Werten seiner Parameter. Sind sie gefunden, so schläft er gleichsam wieder ein.

Auf dem Wege zu einem stochastischen Modell des Gehirns

Das Problem der Mustererkennung. In der Regel interessieren wir uns nicht dafür, wie unser Gehirn Muster oder gar ganze Bilder erkennt. Das ist schade, handelt es sich doch um eine wirklich bewundernswerte Fähigkeit. In der Abbildung 3.12 sind einige „Figuren" gezeigt, die sich durch ihre Abmessungen, Liniendicken und ihre Form unterscheiden. Trotzdem erkennen wir in allen diesen Figuren ein und dieselbe Gestalt – den Buchstaben A. Noch verwunderlicher ist, daß wir Frauen und Männer in einer Menge von Menschen, die unterschiedlich gekleidet sind, aus einer recht großen Entfernung unterscheiden können, ohne die Gesichtszüge erkennen zu können. In der Regel gelingt dieses fast fehlerfrei. Die Fähigkeit, Bilder zu erkennen, verknüpft man mit der assoziativen Wahrnehmung, wenn gewisse allgemeine, charakteristische Merkmale wahrgenommen werden und konkrete, partielle Merkmale gleichsam in den Schatten gestellt werden. Ist die assoziative Wahrnehmung bei einer Maschine auch möglich?

Abb. 3.12

Kann man die im Gehirn ablaufenden Prozesse der Mustererkennung modellieren? Eine positive Antwort auf diese Frage gab 1960 der amerikanische Wissenschaftler F. Rosenblatt mit der Konstruktion einer Vorrichtung, die er *Perzeptron* nannte (vom lateinischen Wort *perceptio*, was soviel wie „ich begreife" bedeutet).

Was ist ein Perzeptron? Das Perzeptron kann man als ein stark vereinfachtes Modell des Auge-Gehirn-Systems betrachten. Die Rolle des Auges, genauer gesagt, der Netzhaut, übernimmt ein Bildschirm (eine Tafel), der aus einer Vielzahl lichtempfindlicher Elemente bzw. Rezeptoren besteht. Auf den Bildschirm wird ein Bild wie auf die Netzhaut projiziert. Jeder Rezeptor wandelt den einfallenden Lichtstrahl in elektrische Signale um, die ins Innere des Perzeptrons zu Elementen gelangen, welche für eine Analyse und Entscheidung sorgen. Bevor wir auf die innere Struktur des Perzeptrons eingehen, möchten wir auf zwei prinzipiell wichtige Umstände hinweisen. Erstens sollen die Beziehungen zwischen den Rezeptoren und den inneren Perzeptronelementen, die für die Informationsverarbeitung sorgen, nicht determiniert sein. Wären sie determiniert, so hätte das Perzeptron die Signale der Bilder in den Abbildungen 3.13a und b als eindeutig verschiedene Gestalten „wahrgenommen" (in diesen Abbildungen stimmen nur fünf angeregte Rezeptoren überein, die jeweils fett hervorgehoben sind), die Bilder der Abbildungen 3.13a und c hingegen als ein und dieselbe Gestalt – hier stimmen ja 28 angeregte Rezeptoren (jeweils schraffiert) überein. In Wirklichkeit soll das Perzeptron die Bilder in den Abbildungen 3.13a und b als ein und dieselbe Gestalt, die in den Abbildung 3.13a und c als verschiedene Gestalten „wahrnehmen". Die inneren Beziehungen im Perzeptron können also nicht determiniert ausgestaltet sein, sie sind auf „zufällige" Art und Weise zu organisieren. Es werden auf Wahrscheinlichkeiten beruhende Beziehungen sein.

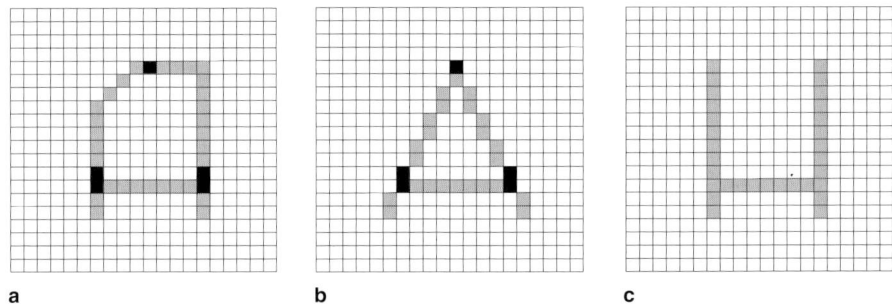

a   b   c

Abb. 3.13

Zweitens setzt jedoch der zufällige Charakter der Beziehungen eine Art Abstimmung des Perzeptrons auf die zu erkennenden Bilder voraus. Der Reihe nach (und auch mehrmals) sind dem Perzeptron verschiedene Bilder der zu erkennenden Gestalten anzubieten, wobei das Perzeptron sozusagen „unterwiesen" wird. Während der Belehrung erfolgt die notwendige Einstellung der Perzeptronparameter. In jeder Etappe (bei jeder Präsentation eines Bildes) kommt es auf eine Gegenüberstellung mit früher erzielten Fortschritten an. Das Perzeptron muß folglich über eine Speicherfähigkeit verfügen.

Mit Rücksicht auf die beiden erwähnten Umstände können wir die Perzeptrons als Einrichtungen definieren, die sich durch Speicherfähigkeit und eine zufällige Struktur von Beziehungen zwischen seinen Elementen auszeichnen. Das Perzeptron kann als ein vereinfachtes Gehirnmodell angesehen werden, das sich dadurch auszeichnet, daß es Wahrscheinlichkeitscharakter besitzt, mit anderen Worten, ein stochastisches Modell ist. Die Wissenschaftler sind der Meinung, daß gerade die stochastischen Modelle imstande seien, das Wesen der im Gehirn ablaufenden Prozesse am besten wiederzugeben.

Heutzutage stehen Perzeptrons verschiedener Typen zur Verfügung. Im Folgenden werden wir auf Einzelheiten des Aufbaus des einfachsten Perzeptrontyps eingehen, der es erlaubt, nur zwei Muster zu unterscheiden.

Wie ist das einfachste Perzeptron aufgebaut? Eine schematische Darstellung des Perzeptrons zeigt die Abbildung 3.14. Hier sind S_i lichtempfindliche Elemente (Rezeptoren), I_k Inverter, die das elektrische Potentialzeichen verändern, A_j assoziative Elemente oder *A*-Elemente, λ_j Verstärker mit veränderlichem Verstärkungsfaktor, Σ ist der Addierer, *R* das reagierende Element. Die Gesamtzahl der Rezeptoren S_i sei gleich *N* ($i = 1, 2, 3, ... , N$). Bei den ersten Modellen betrug die Rezeptorenzahl 20 × 20 = 400. Die Anzahl der Inverter liegt nicht fest: Sie ist unterschiedlich in verschiedenen Exemplaren ein und desselben Geräts. Die Gesamtzahl der assoziativen Elemente A_j sowie der Verstärker λ_j beträgt *M* ($j = 1, 2, ... , M$). Die Rezeptoren sind mit *A*-Elementen durch Drahtleiter verbunden. An die *A*-Elemente können die Rezeptoren direkt oder durch Inverter angeschlossen werden. Es ist zu beachten, daß der Anschluß der Rezeptoren an das jeweilige *A*-Element ebenso wie die Wahl des Anschlußzeichens zufällig erfolgen: Bei der Montage jeder konkreten Schaltung werden Drahtleiter, die die Rezeptoren mit *A*-Elementen verbinden, auf zufällige Weise angelötet, z. B. entsprechend den Zuordnungen, die von einem Erzeuger zufälliger Zahlen kommen.

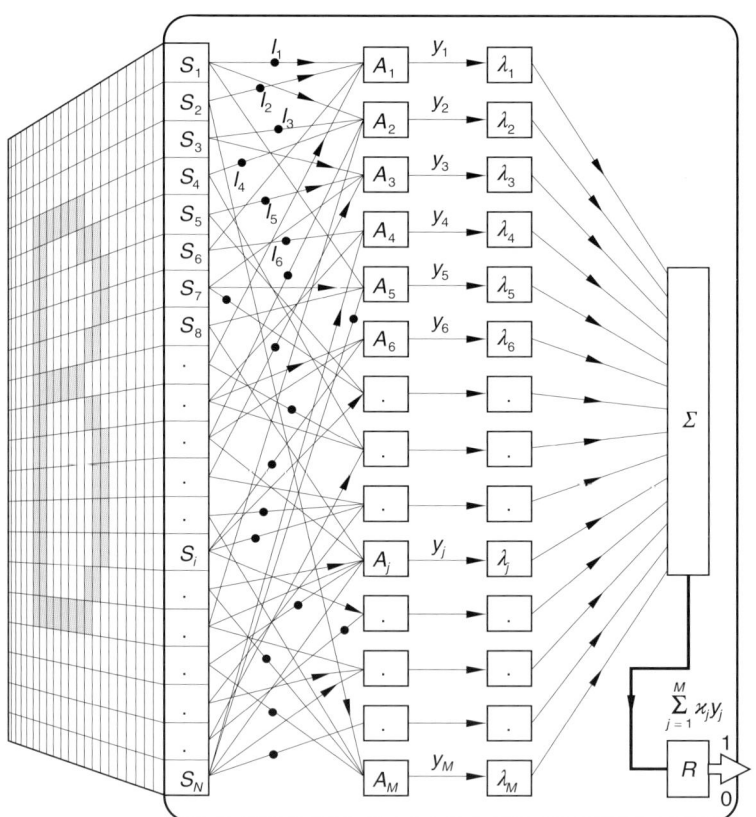

Abb. 3.14

In dem Fall, wo auf die Lichtsignaltafel des Perzeptrons ein Bild projiziert wird, werden je nach der Beleuchtungsstärke verschiedener Tafelabschnitte die einen Rezeptoren angeregt, die anderen nicht. Im ersten Fall haben wir am Rezeptorausgang das elektrische Signal 1, im zweiten Fall 0. Sind Inverter beteiligt, so wird das Signal 1 in −1 umgewandelt. Über das System zufälliger Beziehungen gelangen die Signale von den Rezeptoren zu den A-Elementen. Jedes A-Element summiert die Signale, die zu seinem Eingang gelangen. Liegt dabei die Summe über einem definierten Wert (über einem gewissen Schwellenwert), so ergibt sich am Ausgang des A-Elements das Signal +l, im entgegengesetzten Fall das Signal 0. Wir wollen diese Signale mit y_j bezeichnen. Jedes y_j ist entweder gleich +1 oder gleich 0. Ein vom Ausgang des Elementes A_j kommendes Signal gelangt zum Eingang des Verstärkers λ_j, der das Signal y_j in das Signal $\varkappa_j y_j$ umwandelt. Der Verstärkungsfaktor $\varkappa_j$ läßt sich nicht nur dem Betrage nach, sondern auch dem Vorzeichen nach variieren. Die Summation der von allen Verstärkern kommenden Signale erfolgt im Addierer Σ, es ist also das Signal

$$\sum_{j=1}^{M} \varkappa_j y_j \ .$$

Das Signal trift dann auf den Eingang des R-Elementes, das sein Vorzeichen prüft. Sollte es sich ergeben, daß

$$\sum_{j=1}^{M} \varkappa_j y_j \geq 0$$

ist, so bildet das R-Element das Signal +l, wenn

$$\sum_{j=1}^{M} \varkappa_j y_j < 0$$

ist, so haben wir am Ausgang des R-Elementes das Signal 0.

Dieses Perzeptron dient der Erkennung von nur zwei Mustern. Auf eine der Gestalten (unabhängig vom konkreten Bild dieser Gestalt) soll das Perzeptron mit dem Ausgangssignal +l, auf die andere mit den Signal 0 reagieren. Solch eine Reaktionsfähigkeit soll dem Perzeptron beigebracht werden.

Die Unterweisung des Perzeptrons. Bezeichnen wir die zu erkennenden Muster mit B und C. Dem Muster B möge das Ausgangssignal +l, der Gestalt C das Signal 0 entsprechen. Es sei $\varkappa_1$, $\varkappa_2$, ..., $\varkappa_j$, ..., $\varkappa_M$ die Folge der Verstärkungsfaktoren des Perzeptrons vor der Belehrung. Wir bezeichnen diese Folge mit $\{\varkappa\}$. Zu Beginn der Unterweisung bieten wir dem Perzeptron das erste Bild der Gestalt B an. Dadurch wird eine Menge von A-Elementen angeregt, es ergibt sich also eine Signalfolge $y_1, y_2, ..., y_j,$ ..., y_M, kurzum, $\{y\}$. Wir nehmen an, daß sich dabei cine nichtnegative Summe

$$\sum_{j=1}^{M} \varkappa_j y_j$$

ergibt, so daß sich als Ausgangssignal des Perzeptrons +l ergibt. Ist das der Fall, so ist noch alles in Ordnung und dem Perzeptron kann das zweite Bild der Gestalt B angeboten werden. Dem zweiten Bild wird eine neue Menge angeregter A-Elemente entsprechen,

d. h. eine neue Signalfolge $\{y'\}$. In der Folge der Verstärkungsfaktoren $\{\varkappa\}$ nehmen wir noch keine Veränderungen vor. Es kann sich ergeben, daß die Summe

$$\sum_{j=1}^{M} \varkappa_j y_j'$$

nun negativ ist, dann erscheint am Perzeptronausgang des Signal 0. Das ist nicht gut, das Perzeptron soll dafür „bestraft" werden: Es erfolgt die Vergrößerung der Verstärkungsfaktoren der angeregten A-Elemente, sagen wir, um eins, damit der neue Satz Verstärkungsfaktoren $\{\varkappa'\}$ eine nichtnegative Summe

$$\sum_{j=1}^{M} \varkappa_j' y_j'$$

ergibt. Jetzt reagiert das Perzeptron auf das zweite Bild der Gestalt B richtig. Wie verhält sich aber jetzt die Sache mit dem ersten Bild? Der Satz der Verstärkungsfaktoren erlebte ja eine Veränderung, so daß das Vorzeichen der Summe

$$\sum_{j=1}^{M} \varkappa_j' y_j$$

beliebig sein kann. Dem Perzeptron wird erneut das erste Bild der Gestalt B angeboten, das Vorzeichen der Summe

$$\sum_{j=1}^{M} \varkappa_j' y_j$$

wird nach dem Ausgangssignal ermittelt. Ist diese Summe nichtnegativ, so können wir zufrieden sein – denn für die Folge der Verstärkungsfaktoren $\{\varkappa'\}$ reagiert das Perzeptron sowohl auf das erste als auch auf das zweite Bild der Gestalt B richtig. Jetzt kann dem Perzeptron das dritte Bild der Gestalt B angeboten werden. Ergibt sich wiederum eine negative Summe (wie zum Beispiel oben), so sind die Verstärkungsfaktoren der angeregten A-Elemente wieder um eins zu vergrößern (es wird somit ein Übergang vom Satz $\{\varkappa'\}$ auf den neuen Satz $\{\varkappa''\}$ vollzogen) usw.

Allmählich, Schritt um Schritt, verändern wir die Gesamtheit der Verstärkungsfaktoren und finden letzten Endes einen solchen Satz Verstärkungsfaktoren, bei dem das Perzeptron das Signal +1 bei jeder Präsentation des Bildes der Gestalt B ausgeben wird. Die Aufgabe ist allerdings noch nicht gelöst. Es kann durchaus sein, daß nach mehrfacher Vergrößerung verschiedener Verstärkungsfaktoron das Perzeptron mit dem Signal +1 nicht nur auf ganz verschiedene Bilder der Gestalt B, sondern auch auf die Bilder der Gestalt C reagieren wird. Das Perzeptron soll aber mit dem Signal +1 nur auf alle Bilder der Gestalt B reagieren, bei der Vorlage eines Bildes der Gestalt C hingegen mit dem Signal 0. Bei der Unterweisung des Perzeptrons sollten also die Bilder beider Gestalten abwechselnd angeboten werden. Bei der Präsentation eines Bildes der Gestalt C sollten die Verstärkungsfaktoren der im Moment angeregten

A-Elemente (bei Bedarf) nicht um eins vergrößert, sondern vermindert werden, so daß sich eine negative Summe

$$\sum_{j=1}^{M} \varkappa_j y_j$$

ergibt.

Als Ergebnis finden wir solche Folge von Verstärkungsfaktoren $\{\varkappa^0\}$, bei der das Perzeptron die Gestalten *B* und *C* immer erkennen wird. Es sei $\{y(n)\}$ der Satz der angeregten *A*-Elemente, der dem *n*-ten Bild der Gestalt *B* entspricht, $\{Y(m)\}$ hingegen entspricht dem *m*-ten Bild der Gestalt *C*. Die Verstärkungsfaktoren $\{\varkappa^0\}$ sind derart zu wählen, daß

$$\sum_{j=1}^{M} \varkappa_j^0 y_j(n) \geq 0$$

bei allen *n*-Werten und

$$\sum_{j=1}^{M} \varkappa_j^0 Y_j(m) < 0$$

bei allen *m*-Werten ist. Die Belehrung endet, sobald solche Verstärkungsfaktoren gefunden sind.

Schlußwort. Abschließend möchten wir das Wichtigste, worum es sich in diesem Kapitel handelte, nochmals hervorheben; nämlich die enge innere Beziehung, die zwischen der Informations- und der Wahrscheinlichkeitstheorie besteht. Der Begriff Information selbst beruht auf dem der Wahrscheinlichkeit. Das ist selbstverständlich, da die Prozesse der Steuerung und Regelung mit zufälligen Prozessen immer als eine dialektische Einheit auftreten. Der Zufall funktioniert nicht nur als ein „Dieb", der Informationen „stiehlt", sondern auch als Erzeuger von Informationen, da die kompliziertesten Informationseinrichtungen grundsätzlich auf einer zufälligen Struktur interner Beziehungen beruhen.

Wir wollen festhalten, daß die Formulierung „Welt, wo Wahrscheinlichkeit herrscht", die als Titel über dem vorliegenden Buch stehen könnte, immer größere Bedeutung gewinnt. Wir Menschen leben und wirken in dieser Welt, die reich an Informationen ist. Die Natur der Informationen, ihr Wesen, läßt sich durch die Wahrscheinlichkeit erkennen, mehr als das: Die Information wird in Wahrscheinlichkeitsprozessen erzeugt. Unsere Umwelt existiert somit wirklich als eine Welt, die sich auf Wahrscheinlichkeiten gründet.

II

Fundament Wahrscheinlichkeit

4 Die Wahrscheinlichkeit in der klassischen Physik

Wenn wir zwei verschiedenartige Gase mischen und dann die Frage stellen, welche Veränderungen in der Umgebung anzubringen wären, um das System wieder in den Anfangszustand zurückzuversetzen, dann verstehen wir unter diesem Anfangszustand nicht den Zustand, in dem sich jedes Teilchen mehr oder weniger genau am gleichen Ort befindet, den es im früheren Zeitpunkt eingenommen hat, sondern nur einen Zustand, in dem die Eigenschaften, innerhalb der unseren Sinneswahrnehmungen gesteckten Grenzen, vom ursprünglichen Zustand nicht unterscheidbar sind. Gerade auf derartige, in der angegebenen Weise unvollständig definierte Zustände beziehen sich die Probleme der Thermodynamik.

Josiah Willard Gibbs [1]

Die Thermodynamik und ihre Rätsel

Alle Körper bestehen aus Molekülen, die durch Wärme zu chaotischer Bewegung angetrieben werden. Dieser grundsätzlich richtige Umstand wird bei der Behandlung von Aufgaben oft übersehen, die Gegenstand der *Thermodynamik* sind, einer Branche der Physik, die Prozesse des Energieaustausches zwischen dem zu untersuchenden makroskopischen Objekt und der Umwelt von ganz allgemeinen Positionen aus (ohne Molekularvorstellungen) untersucht. Die thermodynamische Betrachtungsweise beruht auf der Beschreibung der Objektzustände mit Hilfe einiger Sondergrößen, *thermodynamischer Parameter*, und auf der Nutzung einiger Grundgesetze, die Hauptsätze der Thermodynamik genannt werden. Die *Temperatur* und der *Druck* sind thermodynamische Parameter, die dem Leser wohlbekannt sind.

Das thermodynamische Gleichgewicht. Wir wollen einen Versuch durchführen. Wir bringen ein Gefäß mit warmem Wasser ins Zimmer und tauchen ein Thermometer hinein. Bei der Beobachtung der Thermometeranzeige können wir feststellen, daß die Wassertemperatur im Gefäß allmählich sinkt und schließlich gleich der Zimmertemperatur wird, wonach sie konstant bleibt. Das bedeutet, daß das Wasser im Gefäß ins *thermodynamische (thermische) Gleichgewicht* mit dem umgebenden Medium gekommen ist. Befindet sich ein System im thermodynamischen Gleichgewicht, so bleiben seine thermodynamischen Parameter (Temperatur und Druck) beliebig lange konstant. Das thermodynamische Gleichgewicht läßt sich ferner durch die Konstanz der Temperaturwerte an allen Systempunkten charakterisieren.

Erfolgt kein Energieaustausch zwischen dem System und den umgebenden Körpern, so haben wir es mit einem *abgeschlossenen* System zu tun. Beim thermodynamischen Gleichgewicht eines abgeschlossenen Systems handelt es sich um das Gleichgewicht zwischen den Systemteilen, wobei jedes Teil als makroskopischer Körper angesehen werden kann. Nehmen wir an, daß wir ein Objekt ungleichmäßig erwärmt und danach mit einer Hülle versehen haben, die die Wärme nicht leitet. Wir können sagen, daß wir zunächst das thermodynamische Gleichgewicht im Objekt gestört und dann das Objekt sich selbst überlassen haben. Die Temperatur der wärmeren Objektteile wird sinken, die der kälteren ansteigen, bis die Temperatur in allen Objektteilen ausgeglichen ist. Alle Objektteile kommen miteinander ins thermodynamische Gleichgewicht. *Das sich selbst überlassene Makrosystem kommt immer in den Zustand des thermodynamischen Gleichgewichts* und verbleibt in dem Zustand unbestimmt lange, bis ein äußerer Einfluß es aus diesem Zustand bringt. Wird der äußere Einfluß dann eingestellt, so gelangt das System wieder in den Zustand des thermodynamischen Gleichgewichts.

Da haben wir die erste Bescherung der Thermodynamik. Warum kehrt ein aus dem thermischen Gleichgewicht gebrachtes System von allein in den Gleichgewichtszustand zurück, während ein im Zustand des thermischen Gleichgewichts befindliches System diesen Zustand von allein nicht verlassen will? Warum ist kein Energieaufwand erforderlich, um das thermische Gleichgewicht aufrechtzuerhalten, während das Verbleiben des Systems im thermodynamischen Nichtgleichgewichtszustand einen Energieaufwand voraussetzt? Das sind übrigens keine müßigen Fragen. Draußen ist es zum Beispiel kalt: $-20\,°C$, im Zimmer hingegen warm: $+25\,°C$. Die Wände moderner Häuser sind oft leider keine schlechten Wärmeleiter. Folglich handelt es sich hier um ein im Nichtgleichgewichtszustand befindliches Außenwelt/Zimmer-System. Um diesen thermodynamischen Nichtgleichgewichtszustand aufrechtzuerhalten, müssen wir den Energieaufwand zur Beheizung in Kauf nehmen.

Der erste Hauptsatz der Thermodynamik. Ein Prüfobjekt (ein System) kann den Energieaustausch mit der Umwelt auf verschiedene Weise oder, wie man sagt, in verschiedenen Kanälen vornehmen. Der Einfachheit halber werden wir nur auf zwei Kanäle eingehen: Der eine setzt den Energieaustausch durch *Wärmeübertragung*, der zweite durch *geleistete Arbeit* voraus. Der erste Hauptsatz der Thermodynamik ist nichts anderes als der Energieerhaltungssatz unter Beachtung des eventuellen Energieaustausches zwischen Objekt und Medium in verschiedenen Kanälen:

$$\Delta U = A + Q \; , \tag{4.1}$$

wobei $\Delta U = U_2 - U_1$ die Differenz der inneren Objektenergien (U_1 und U_2 sind Energiewerte des Anfangs- und Endzustands des Objekts), A die Arbeit, die externe Körper am Objekt geleistet haben, Q die Wärme, die dem Objekt übertragen wurde, sind. Es sei darauf hingewiesen, daß weder die Arbeit noch die Wärme *Zustandsfunktionen* des Objekts sind, im Unterschied zur inneren Energie, die eine solche Zustandsfunktion des Objekts darstellt (ihre Größe verändert sich mit dem Objektübergang aus einem Zustand in den anderen). Die Behauptung, der Körper habe in einem Zustand soundsoviel Wärme, ist ebenso sinnlos wie die Behauptung, der Körper habe soundsoviel Arbeit. Die aufgenommene Wärme Q und die makroskopische Arbeit A in der Formel (4.1) resultieren aus Energieschwankungen des Objekts, die in verschiedenen Kanälen ablaufen. Wir betrachten das einfachste Makrosystem – ein *ideales Gas* (*m* sei die Masse des Gases). Die innere Energie des idealen Gases ist proportional zur absoluten Gastemperatur *T* und hängt vom beanspruchten Gasvolumen *V* nicht ab. Mit Hilfe eines Kolbens werden wir das Gasvolumen verändern. Wird der Kolben im Zylinder nach unten geschoben, so wird das Gas komprimiert: Wir verrichten somit eine Arbeit *A*. Bei der Ausdehnung bewegt das Gas den Kolben zurück und verrichtet seinerseits eine Arbeit *A'*: $A' = -A$. Die Arbeit hängt mit der Veränderung des Gasvolumens zusammen. Zahlenmäßig ist sie gleich dem Flächeninhalt unter der Abhängigkeitskurve $p(V)$, die den zu untersuchenden Prozeß beschreibt (*p* ist der Gasdruck); der Flächeninhalt unter der Kurve läßt sich im Bereich von $V = V_1$ bis $V = V_2$ berechnen, wobei V_1 und V_2 Anfangs- und Endvolumen des Gases sind.

Als Beispiel werden wir zwei Prozesse der Gasexpansion vom Standpunkt des ersten Hauptsatzes der Thermodynamik aus betrachten, den *isothermen* und den *adiabatischen* Prozeß. Ersterer läuft bei konstanter Gastemperatur ab, der zweite kommt zustande, wenn der Wärmeaustausch zwischen dem Gas und der Umwelt ausbleibt. Das Gasvolumen soll sich recht langsam verändern (gegenüber den Prozessen, bei denen das thermische Gleichgewicht im Gas hergestellt wird), so daß der Gaszustand zu jedem Zeitpunkt als thermodynamischer Gleichgewichtszustand angesehen werden kann. Mit anderen Worten, wir vermuten, daß der Grenzübergang aus einem thermodynamischen Gleichgewichtszustand in den anderen gleichsam durch eine Folge der intermediären Gleichgewichtszustände erfolgt.

Bei der *isothermen* Expansion ist die Gastemperatur konstant, folglich gilt: $\Delta U = 0$ ($U_1 = U_2$). Mit Rücksicht darauf erhalten wir aus (4.1):

$$-A = Q \text{ oder } A' = Q. \tag{4.2}$$

Das expandierende Gas verrichtet eine Arbeit, die gleich der Wärme ist, die das Gas von umgebenden Körpern während der Expansion gewinnt. Bei der *adiabatischen* Expansion bleibt der Wärmeaustausch mit der Umwelt aus ($Q = 0$). Folglich ist:

$$\Delta U = A \text{ oder } A' = -\Delta U. \tag{4.3}$$

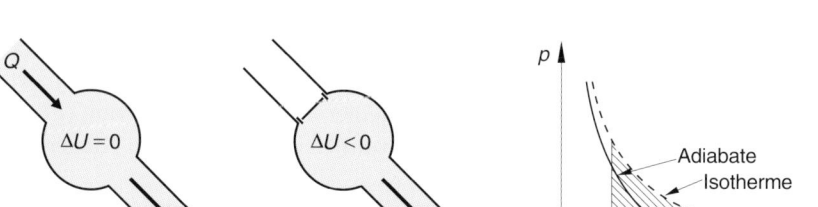

isotherme   adiabatische
Ausdehnung   Ausdehnung

Abb. 4.1

Das expandierende Gas verrichtet eine Arbeit durch die Verringerung der inneren Energie, die Gastemperatur sinkt dabei. Die beiden ablaufenden Prozesse sind in Abbildung 4.1 schematisch dargestellt. Sie sind dort auch als Kurvenbilder mit den

Achsen V und p präsentiert. Wir bestimmen nun die Arbeit A', die das Gas bei der isothermen Expansion vom Volumen $V = V_1$ bis hin zu $V = V_2$ verrichtet. Zahlenmäßig ist diese Arbeit gleich dem Flächeninhalt (in der Abbildung schraffiert) unter der jeweiligen Kurve $p(V)$:

$$A' = \int_{V_1}^{V_2} p(V)\,\mathrm{d}V \ . \tag{4.4}$$

Unter Anwendung der Zustandsgleichung des idealen Gases (der Mendeleew-Clapeyron-Gleichung) erhalten wir

$$p = mRT/MV \ , \tag{4.5}$$

wobei M die molare Masse des Gases und R die universelle Gaskonstante sind. Wir setzen (4.5) in (4.4) ein und berücksichtigen dabei, daß die Gastemperatur konstant ist; wir erhalten

$$A = \frac{mRT}{M} \int_{V_1}^{V_2} \frac{1}{V}\,\mathrm{d}V = \frac{mRT}{V} \cdot \ln \frac{V_2}{V_1} \tag{4.6}$$

(das Zeichen ln bezeichnet den Logarithmus zur Basis e = 2,71828...).

Die Zyklen der Carnot-Maschine (Carnotscher Kreisprozeß). Im Jahre 1824 erschien in Paris ein Buch unter dem Titel „Überlegungen über die bewegende Feuerkraft und über Maschinen, die diese Kraft entwickeln können". Das Buch wurde vom französischen Ingenieur Nicolas Léonard Sadi Carnot (1796 – 1832) geschrieben. Leider wurde der Gedankenreichtum des Buches erst viele Jahre später geschätzt, als der Verfasser längst gestorben war. Carnot untersuchte Fragen, die mit *Wärmemaschinen* und deren Arbeitsleistung im Zusammenhang standen. Er wies nach, daß eine Wärmemaschine erst dann entwickelt und gebaut werden kann, wenn nicht nur ein erwärmter Körper, sondern auch ein zweiter Körper mit einer niedrigeren Temperatur zur Verfügung steht. Der erste Körper wurde als Heizkörper bezeichnet, der zweite als Kühler. Neben dem Heizkörper und dem Kühler ist ein Arbeitsmedium (Flüssigkeit, Dampf, Gas) erforderlich, das die Wärme vom Heizkörper auf den Kühler überträgt und dabei eine nützliche Arbeit leistet.

Carnot untersuchte einen geschlossenen Kreislauf, bestehend aus zwei Isothermen und zwei Adiabaten, wobei als Arbeitsmedium ein ideales Gas diente. Später wurde dieser Kreislauf *Carnotscher Kreisprozeß* genannt. Er wird in der Abbildung 4.2 verdeutlicht. T_1 sei die Temperatur des Heizkörpers, T_2 die des Kühlers. Im Bereich 1–2 (Isotherme bei T_1) gewinnt das Gas vom Heizkörper die Wärme Q_1, dehnt sich aus und verbraucht sie für die Arbeit A_1'. Im Verlauf 2–3 (Adiabate) leistet das Gas die Arbeit A_3', wobei die Gastemperatur sinkt und gleich T_2 wird. Im Abschnitt 3–4 (Isotherme bei T_2) gibt das Gas die Wärme Q_2 an den Kühler ab, die gleich der Arbeit A_2 ist, die bei der Gaskompression geleistet wurde. Im Bereich 4–1 (Adiabate) wird die

Arbeit A_4 zur Gaskompression geleistet, wobei die innere Energie ansteigt, die Gastemperatur steigt auf T_1. Schließlich kehrt das Arbeitsmedium in seinen Ausgangszustand 1 zurück. Wir untersuchen eine Wärmemaschine, die nach dem Carnotschen Kreisprozeß funktioniert. Das Gas gewinnt vom Heizkörper die Wärme Q_1 und gibt an den Kühler

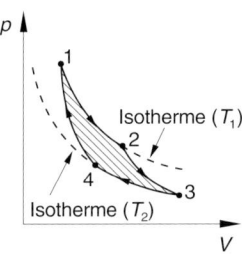

Abb. 4.2

die Wärme Q_2 ab. Entsprechend (4.2) können wir schreiben: $Q_1 = A_1'$, $|Q_2| = A_2$. Hierbei beachten wir, daß $Q > 0$ ist, wenn die Wärme an das Gas übertragen wird, und daß $Q < 0$ ist, wenn die Wärme dem Gas entnommen wird. In der Abbildung 4.2 sieht man, daß der Flächeninhalt unter der Isotherme 3–4 kleiner ist als der unter der Isotherme 1–2, also ergibt sich für ihn $A_2 < A_1'$. Somit ist $|Q_2| < Q_1$, d. h., daß das Gas an den Kühler weniger Wärme abgibt als die, die er vom Heizkörper gewinnt. Zugleich bleibt die innere Gasenergie im Kreisprozeß unverändert. Folglich ist die Differenz $Q_1 - |Q_2|$ gleich der nützlichen Arbeit, die die Wärmemaschine im Kreisprozeß leistet. Daraus ergibt sich der Wirkungsgrad der Wärmemaschine:

$$\eta = (Q_1 - |Q_2|)/Q_1 \ . \tag{4.7}$$

Carnot wies nach, daß

$$Q_1/T_1 = |Q_2|/T_2 \tag{4.8}$$

ist. Dadurch kann der Ausdruck (4.7) wie folgt dargestellt werden:

$$\eta = (T_1 - T_2)/T_1 \ . \tag{4.9}$$

Der sich aus den Formeln (4.7) und (4.8) ergebende Wirkungsgrad ist der höchstmögliche Wert. Tatsächlich besitzen Wärmemaschinen infolge der ablaufenden irreversiblen Prozesse einen viel geringeren Wirkungsgrad.

Reversible und irreversible Prozesse. Diese Begriffe spielen in der Thermodynamik eine große Rolle. Ein Prozeß ist *reversibel*, wenn sich das System (Arbeitsmedium) fortwährend im thermischen Gleichgewicht befindet, wobei es pausenlos von einem Gleichgewichtszustand in den anderen übergeht. Ein solcher Prozeß läßt sich während des gesamten Ablaufs durch Veränderung dieser oder jener Parameter regeln, z. B. durch Temperatur- oder Volumenänderungen. Durch eine Parameteränderung in umgekehrter Richtung läßt sich der interessierende Prozeß genau umkehren. Die reversiblen Prozesse werden auch *Gleichgewichtsprozesse* genannt.

Das Boyle-Mariotte- und das Gay-Lussac-Gesetz beschreiben die im idealen Gas ablaufenden reversiblen Prozesse. Die oben gewonnenen Terme (4.7) und (4.9) betreffen den reversiblen Carnotschen Kreisprozeß, auch idealer Carnotscher Prozeß genannt. Jeder Abschnitt des Kreisprozesses sowie der Kreisprozeß insgesamt lassen sich bei Bedarf genau umkehren.

Irreversibel heißen die Prozesse, deren Ablauf sich nicht regeln läßt. Sie laufen von allein (spontan) ab. Daraus folgt, daß sich der Ablauf solcher Prozesse nicht umkehren läßt. Früher wurde darauf hingewiesen, daß ein aus dem thermischen Gleichgewichtszustand gebrachtes System in den thermodynamischen Gleichgewichtszustand spontan übergeht. Die beim Übergang aus dem Nichtgleichgewichtszustand in den Gleichgewichtszustand ablaufenden Prozesse sind ebenfalls irreversibel, sie werden auch *Nichtgleichgewichtsprozesse* genannt.

Hier einige Beispiele für irreversible Prozesse: Wärmeübertragung vom erwärmten zum kalten Körper; beiderseitiges Vermischen zweier verschiedener Gase, die in ein und denselben Behälter gelangen; Gasexpansion im Vakuum. Alle diese Prozesse laufen spontan, ohne Regelung von außen, ab. Zugleich ist keine spontane Wärmeübertragung vom kalten zum warmen Körper zu verzeichnen. Die Gaskomponenten eines Gasgemisches wollen sich von allein nicht trennen. Noch nie gab es eine spontane Gaskompression. Hervorhebenswert ist, *daß sich jeder irreversible Prozeß durch eine definierte Ausrichtung auszeichnet.* Er entwickelt sich in einer bestimmten Richtung, die Entwicklung in umgekehrter Richtung ist ausgeschlossen. Mit den Fragen, welche Entwicklungsrichtung eines Prozesses erlaubt ist und welche nicht, befaßt sich der zweite Hauptsatz der Thermodynamik.

Der zweite Hauptsatz der Thermodynamik. Der englische Physiker William Thomson (Lord Kelvin) bot 1851 eine der ersten Fassungen des *zweiten Hauptsatzes der Thermodynamik* an: »Es gibt keine periodisch arbeitende Maschine, die Wärme aus einer Wärmequelle entnimmt und vollständig in mechanische Arbeit umwandelt.«[2] Das bedeutet, daß es auch unmöglich ist, eine Maschine zu bauen, die eine nützliche Arbeit leisten könnte durch eine einfache Verringerung der inneren Energie eines Mediums, z.B. durch eine Verringerung der inneren Energie der Weltmeere. Eine solche Maschine nannte Kelvin *Perpetuum mobile zweiter Art*. Während die früheren Entwürfe dieser Maschinen den Energieerhaltungssatz verletzten (*Perpetuum mobile erster Art*), war das diesmal nicht der Fall. Das Perpetuum mobile zweiter Art steht in keinem Widerspruch zum ersten Hauptsatz der Thermodynamik, verletzt aber den zweiten Hauptsatz.

Im Jahre 1850 hat der deutsche Physiker Rudolf Clausius den zweiten Hauptsatz der Thermodynamik wie folgt formuliert: »Wärme geht nicht von selbst von einem kalten auf einen warmen Körper über.«[2] Es ist interessant, die Formulierungen von Kelvin und Clausius gegenüberzustellen und zu beweisen, daß sie *äquivalent* sind: Wenn es uns gelingen würde, entgegen der Formulierung von Kelvin, einem Medium Wärme zu „entnehmen" und sie mit Hilfe eines zyklischen Prozesses in eine nützliche Arbeit umzuwandeln, so könnten wir später mittels Reibung diese Arbeit wieder in Wärme bei höherer Temperatur umwandeln. Das würde der Formulierung von Clausius widersprechen, die besagt, daß eine Wärmeübertragung vom kälteren zum wärmeren Körper im geschlossenen Kreislauf unmöglich ist, wenn äußere Körper keine Arbeit leisten. Gesetzt den Fall, es sei uns gelungen, im Widerspruch zur Formulierung von Clausius, eine gewisse Wärmemenge Q vom kalten Körper (Temperatur T_2) zum warmen Körper (T_1) zu übertragen. Beim darauffolgenden natürlichen Übergang dieser Wärme vom warmen Körper zum kalten kann sie eine nützliche Arbeit A' leisten, wobei der Wärmerest $Q_1 = Q - A'$ zum kalten Körper zurückkehrt. Dieser Prozeß ist in der Abbildung 4.3a schematisch dargestellt. Es ist klar, daß ein solcher Prozeß einer direkten Umwandlung der Wärme $Q - Q_1$ in die Arbeit A' (Abbildung 4.3b) entspricht, was offensichtlich der Formulierung von Kelvin widerspricht.

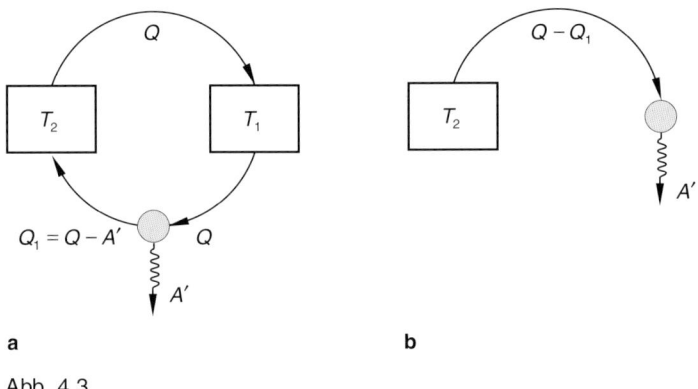

a   b

Abb. 4.3

Entropie. Bei näherer Betrachtung der Ergebnisse von Carnot bemerkte Clausius, daß die Relation (4.8) einem Erhaltungssatz ähnelt. Die Größe Q_1/T_1, die dem Heizkörper durch das Arbeitsmedium „entzogen" wurde, ist gleich der Größe $|Q_2|/T_2$, die danach an den Kühler „übertragen" wird. Clausius postulierte die Existenz einer Größe S, die wie die innere Energie eine *Zustandsfunktion* des Körpers darstellt. Wird dem Arbeitsmedium (in unserem Fall dem idealen Gas) die Wärme Q bei einer Temperatur T zugeführt, so nimmt die Größe S zu:

$$\Delta S = Q/T. \qquad (4.10)$$

Clausius nannte die Größe S *Entropie*.

Im Abschnitt 1–2 des Carnotschen Kreisprozesses (siehe Abbildung 4.2) wird die Wärme Q_1 des Heizkörpers bei einer Temperatur T_1 auf das Arbeitsmedium übertragen, wobei die Entropie des Arbeitsmediums um $\Delta S_1 = Q_1/T_1$ ansteigt. In den Abschnitten 2–3 und 4–1 erfolgt keine Wärmeübertragung, deshalb bleibt die Entropie des Arbeitsmediums konstant. Im Abschnitt 3–4 erfolgt die Übertragung der Wärme Q_2 vom Arbeitsmedium zum Kühler bei einer Temperatur T_2, wobei sich die Entropie des Arbeitsmediums um $|\Delta S_2| = |Q_2|/T_2$ verringert ($\Delta S_2 < 0$). Gemäß (4.8) und (4.10) ist die Summe

$$\Delta S_1 + \Delta S_2 = 0. \qquad (4.11)$$

Somit nimmt die Entropie des Arbeitsmediums ihren Ausgangswert an, nachdem der ideale (reversible) Carnotsche Kreisprozeß beendet worden ist.

Wir möchten betonen, daß die Entropie als solch eine Zustandsfunktion eines Körpers (eines Systems) definiert werden kann, die bei adiabatischen Prozessen erhalten bleibt. Analog kann die Temperatur als Zustandsfunktion des Systems betrachtet werden, die sich bei isothermen Prozessen nicht ändert.

Im weiteren werden wir eine Eigenschaft der Entropie benutzen, die *Additivität* heißt. Diese Eigenschaft bedeutet, daß die Entropie eines Systems eine *Summe der Entropiewerte der Systemteile* ist. Diese Eigenschaft besitzen auch die innere Energie, die Masse und das Volumen. Dagegen genügen weder die Temperatur noch der Druck einer solchen Additivität.

Der zweite Hauptsatz der Thermodynamik als Gesetz der Entropiezunahme im abgeschlossenen System bei irreversiblen Prozessen. Unter Verwendung des Begriffs Entropie kann der zweite Hauptsatz der Thermodynamik wie folgt formuliert werden: *Jeder irreversible Prozeß läuft im abgeschlossenen System derart ab, daß die Systementropie dabei ansteigt.* Wir betrachten als Beispiel den folgenden irreversiblen Prozeß. Ein abgeschlossenes System möge aus den Teilsystemen 1 und 2 bestehen, die jeweils die Temperaturwerte T_1 und T_2 aufweisen. Gesetzt den Fall, es erfolgt die Übertragung einer geringen Wärmemenge ΔQ vom Teilsystem 1 zum Teilsystem 2, wobei sich die Temperaturwerte der Teilsysteme praktisch nicht ändern. Die Entropie des Teilsystems 1 verringert sich um $\Delta Q/T_1$ ($\Delta S_1 = -\Delta Q/T_1$), die Entropie des Teilsystems 2 steigt hingegen um $\Delta S_2 = \Delta Q/T_2$. Die Systementropie ist die Summe der Entropien der Teilsysteme, folglich beträgt die Zunahme der Systementropie

$$\Delta S = \Delta S_1 + \Delta S_2 = \Delta Q(1/T_2 - 1/T_1) \ . \tag{4.12}$$

Die Wärmeübertragung vom Teilsystem 1 zum Teilsystem 2 ist ein irreversibler Prozeß, der abläuft, wenn $T_1 > T_2$ ist. Unter Berücksichtigung dieser Ungleichung ergibt sich aus (4.12), daß $\Delta S > 0$ ist. Somit können wir feststellen, daß die Wärmeübertragung vom warmen zum kalten Körper mit einer Entropiezunahme in dem aus zwei Körpern bestehenden System einhergeht.

Das Wachsen der Entropie bei irreversiblen Prozessen ist ein Gesetz, das so nur für *abgeschlossene* Systeme gilt. In einem nicht abgeschlossenen System kann die Entropie jedoch auch abnehmen. Falls irgendwelche externen Körper eine Arbeit leisten und das System beeinflussen, so läßt sich die Übertragung einer gewissen Wärmemenge vom Kühler zum Heizkörper realisieren. Wir dürfen nicht außer acht lassen, daß die gesamte Entropie des Systems zunehmen wird, wenn in das System neben dem Heizkörper, dem Kühler und dem Arbeitsmedium auch alle Körper aufgenommen werden, die Arbeit geleistet haben (d. h., wenn wir es wiederum mit einem abgeschlossenen System zu tun haben).

Die wichtigsten Ergebnisse, die die Veränderungen der Systementropie betreffen, wollen wir herausstellen:

Die erste Schlußfolgerung: Ist ein System *abgeschlossen*, so nimmt seine Entropie mit der Zeit nicht ab:

$$\Delta S \geq 0. \tag{4.13}$$

Bei reversiblen, im System ablaufenden Prozessen bleibt die Systementropie konstant, bei irreversiblen Prozessen nimmt die Systementropie zu. Die Entropiezunahme kann so als Maß der Irreversibilität der im System ablaufenden Prozesse betrachtet werden.

Die zweite Schlußfolgerung: Über das Verhalten der Entropie in *nicht abgeschlossenen* Systemen kann allgemein nichts Bestimmtes ausgesagt werden, die Entropie kann konstant bleiben, zunehmen und sogar abnehmen.

Die Rätsel der Thermodynamik. Rätsel gibt uns vorwiegend der zweite Hauptsatz der Thermodynamik auf. Da dieser Hauptsatz eine bestimmte Ausrichtung der Prozeßabläufe in der Natur voraussetzt, akzeptiert er grundsätzlich, daß die Prozesse irreversibel sind. Wie läßt sich aber diese Irreversibilität vom Standpunkt der Physik aus erklären? Warum erfolgt die Wärmeübertragung vom warmen zum kalten Körper, während eine spontane Wärmeübertragung in umgekehrter Richtung unmöglich ist? Warum dehnt sich jedes Gas im Vakuum aus, verdichtet sich jedoch nicht von allein? Warum vermischen sich verschiedene Gase, die in ein und denselben Behälter gelangen, während die Gaskomponenten eines Gasgemisches sich von allein nicht trennen wollen? Ein Hammer schlägt gegen den Amboß. Die Amboßtemperatur steigt ein bißchen an. Wir können den Amboß mit darauf liegendem Hammer jedoch beliebig lange erwärmen – der Hammer wird nicht abprallen. Warum?

Die Liste solcher ,,Warum?" kann recht lang sein. Prinzipiell kann die Thermodynamik alle diese Fragen nicht beantworten. Eine Antwort liegt in der molekularkinetischen Theorie der Materie. Wir wollen einen Blick auf das Bild der sich chaotisch bewegenden Moleküle werfen.

Moleküle im Gas und die Wahrscheinlichkeit

Ein möglicher Dialog mit dem Autor. Wir stellen uns ein Gespräch mit einem Physiker, der in den 60er Jahren des vorigen Jahrhunderts lebte, vor. Wir benötigen dazu keine ,,Zeitmaschine". Wir werden lediglich annehmen, daß unser Gesprächspartner Meinungen vertritt, die in der Mitte des 19. Jahrhunderts in der Physik herrschten. Es handelt sich um Vorstellungen der Mehrheit der Physiker, die die Ideen des österreichischen Physikers Ludwig Boltzmann (1844 – 1906) später, in den 70er Jahren, nicht akzeptieren und nicht begreifen konnten.

Versetzen wir uns also in die Zeit um das Jahr 1861.

Autor: Wir wollen ein Gas als ein Ensemble betrachten, das aus einer Vielzahl sich chaotisch bewegender Moleküle besteht.

Gesprächspartner: Ich habe keine Einwände. Ich bin über die jüngsten Erkenntnisse von James Clerk Maxwell, der die Geschwindigkeitsverteilung der Moleküle im Gas berechnet hat, unterrichtet.

Autor: Mich bewegt jetzt nicht so sehr die von Maxwell gefundene Verteilung, sondern ein anderer Problemkreis von grundsätzlicher Bedeutung. Es ist doch so, daß mit dem Übergang von der thermodynamischen Betrachtungsweise zur Betrachtung der Molekülbewegungen ein qualitativer Sprung vollzogen wird. Das ist ein Übergang von *dynamischen* Gesetzen mit deren streng determinierten Abhängigkeiten zu *wahrscheinlichkeitsbedingten* Gesetzen, die den Prozeßablauf in großen Gemeinschaften von Molekülen regeln.

Gesprächspartner: Die Molekülbewegungen werden doch nicht durch Wahrschein-lichkeitsgesetze, sondern durch Gesetze der Newtonschen Mechanik geregelt. Nehmen wir an, es seien Koordinaten und Geschwindigkeiten aller Moleküle im Gas zu einem bestimmten Zeitpunkt gegeben. Nehmen wir ferner an, daß wir alle Kollisionen der Moleküle untereinander und gegen die Behälterwandung überwachen können. Es ist klar, daß wir in diesem Fall ganz genau vorhersagen könnten, wo sich dieses oder jenes Molekül zum jeweiligen Zeitpunkt befinden und welche Geschwindigkeit es dabei haben würde.

Autor: Haben sie keine Bedenken, daß sie dabei die Rolle des Superwesens überneh-men, von dem seinerzeit Laplace schrieb?

Gesprächspartner: Ich habe eine konkrete Aufgabe aus dem Bereich der Mechanik zu lösen. Allerdings mit einer Unmenge von Körpern.

Autor: In einem Kubikzentimeter Gas befinden sich unter normalen Bedingungen in der Größenordnung 10^{19} Moleküle. Sie hätten es mit einer Aufgabe zu tun, wo allein für diesen einen Kubikzentimeter Wechselwirkungen zwischen ungefähr 10^{20} Körpern zu beachten wären.

Gesprächspartner: Die Schwierigkeiten sind ohne Zweifel sehr groß. Dieses sind jedoch keine grundsätzlichen, sondern rein technische Schwierigkeiten. Da unsere Kalkulationsmöglichkeiten sehr beschränkt sind, müssen wir notgedrungen Wahr-scheinlichkeiten zu Hilfe nehmen – die Wahrscheinlichkeit, daß ein Molekül in ein gewisses Volumen gelangt, die Wahrscheinlichkeit, daß das Molekül eine Geschwin-digkeit in einem gewissen Bereich von Werten hat usw.

Autor: Sie glauben also, daß Wahrscheinlichkeiten nur ein Hilfsmittel sind, zu dem wir greifen müssen, weil wir praktisch nicht imstande sind, zeit- und kraftraubende Berechnungen anzustellen, während sich ein Molekülensemble im Prinzip entspre-chend den Newtonschen Gesetzen verhält, von denen sich die einzelnen Moleküle leiten lassen.

Gesprächspartner: Ganz recht. Deshalb sehe ich auch keinen qualitativen Sprung, den Sie gerade erwähnt haben.

Autor: Ich habe zumindest drei gewichtige Argumente dafür, daß die auf Wahrschein-lichkeiten beruhende Beschreibung großer Molekülensembles grundsätzlich notwen-dig ist, daß die Zufälle der Natur diesen Gemeinschaften selbst innewohnen und nicht, wie Sie es meinen, damit zusammenhängen, daß unsere Kenntnisse unvollständig und daß wir nicht imstande sind, zu umfangreiche Berechnungen anzustellen.

Gesprächspartner: Ihre Argumente möchte ich erfahren.

Autor: Hier das erste. Es gäbe, wie Sie behaupten, ein straffes System streng determi-nierter Beziehungen zwischen den Molekülen im Gas. Stellen wir uns einmal vor, daß eine Molekülmenge aus dem System plötzlich verschwindet (die Moleküle sind aus dem Gefäß durch einen Spalt einfach entwichen). Klar ist, daß zusammen mit diesen Molekülen auch alle durch ihre Anwesenheit im Gas prädestinierten nachfolgenden Kollisionen mit anderen Molekülen verschwinden werden, wodurch sich auch das Verhalten dieser anderen Moleküle verändern wird. Das alles sollte sich unvermeidlich auf das gesamte System der determinierten Beziehungen und in der Folge auf das Verhalten der gesamten Molekülgemeinschaft auswirken. Es ist jedoch bekannt, daß eine große Gasmenge sich gar nicht verändert, wenn wir plötzlich eine große Molekülmenge (z. B. 10^{12} Moleküle oder auch noch mehr) entweichen lassen. Dabei verändern sich die Gasbeschaffenheit und das Gasverhalten nicht. Ist dieses kein Hinweis darauf, daß dynamische Gesetzmäßigkeiten, die das Verhalten einzelner Moleküle regeln, praktisch in keiner Beziehung zum Gasverhalten stehen?

Gesprächspartner: Trotzdem ist es kaum zu glauben, daß sich Moleküle und das Ensemble dieser Moleküle ganz verschiedenen Gesetzen unterwerfen.

Autor: Gerade das ist aber der Fall. Mein zweites Argument wird diesen grundsätzlichen Standpunkt noch mehr hervorheben. Ich möchte zunächst einige Beispiele anführen. Es wird ein Stein unter einem Winkel zur Horizontlinie aus dem Punkt *A* (Abbildung 4.4a) geworfen. Im Punkt *B* der Flugbahn kehren wir in Gedanken die Richtung der Geschwindigkeit des Steins in das Gegenteil um. Klar ist, daß der Stein zum Punkt *A* zurückkehren und in diesem Punkt (dem Betrage nach) die gleiche Geschwindigkeit haben wird, die er zum Zeitpunkt des Werfens aufwies. So stellt sich heraus, daß der sich bewegende Stein seine Geschichte gleichsam „nicht vergißt".

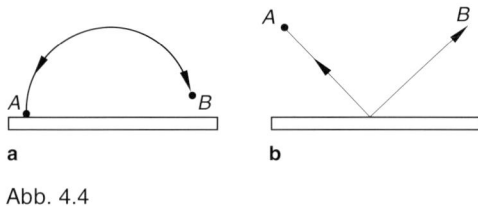

Abb. 4.4

Gesprächspartner: Natürlich. Jeder augenblickliche Zustand des fliegenden Steins ergibt sich ja aus dem zurückliegenden und ist seinerseits für die nachfolgenden ausschlaggebend.

Autor: Ein anderes Beispiel: Eine Kugel schlägt elastisch gegen eine Wand und prallt ab (Abbildung 4.4b). Verändern wir im Punkt *B* die Richtung der Kugelgeschwindigkeit in die entgegengesetzte, so wiederholt sich die Situation in umgekehrter Reihenfolge – die Kugel schlägt gegen die Wand und kehrt in den Punkt *A* zurück.

Diese Beispiele veranschaulichen meiner Ansicht nach den Grundgedanken, daß Bewegungen, die nach den Gesetzen der klassischen Mechanik ablaufen, sozusagen ihre Vergangenheit „speichern". Deshalb sind diese Bewegungen reversibel.

Anders verhalten sich die Gase. Stellen Sie sich einmal die folgende Situation vor. Es gibt ein Bündel von Molekülen, deren Geschwindigkeiten streng parallel gerichtet sind. Gelangen sie in ein Gefäß, so erleben die Moleküle viele Zusammenstöße miteinander und mit der Gefäßwandung. Sie erreichen tendentiell den Zustand des thermodynamischen Gleichgewichts und „vergessen" ihre Vergangenheit. Wir können sagen, daß das Gas im thermischen Gleichgewicht gleichsam seine „Speicherfähigkeit" einbüßt und sich nicht daran erinnern kann, wie es den Zustand des Gleichgewichts erreichte. Deshalb handelt es sich in diesem Fall um einen irreversiblen Vorgang – die Moleküle lassen sich nicht wieder bündeln, es ist sinnlos, daran zu denken, daß sie das Gefäß in einer definierten Richtung verlassen werden. Wir könnten noch viele Beispiele für eine solche „Vergeßlichkeit" anführen. Angenommen, es befinden sich zwei durch eine Zwischenwand voneinander getrennte Gase in einem Gefäß. Wir nehmen diese Zwischenwand nun weg, und beide Gase vermischen sich. Dieser Vorgang ist ebenfalls irreversibel – wir können die Moleküle nicht veranlassen, ihre Plätze in der jeweiligen Gefäßhälfte einzunehmen. Das Gemisch der zwei Gase hat seine Vorgeschichte bereits vergessen.

Gesprächspartner: Wollen Sie damit sagen, daß der jeweilige Gleichgewichtszustand des Gases durch vorige Gaszustände nicht prädestiniert ist?

Autor: Wenn das Wort ,,prädestiniert" gebraucht wird, dann wird eine unwiderlegbare, eindeutige Prädestination beschworen. Hier ist dieses wirklich nicht der Fall. Ein Gas kann den Gleichgewichtszustand, ausgehend von verschiedenen Anfangszuständen, erreichen. Bei der Untersuchung von Gasen im thermischen Gleichgewicht finden sich keinerlei Informationen über diese Anfangszustände. Das bedeutet, daß das Gas seine Vorgeschichte vergessen hat.

Gesprächspartner: Da muß ich Ihnen zustimmen.

Autor: Wann büßt jedoch das Gas seine Vorgeschichte ein? Es büßt sie ein, wenn der *Zufall* in Erscheinung tritt. Sie werfen den Spielwürfel und er zeigte z. B. eine Vier. Beim zweiten Versuch werfen Sie eine Eins. Dieses Ergebnis hängt mit dem ersten keinesfalls zusammen. Bei mehreren Wurfversuchen bekommen Sie eine Reihe von Ziffern. Ihre Folge zeigt eine gewisse Stabilität (zum Beispiel taucht eine Vier etwa in einem Sechstel der Fälle auf). Diese Stabilität hat keine Vorgeschichte – sie hängt mit dem Werfen dieser oder jener Ziffern bei einzelnen Wurfversuchen nicht zusammen.

Die Geschichte mit dem Gas verhält sich ebenso. Die Einbuße an Vorgeschichte läßt erkennen, daß wir es in diesem Fall mit *statistischen* Gesetzmäßigkeiten zu tun haben, mit Gesetzmäßigkeiten also, wo der Zufall ausschlaggebend ist.

Gesprächspartner: Ich glaubte, daß bisher alles ganz klar war. Newton entwickelte seine Mechanik. Dann wurde bemerkt, daß die Temperatur und der Druck des Gases berücksichtigt werden müssen. Unter Anwendung der Vorstellungen von Molekülen konnten wir diese physikalischen Größen auf die mechanischen zurückführen. Die Temperatur wurde mit der Energie der Moleküle und der Gasdruck mit einem Impuls verknüpft, den die aufprallenden Moleküle der Wandung vermittelten. Somit waren und blieben die Gesetze der Mechanik die fundamentalen Gesetze. Sie schlagen aber vor, die Gesetze der Wahrscheinlichkeit mit denen der Mechanik auf dieselbe Stufe zu stellen.

Autor: Es ist wohl bekannt, daß nicht alle thermodynamischen Größen ihre Analoga in der klassischen Mechanik haben. Hier mein drittes Argument – in der Mechanik gibt es keine Vergleichsgröße für die Entropie. Allein die Existenz einer solchen Größe wie die Entropie kann die These widerlegen, die Gesetze der klassischen Mechanik seien allumfassend gültig und total grundlegend.

Gesprächspartner: Über die Entropie möchte ich nicht sprechen...

Wir wollen uns an dieser Stelle aus dem Dialog, der ziemlich lang ausgefallen ist, ausblenden. Wie vereinbart, fand er 1861 statt. Deshalb wollte der Autor keine Argumente ins Feld führen, die sein Partner seinerzeit nicht wissen konnte. Es gibt allerdings noch zwei Argumente, die hier nicht verschwiegen werden sollen. Erstens wäre darauf hinzuweisen, daß sich die Entropie grundsätzlich durch die Wahrscheinlichkeit ausdrücken läßt. Das ermöglicht es, alle Rätsel der Thermodynamik zu erklären. Darauf wird noch eingegangen werden. Zweitens erweist sich die Annahme unseres Gesprächspartners, daß im Prinzip die Koordinaten und Geschwindigkeiten der Moleküle zugleich vorgegeben werden könnten, als nicht stichhaltig. Dieses ist prinzipiell unmöglich, worauf wir im Kapitel 5 eingehen wollen. Wir wenden uns jetzt dem Problem zu, wie sich Moleküle im Gas bewegen.

Bewegung der Gasmoleküle im thermodynamischen Gleichgewicht. Die Gasmasse m befinde sich im thermischen Gleichgewicht. Das Gas nimmt das Volumen V ein, hat die Temperatur T und den Druck p. Jedes Gasmolekül bewegt sich mit einer Geschwindigkeit, deren Betrag und Richtung konstant sind, bis es ein anderes Molekül oder die Wandung trifft. Im großen und ganzen zeigt die Molekülbewegung ein chaotisches Bild – die Moleküle bewegen sich in verschiedenen Richtungen mit unterschiedlichen Geschwindigkeiten, prallen chaotisch aufeinander, was Veränderungen in Bewegungsrichtungen und Geschwindigkeitsbeträgen bewirkt.

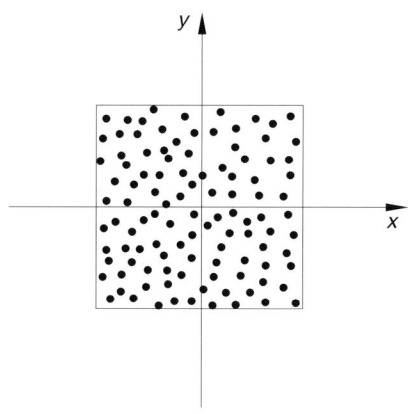

Abb. 4.5

Wir stellen uns eine „Momentaufnahme" der Lagen der Moleküle zu einem bestimmten Zeitpunkt vor. Sie sieht etwa so aus, wie es uns die Abbildung 4.5 zeigt. Der Einfachheit halber ist unser Foto nicht drei-, sondern zweidimensional (das Bild ist also flach). Wir sehen, daß die Punkte (Moleküle) das Volumen des Gefäßes recht gleichmäßig füllen (das Quadrat in der Abbildung ist das Gefäß), N sei die Gesamtzahl der Moleküle im Gefäß; $N = N_A m/M$, wobei N_A die Avogadro-Konstante (oder Loschmidtsche Zahl, $N_A = 6{,}022045 \cdot 10^{23}\,\mathrm{mol}^{-1}$) und M die Molmasse des Gases sind. An jeder Stelle im Gefäßinneren wird die Anzahl der Moleküle in einer Volumeneinheit zu jedem Zeitpunkt im Durchschnitt die gleiche sein, nämlich N/V. Jedes Molekül kann mit der gleichen Wahrscheinlichkeit an jeder Stelle im Gefäßinneren gefunden werden. Wir bezeichnen die Wahrscheinlichkeit, ein Molekül im Inneren des Volumens $\Delta V = \Delta x \Delta y \Delta z$ (in Bezug auf den Punkt mit den Koordinaten x, y und z) zu finden, mit $G(x, y, z)\Delta x \Delta y \Delta z$. Genauer gesagt handelt es sich um die Wahrscheinlichkeit, daß die x-Koordinate des Moleküls im Bereich der Werte von x bis $x + \Delta x$, die y-Koordinate in Bereich von y bis $y + \Delta y$ und die z-Koordinate im Bereich von z bis $z + \Delta z$ liegen werden. Bei recht geringen Werten Δx, Δy, Δz kann die Funktion $G(x, y, z)$ als *Wahrscheinlichkeitsdichte* betrachtet werden, daß das Molekül im Punkt (x, y, z) gefunden wird. Die Wahrscheinlichkeitsdichte ist in diesem konkreten Fall von den

Koordinaten unabhängig, das heißt also, daß G = const gilt. Da die Wahrscheinlichkeit, das Molekül irgendwo im Gefäßinneren zu finden, eins beträgt, erhalten wir

$$\int_V G\,dV = 1 \quad \text{oder} \quad G\int_V dV = GV = 1 \ .$$

Somit ist $G = 1/V$.

Wo auch immer ein Einheitsvolumen im Gefäßinneren gewählt wurde, die Wahrscheinlichkeit, daß ein Molekül im Inneren dieses Volumens gefunden wird, ist gleich $1/V$, d.h., sie ist gleich dem Verhältnis des Einheitsvolumens zum Gefäßvolumen. In Verallgemeinerung dieser Schlußfolgerung können wir behaupten, daß die Wahrscheinlichkeit, ein Molekül im Inneren des Volumens V_0 zu finden, gleich V_0/V ist.

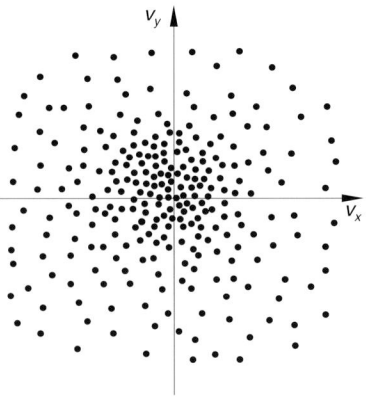

Abb. 4.6

Wir beziehen jetzt in die Diskussion die Molekülgeschwindigkeiten im Gas ein. Es ist im voraus klar, daß verschiedene Geschwindigkeitswerte nur ungleich wahrscheinlich sein können: Die Anzahl der Moleküle wird sich sowohl im Bereich sehr geringer als auch sehr großer Geschwindigkeiten verringern. Bei der Diskussion der Molekülgeschwindigkeiten ist es sehr günstig, den „Raum" der Geschwindigkeiten zu benutzen, wo auf den Koordinatenachsen v_x, v_y, v_z Molekülgeschwindigkeitswerte projiziert werden. Der Einfachheit halber zeigt die Abbildung 4.6 nur zwei Achsen – die v_x- und die v_y-Achse (den zweidimensionalen *Geschwindigkeitsraum*). Die Abbildung zeigt, wie sich die Molekülgeschwindigkeiten im Gas zu einem bestimmten Zeitpunkt verteilen. Jeder Punkt in der Abbildung entspricht einem Molekül. Die Abszisse des Punktes ist die x-Projektion der Molekülgeschwindigkeit, die Ordinate ist ihre y-Projektion.

Interessant fällt der Vergleich der Abbildungen 4.5 und 4.6 aus. In der ersten Abbildung liegen die Punkte innerhalb eines Bereichs, verteilen sich dabei recht gleichmäßig. In der zweiten ist die Streuung der Punkte im Prinzip nicht begrenzt. Viele Punkte sind eindeutig in der Nähe des Koordinatenursprungs konzentriert. Das bedeutet, daß die Projektion der Molekülgeschwindigkeit im Prinzip beliebig groß sein kann, am wahrscheinlichsten sind jedoch die Geschwindigkeitsprojektionen in der Nähe des

Nullpunktes. Das Bild der gestreuten Punkte in der Abbildung 4.6 ist zentralsymmetrisch, bei einer beliebigen Drehung um den Nullpunkt verändert sich das Bild nicht. Das besagt, daß alle Bewegungsrichtungen gleich wahrscheinlich sind: Mit der gleichen Wahrscheinlichkeit kann sich jedes Molekül in jede beliebige Richtung bewegen.

Um sich eine Vorstellung davon zu verschaffen, wie sich die Moleküle im Gas bewegen, müssen wir beide Abbildungen betrachten. Noch günstiger wäre es, beide Abbildungen durch eine Folge von Momentaufnahmen zu ersetzen, die zu aufeinanderfolgenden Zeitpunkten aufgenommen wurden. Bei der Betrachtung einzelner Bilder würden wir dann sehen, daß sich die Punkte in der Abbildung 4.5 in verschiedene Richtungen bewegen – zu Zeitpunkten des Aufpralls weisen deren Bahnen Brüche auf. In der Abbildung 4.6 hingegen bewegen sich die Punkte nicht. Dafür verschwinden sie plötzlich bald hier, bald dort oder tauchen wieder auf. Jedesmal verschwinden die Punkte paarweise; sogleich erscheinen irgendwelche zwei neuen Punkte – das ist das Ergebnis der Kollision zweier Moleküle.

Maxwellsches Verteilungsgesetz. $F(v_x)\Delta v_x$ sei die Wahrscheinlichkeit dafür, daß ein Molekül als x-Projektion der Geschwindigkeit Werte im Bereich von v_x bis $v_x + \Delta v_x$ (zu einem Zeitpunkt) aufweist. Dabei können die beiden anderen Geschwindigkeitsprojektionen des Moleküls beliebige Werte haben. Bei geringen Δv_x-Werten ist die Funktion $F(v_x)$ die Wahrscheinlichkeitsdichte, ein Molekül zu finden, das die Geschwindigkeitsprojektion v_x hat.

Der englische Physiker James Clerk Maxwell (1831– 1879) zeigte, daß die Wahrscheinlichkeitsdichte $F(v_x)$ dem *Gaußschen Gesetz* entspricht:

$$F(v_x) = A \exp(-\alpha v_x^2) \; , \tag{4.14}$$

wobei α ein Parameter ist ($\alpha > 0$). Die Konstante A läßt sich aus der Gleichung

$$\int_{-\infty}^{\infty} F(v_x)\,\mathrm{d}v_x = 1 \tag{4.15}$$

ermitteln. (4.15) drückt aus, daß die Wahrscheinlichkeit für das Molekül, irgendeine Projektion x zu finden, eins beträgt. Wenn wir (4.14) in (4.15) einsetzen, so erhalten wir

$$A \int_{-\infty}^{\infty} \exp(-\alpha v_x^2)\,\mathrm{d}v_x = 1 \; .$$

Das Integral ist in der Mathematik als *Poissonsches Integral* bekannt. Es ist gleich $\sqrt{\alpha/\pi}$. Daraus folgt: $A = \sqrt{\pi/\alpha}$. Zusammenfassend können wir die Relation (4.14) in folgende Form bringen:

$$F(v_x) = \sqrt{\alpha/\pi} \, \exp(-\alpha v_x^2) \; . \tag{4.16}$$

Mit entsprechenden Funktionen F können wir die Wahrscheinlichkeitsdichten für die y- und z-Projektion der Molekülgeschwindigkeit beschreiben. Das Kurvenbild der

Funktion $F(v_x)$ ist in der Abbildung 4.7 dargestellt. Es sei $f(v_x, v_y, v_z)$ die Wahrscheinlichkeitsdichte, ein Molekül mit den Geschwindigkeitsprojektionen v_x, v_y, v_z zu finden.

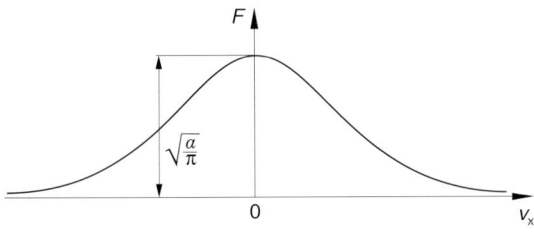

Abb. 4.7

Unter Verwendung des Multiplikationtheorems der Wahrscheinlichkeit dürfen wir nun schreiben:

$$f(v_x, v_y, v_z)\Delta x \Delta y \Delta z = [F(v_x)\Delta v_x][F(v_y)\Delta v_y][F(v_z)\Delta v_z].$$

Folglich ist

$$f(v_x, v_y, v_z) = (a/\pi)^{3/2} \exp(-a(v_x^2 + v_y^2 + v_z^2)) = (a/\pi)^{3/2} \exp(-av^2) \ . \tag{4.17}$$

Wir sehen, daß die Abhängigkeit der Wahrscheinlichkeitsdichte von den Geschwindigkeitsprojektionen als Abhängigkeit von $v_x^2 + v_y^2 + v_z^2$ erscheint. Das war zu erwarten, weil bereits unterstrichen wurde, daß verschiedene Geschwindigkeitsrichtungen gleichwahrscheinlich sind. Die Wahrscheinlichkeitsdichte kann also nur vom Betrag der Geschwindigkeiten des Moleküls abhängen.

Die Wahrscheinlichkeit, ein Molekül mit seinen Geschwindigkeitsprojektionen in den Bereichen v_x bis $v_x + \Delta v_x$, v_y bis $v_y + \Delta v_y$, v_z bis $v_z + \Delta v_z$ zu finden, ist gleich

$$\Delta w_v = (a/\pi)^{3/2} \exp(-av^2) \Delta v_x \Delta v_y \Delta v_z \quad , \tag{4.18}$$

wobei $v^2 = v_x^2 + v_y^2 + v_z^2$ ist.

Wir gehen jetzt noch einen Schritt weiter. Da die Geschwindigkeitsrichtungen gleichwahrscheinlich sind, was wir schon analysiert haben, werden wir die Wahrscheinlichkeit in Betracht ziehen, ein Molekül aufzufinden, bei dem der Geschwindigkeitsbetrag im Bereich von v bis $v + \Delta v$ liegt. Die Geschwindigkeitsrichtung des Moleküls ist dabei belanglos. Uns interessiert nur der Geschwindigkeitsbetrag. Dazu werden wir den Geschwindigkeitsraum einführen (Abbildung 4.8). Die oben erörterte Wahrscheinlichkeit (siehe Gleichung (4.18)) ist die Wahrscheinlichkeit, ein Molekül im „Volumen" ΔV_v, das in Abbildung 4.8 zu sehen ist, aufzufinden. (Das Wort Volumen wurde in Anführungszeichen gesetzt, um daran zu erinnern, daß es sich hierbei nicht um einen normalen Raum, sondern um den Geschwindigkeitsraum handelt.) Wir wollen nun die Wahrscheinlichkeit betrachten, ein Molekül im Innern der in Abbildung 4.8b gezeigten Kugelschicht zu finden, die zwischen den Kugeln mit den Radien v und $v + \Delta v$ liegt. Das „Volumen" der Kugelschicht ist gleich dem Produkt des Flächeninhalts der Kugel mit dem Radius v mal der Schichtdicke Δv – das ergibt $4\pi v^2 \Delta v$. Die gesuchte Wahrscheinlichkeit nimmt somit die folgende Form an:

$$\Delta w_v = (a/\pi)^{3/2} \exp(-av^2)\, 4\pi v^2 \Delta v \ . \tag{4.19}$$

Diese Formel drückt das Verteilungsgesetz der Moleküle eines idealen Gases nach dem Geschwindigkeitsbetrag aus – es ist das *Maxwellsche Verteilungsgesetz.*

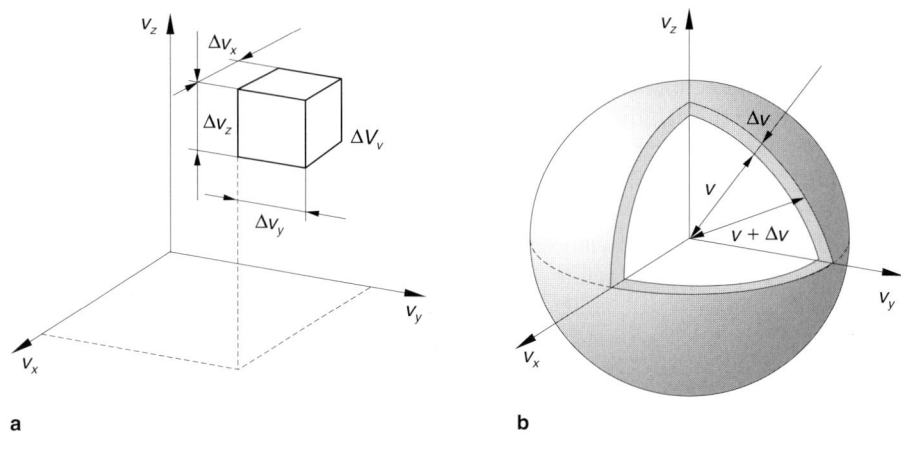

a   b

Abb. 4.8

Die Wahrscheinlichkeitsdichte $g(v) = \Delta w_v / \Delta v$ ersieht man aus der Abbildung 4.9. Sie strebt gegen null sowohl bei $v \to 0$ als auch bei $v \to \infty$. Bei $v \to 0$ verschwindet das „Volumen" der in Abbildung 4.8b gezeigten Kugelschicht, bei $v \to \infty$ strebt der Faktor $\exp(-av^2)$ im Verteilungsgesetz gegen null.

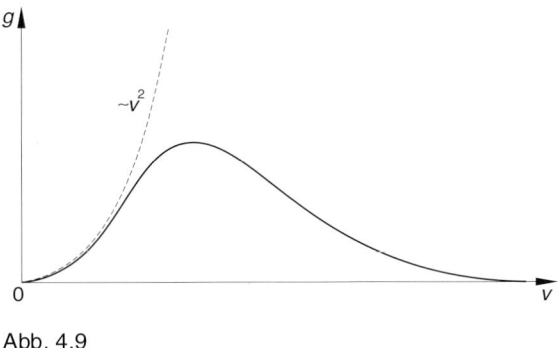

Abb. 4.9

Zufall und Notwendigkeit bei sich bewegenden Molekülen. Wir wollen annehmen, wir könnten Lagen und Geschwindigkeiten aller Moleküle im zu behandelnden Gasvolumen zu einem gewissen Zeitpunkt festhalten. Stellen wir uns vor, daß das gesamte

Volumen in mehrere gleiche Zellen geteilt ist. Nun können wir unsere Momentan,,aufnahmen" von einer Zellengruppe zu der anderen durchmustern. Dabei wird sich herausstellen, daß sich die Anzahl der Moleküle von Zelle zu Zelle auf zufällige Weise verändert. Wir werden uns nur für die Moleküle interessieren, deren Geschwindigkeitsbetrag in einem Bereich von v bis $v + \Delta v$ liegt. Die Anzahl solcher Moleküle verändert sich von Zelle zu Zelle zufällig. Wir teilen den vollen Raumwinkel von $4p$ Steradiant in gleiche Raumwinkel, die in verschiedene Richtungen orientiert sind. Die Anzahl der Moleküle, deren Geschwindigkeitsrichtung in diesem oder jenem elementaren Raumwinkel liegt, verändert sich von Winkel zu Winkel zufällig.

Wir können auch anders verfahren und unsere Aufmerksamkeit auf irgendeine Zelle oder auf irgendeinen elementaren Raumwinkel konzentrieren, jedoch die Aufnahmen zu verschiedenen Zeitpunkten realisieren. Die Anzahl der Moleküle (in einer Zelle oder in einem Raumwinkel), die uns zu verschiedenen Zeitpunkten interessieren werden, zeigen ebenfalls zufällige Veränderungen von Zeitpunkt zu Zeitpunkt.

Um die *Rolle des Zufalls* im Falle sich bewegender Moleküle zu unterstreichen, verwenden wir den Begriff *chaotisch*: chaotische Zusammenstöße der Moleküle, chaotisch orientierte Geschwindigkeitsrichtungen der Moleküle und überhaupt – eine chaotische thermische Bewegung der Moleküle. Dieses Bild des *Chaos* läßt allerdings eine *Regelmäßigkeit* oder, andersherum, eine *Notwendigkeit* erkennen, nämlich die bereits mehrmals erwähnte *statistische Stabilität*. Diese zeigt sich in der Existenz ganz bestimmter Wahrscheinlichkeiten: der Wahrscheinlichkeit, daß ein Molekül im Volumen ΔV aufgefunden wird (diese Wahrscheinlichkeit ist gleich $\Delta V/V$); der Wahrscheinlichkeit, daß sich ein Molekül im Bereich des Raumwinkels $\Delta\Omega$ bewegt (diese Wahrscheinlichkeit ist gleich $\Delta\Omega/4\pi$); der Wahrscheinlichkeit, daß ein Molekül einen Geschwindigkeitsbetrag im Bereich von v bis $v + \Delta v$ aufweisen wird (diese Wahrscheinlichkeit läßt sich mit der Gleichung (4.19) beschreiben).

Die Anzahl der Moleküle in einer Volumeneinheit, die einen Geschwindigkeitsbetrag im Bereich von v bis $v + \Delta v$ aufweist, kann mit einem hohen Präzisionsgrad nach der Gleichung

$$\Delta n = N/V\,\Delta w_v = 4\pi N/V\,(\alpha/\pi)^{3/2}\,\exp(-\alpha v^2)\,v^2\Delta v \tag{4.20}$$

ermittelt werden.

Die Kollisionen der Moleküle bewirken, daß ein Teil von ihnen den behandelten Bereich der Geschwindigkeitswerte verläßt; andere Kollisionen bewirken hingegen das Auftauchen neuer Moleküle im genannten Bereich. Im Ergebnis wird eine gewisse Ordnung eingehalten – die Anzahl der Moleküle im gegebenen Bereich der Geschwindigkeitswerte bleibt praktisch konstant und wird durch (4.20) ausgedrückt.

Man beachte, daß der Zufall und die Notwendigkeit hier als dialektische Einheit auftreten. Die Zusammenstöße von einer Vielzahl der Moleküle verursachen eine Zufälligkeit im Bild der sich bewegenden Moleküle. Sie sind es, die auch für den thermodynamischen Gleichgewichtszustand des Gases sorgen, der durch bestimmte Wahrscheinlichkeiten gekennzeichnet ist, durch die sich gerade die statistische Stabilität erkennen läßt.

Druck und Temperatur eines idealen Gases

Druck als Ergebnis des „molekularen Beschusses". Die Wandung eines Gefäßes, in dessen Innern sich ein Gas befindet, erlebt unaufhörlich den Aufprall von Gasmolekülen. Dieser „molekulare Beschuß" bewirkt nämlich, daß das Gas einen Druck auf die Wandung ausübt. Wir nehmen zum Beispiel die x-Achse, sie soll senkrecht zur Wandung stehen. In der Abbildung 4.10a sieht man, daß sich die x-Projektion des Molekülstoßes beim elastischen Aufprall gegen die Wandung um $2m_0 v_x$ verändert, wobei m_0 die Molekülmasse ist. Das bedeutet, daß ein Molekül beim Aufprall gegen die Wandung ihr einen Impuls vermittelt, der gleich $2m_0 v_x$ ist. Zunächst kommen

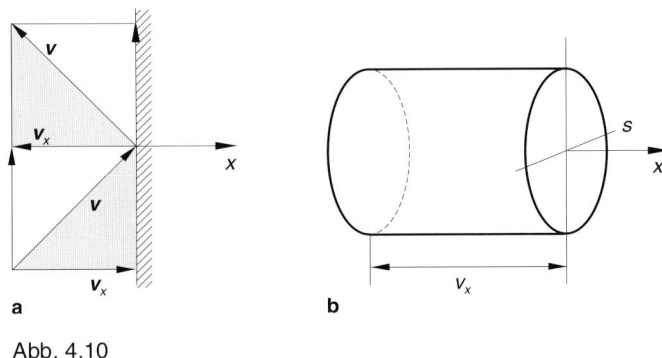

Abb. 4.10

lediglich diejenigen Gasmoleküle in Betracht, deren x-Geschwindigkeitsprojektion im Bereich von v_x bis $v_x + \Delta v_x$ liegt (man beachte hierbei, daß $v_x > 0$ ist, sonst fliegt ein Molekül nicht gegen die Wandung, sondern von ihr weg); die anderen Geschwindigkeitsprojektionen des Moleküls sind belanglos. Die Anzahl der Stöße solcher in Frage kommenden Moleküle gegen einen Wandabschnitt mit einem Flächeninhalt s in einer Zeiteinheit ist gleich der Anzahl solcher Moleküle in einem Volumen von $s v_x$ (Abbildung 4.10b). (Den Leser sollte der Umstand nicht verwirren, daß das Produkt $s v_x$ keine Volumendimension hat. In Wirklichkeit haben wir es hier mit dem Produkt von s (cm^2) mit v_x (cm/s) und 1 (s) zu tun.) Unter Beachtung von (4.16) ist diese Anzahl der Stöße gleich

$$\Delta R = N/V\, s v_x\, F(v_x)\Delta v_x = N/V\, s v_x \sqrt{a/\pi}\, \exp(-a v_x^2)\, \Delta v_x \ .$$

Bei jedem Aufprall erhält die Wandung den Impuls $2m_0 v_x$. Der Impuls, der einem Wandabschnitt mit dem Flächeninhalt s in einer Zeiteinheit vermittelt wird, ist die Kraft, die auf diesen Wandabschnitt einwirkt. Bei der Division der Kraft durch den Flächeninhalt s des Wandabschnitts erhalten wir den Wert für den Gasdruck gegen die Wandung, den die Moleküle verursachen, bei denen die x-Projektion der Geschwindigkeit im Bereich von v_x bis $v_x + \Delta v_x$ liegt:

$$\Delta p = 2m_0 v_x \Delta R/s = 2m_0 N/V\sqrt{a/\pi}\, \exp(-a v_x^2)\, v_x^2\Delta v_x \ . \tag{4.21}$$

Wir müssen nun nur noch summieren, genauer gesagt, das Ergebnis von (4.21) über alle nichtnegativen Geschwindigkeitswerte v_x integrieren:

$$\Delta p = 2m_0 N/V \sqrt{a/\pi} \int\limits_0^\infty \exp(-av_x^2)\, v_x^2\, dv_x \ . \tag{4.22}$$

Da

$$\int\limits_0^\infty \exp(-av_x^2)v_x^2\, dv_x = 1/4\sqrt{\pi/a^3}$$

ist, erhalten wir

$$p = m_0 N/(2aV) \ . \tag{4.23}$$

Die Erklärung der Maxwellschen Verteilung. Wir haben recht lange die Geduld des Lesers auf die Probe gestellt, indem wir in allen vorangegangenen Gleichungen den geheimnisvollen Parameter a benutzten. Aus (4.23) ersieht man, daß $a = m_0 N/(2pV)$ ist. Da sich unser Gas im Zustand des thermischen Gleichgewichts befindet, benutzen wir die Mendeleew-Clapeyronsche Gleichung: $pV = mRT/M$. Da weiterhin $R = N_A k$ ist (N_A ist die Avogadro-Konstante, k die Boltzmann-Konstante, sie beträgt $1{,}38 \cdot 10^{-23}$ J/K), schreiben wir die Mendeleew-Clapeyronsche Gleichung in folgender Form:

$$pV = NkT \ . \tag{4.24}$$

Aus den Gleichungen (4.23) und (4.24) folgt

$$a = m_0/2kT \ . \tag{4.25}$$

Somit nimmt der Ausdruck (4.19) die folgende Form an:

$$\Delta w_v = g(v)\Delta v = 4\pi \left(\frac{m_0}{2\pi kT}\right)^{3/2} e^{-(m_0 v^2/(2kT))} v^2 \Delta v \ . \tag{4.26}$$

Temperatur als Maß der mittleren Energie der Moleküle. Den mittleren Wert der zweiten Potenz der zufälligen Geschwindigkeit V von Molekülen eines idealen Gases können wir unter Einsatz des Integrals (1.17) und des Ergebnisses (4.26) ermitteln:

$$EV^2 = \int\limits_0^\infty v^2 g(v)\, dv = 4\pi \left(\frac{m_0}{2\pi kT}\right)^{3/2} \int\limits_0^\infty e^{-(m_0 v^2/(2kT))} v^4\, dv \ . \tag{4.27}$$

Unter Beachtung, daß

$$\int\limits_{0}^{\infty} e^{-av^2} v^4\, dv = 3/8\sqrt{\pi/a^5}$$

ist, erhalten wir aus (4.27):

$$EV^2 = 3/(2a) = \frac{3kT}{m_0}\ . \tag{4.28}$$

Beim Einsatz des Modells eines idealen Gases können wir die Energie der Wechselwirkung von Molekülen miteinander gegenüber ihrer kinetischen Energie vernachlässigen, d.h., daß sich die Energie eines Moleküls als $\varepsilon = \dfrac{m_0 v^2}{2}$ vorstellen läßt. Unter Beachtung von (4.28) erhalten wir als Ergebnis den folgenden Term für die mittlere Energie E eines Moleküls des idealen Gases:

$$EE = \frac{m_0}{2} EV^2 = \frac{3}{2} kT\ . \tag{4.29}$$

Wir stellen somit fest, daß die Temperatur als *Maß der mittleren Energie der Moleküle* gelten kann.

Aus Gleichung (4.29) folgt, daß die *innere Energie* eines im Gleichgewicht befindlichen idealen Gases, das N Moleküle enthält und eine Temperatur T hat, gleich

$$U = \frac{3}{2} NkT \tag{4.30}$$

ist.

Die molekulare Kinetik vermag die Tatsache zu erklären, daß die innere Energie eines idealen Gases proportional seiner absoluten Temperatur und vom Volumen, das ein Gas einnimmt, unabhängig ist. Diese Tatsache benutzten wir bei der Behandlung mancher Probleme der Thermodynamik.

Fluktuationen

Fluktuationen der Makro- und der Mikrogrößen. Unter *Mikrogrößen* verstehen wir die Größen, die ein Einzelmolekül betreffen, unter *Makrogrößen* hingegen diejenigen, die ein makroskopisches Objekt beschreiben, z.B. ein Gas insgesamt. Die Geschwindigkeit V und die Energie E eines Moleküls sind Mikrogrößen; die innere Energie eines Gases U, die Temperatur T und der Druck p sind Makrogrößen. Wir wollen in Gedanken die Energie eines Moleküls im Gas überwachen. Die Energie verändert sich zufällig von Kollision zu Kollision. Wenn wir die Funktion $E(t)$ für eine recht große Zeitspanne

τ kennen, so können wir den Energiemittelwert eines Moleküls ermitteln:

$$\mathrm{E}E = \frac{1}{\tau} \int_0^\tau E(t)\,\mathrm{d}t \quad .$$ (4.31)

Es sei darauf hingewiesen, daß wir in dem Abschnitt, wo wir den Zusammenhang von Druck und Temperatur eines idealen Gases dargestellt haben, den Begriff Durchschnittsenergie anders behandelten. Wir haben die Energie eines Moleküls nicht innerhalb eines gewissen Zeitabschnitts überwacht, sondern die Energiewerte aller Moleküle für einen gewissen Zeitpunkt festgehalten und die Summe durch die Anzahl der Moleküle geteilt; das ist die Herangehensweise in der Gleichung (4.27). Wir können sagen, daß wir hier die *Mittelung über die Gesamtheit* behandelten. Der Ausdruck (4.31) entspricht jedoch der *Mittelung über die Zeit*. Beide Mittelungen führen zum gleichen Ergebnis.

Wir greifen wieder auf die Energie eines Moleküls im Gas zurück. Im Laufe der Zeit schwankt der Energiewert $E(t)$ zufällig, oder, mit anderen Worten, *fluktuiert* er um den Mittelwert $\mathrm{E}E$. Als Maß für die Abweichung der Energie vom Mittelwert kann die *Varianz* gelten:

$$\mathrm{Var}E = \mathrm{E}(E^2) - (\mathrm{E}E)^2.$$ (4.32)

Die Varianz $\mathrm{Var}E$ wird *quadratische Fluktuation* der Energie E genannt. Ist die Geschwindigkeitsverteilung der Moleküle bekannt, so läßt sich

$$\mathrm{E}(E^2) = \int_0^\infty \left(\frac{m_0 v^2}{2}\right)^2 g(v)\,\mathrm{d}v$$ (4.33)

berechnen. Setzen wir hierin die Wahrscheinlichkeitsdichte $g(v)$ aus (4.26) ein, so erhalten wir (den Berechnungsvorgang klammern wir der Einfachheit halber aus):

$$\mathrm{E}(E^2) = 15(kT)^2/4 \quad .$$ (4.34)

Unter Beachtung der Gleichung (4.29) gilt

$$\mathrm{Var}E = \mathrm{E}(E^2) - (\mathrm{E}E)^2 = 3/2\,(kT)^2.$$ (4.35)

Das Verhältnis der Quadratwurzel aus der quadratischen Fluktuation zum Mittelwert einer Größe heißt *relative Fluktuation* der Größe. In unserem Fall ist dieses Verhältnis etwa gleich eins:

$$\xi = \frac{\sqrt{\mathrm{Var}E}}{\mathrm{E}E} = \sqrt{2/3} \quad .$$ (4.36)

Es ergibt sich, daß die Spannweite der Fluktuationsamplitude der Mikrogröße von der Größenordnung her der ihres Mittelwertes entspricht.

Wir betrachten nun die Fluktuationen einer Makrogröße, z.B. der inneren Energie eines Gases, das aus N einatomigen Molekülen besteht. $U(t)$ sei der Wert der inneren Gasenergie zum Zeitpunkt t:

$$U(t) = \sum_{i=1}^{N} E_i(t) \ . \tag{4.37}$$

Diese Werte fluktuieren um den Mittelwert EU. Die Fluktuationen der inneren Gasenergie hängen wohl mit dem chaotischen Energieaustausch zwischen den Gasmolekülen und der Gefäßwandung zusammen. Da der Mittelwert einer Summe die Summe der Mittelwerte ist, gilt

$$EU = \sum_{i=1}^{N} EE = N \cdot EE \ . \tag{4.38}$$

Wir verwendeten den Umstand, daß der Energiemittelwert für jedes Molekül gleich ist.
Die Varianz Var$U$ schreiben wir zunächst in der Form Var$U$ = E(U^2) − (E$U)^2$ = E$(U - EU)^2$ auf. Die Differenz $U - EU$ werden wir mit δU bezeichnen, so daß Var$U$ = E$(\delta U)^2$ ist. Unter Einsatz von (4.37) und (4.38) schreiben wir:

$$\delta U = U(t) - EU = \sum_{i=1}^{N} E_i - NEE = \sum_{i=1}^{N} [E_i(t) - EE] = \sum_{i=1}^{N} \delta E_i \ . \tag{4.39}$$

Somit erhalten wir:

$$\text{Var}U = E \left(\sum_{i=1}^{N} \delta E_i \right)^2 . \tag{4.40}$$

Es gilt, die Summe von N Summanden ins Quadrat zu erheben, wonach über alle die Summanden, die sich nach dem Quadrieren ergeben, zu mitteln ist. Das Quadrieren ergibt N Summanden der Form $(\delta E_i)^2$ $(i = 1, 2, \dots, N)$. Bei der Mittelung dieser Summanden erhalten wir NE$(\delta E)^2$. Das Quadrieren ergibt ferner mehrere Summanden, die für gewöhnlich als gemischte Glieder bezeichnet werden; das sind Summanden der Form $2\delta E_i \delta E_j$, wobei $i \neq j$ ist. Nach der Mittelung ergibt jeder dieser Summanden eine Null. In der Tat ist E$(\delta E_i \delta E_j)$ = E(δE_i)E(δE_i). Was die Mittelwerte E(δE_i) und E(δE_j) anbelangt, so sind sie gleich null, weil die Größenabweichungen vom Mittelwert nach beiden Seiten gleich erfolgen. Also gilt

$$\text{Var}U = N E(\delta E)^2 = N \text{Var}E \ . \tag{4.41}$$

Unter Ausnutzung von (4.35) erhalten wir den folgenden Term für die quadratische Fluktuation der inneren Gasenergie:

$$\text{Var}U = 3/2 \cdot N(kT)^2. \tag{4.42}$$

Die relative Fluktuation der inneren Energie ist gleich

$$\xi = \frac{\sqrt{\mathrm{Var}\,U}}{\mathrm{E}U} = \sqrt{2/3}\,\frac{1}{\sqrt{N}}\ .\tag{4.43}$$

Wir stellen damit fest, daß die relative Fluktuation der inneren Energie des aus N Molekülen bestehenden Gases proportional zu $1/\sqrt{N}$ ist, d.h., sie ist sehr gering (wir erinnern uns, daß ein Kubikzentimeter Gas bei normalem Druck etwa 10^{19} Moleküle enthält). Für alle Makrogrößen gilt $\xi \sim 1/\sqrt{N}$, was es uns erlaubt, ihre Fluktuationen in der Praxis zu vernachlässigen, indem Mittelwerte der Makrogrößen als Istwerte behandelt werden. In der Abbildung 4.11 werden Fluktuationen für die Mikrogröße E und die Makrogröße U gegenübergestellt.

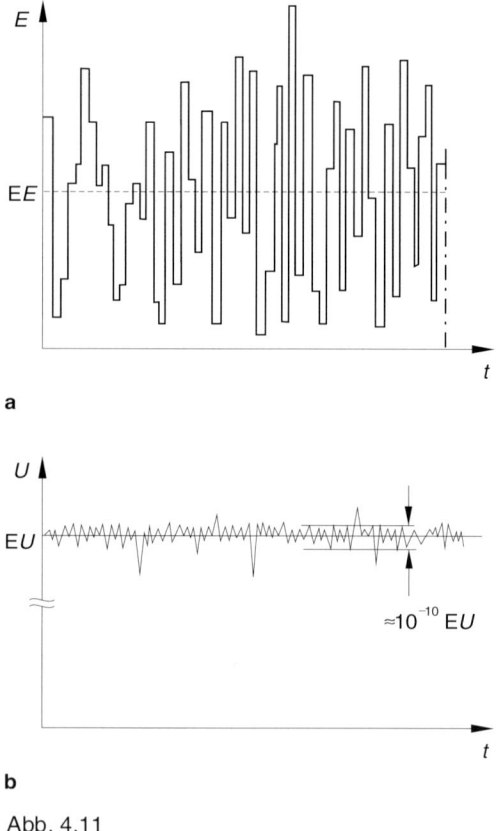

Abb. 4.11

Die vollständige innere Energie U ist also keine feststehende Größe für den gegebenen Gleichgewichtszustand eines makroskopischen Objekts. Sie schwankt leicht in der Zeit, indem sie kleine Fluktuationen um ihren Mittelwert erlebt. Auf die gleiche Weise schwanken der Druck, die Temperatur und die Entropie um ihre Mittelwerte.

Brownsche Bewegung. Das Ergebnis (4.43) läßt den Leser wohl zu dem Schluß kommen, daß die Fluktuationen unter normalen Verhältnissen, wo wir mit makroskopischen Objekten und den sie kennzeichnenden Makrogrößen zu tun haben, nicht kenntlich gemacht werden können. Die Fluktuationen lassen sich allerdings mit bloßem Auge beobachten. Als Beispiel können wir die *Brownsche Bewegung* anführen.

Im Jahre 1827 untersuchte der englische Biologe Robert Brown unter dem Mikroskop eine Aufschwemmung kleiner Teilchen (des Blütenstaubs) im Wasser und entdeckte, daß sie sich chaotisch bewegen. Er war sicher, daß diese Bewegung nicht auf Ströme in der Flüssigkeit und nicht auf eine langsame Verdunstung des Wassers zurückzuführen ist, sondern den Teilchen selbst innewohnt.

Eine richtige Erklärung der Natur der Brownschen Bewegung gab Albert Einstein (1879 – 1955) im Jahre 1905. Er bewies, daß die Brownsche Bewegung durch den chaotischen Beschuß der aufgeschwemmten kleinen Teilchen von Molekülen der umgebenden Flüssigkeit verursacht wird, die sich in thermischer Bewegung befinden.

Stellen wir uns einmal vor, daß eine kleine Scheibe von etwa 10^{-4} cm Durchmesser in einer Flüssigkeit aufgeschwemmt wird. Die Moleküle der Flüssigkeit prallen – bezogen auf eine Zeiteinheit – gegen eine Seite der Scheibe ebensooft wie gegen die andere. Die gleiche Häufigkeit wird allerdings nur im Durchschnitt eingehalten. In Wirklichkeit jedoch kann die Anzahl der Wiederholungen eines solchen Aufpralls gegen eine Scheibenseite innerhalb eines kurzen Zeitabschnitts viel größer sein als diese Anzahl gezählt gegen die andere Seite. Als Ergebnis bekommt die Scheibe einen nicht ausgewogenen Stoß und vollführt einen Sprung in eine entsprechende Richtung. Wir können sagen, daß die Scheibenbewegung auf *Fluktuationen des Druckes*, den die Flüssigkeitsmoleküle auf verschiedene Scheibenseiten ausüben, zurückzuführen ist.

Einstein untersuchte ein konkretes physikalisches Modell, indem er eine Kugel als Brownsches Teilchen nahm. Er zeigte, daß sich das mittlere Quadrat der Verschiebung L eines solchen Teilchens während der Beobachtungszeit t durch die Formel

$$\mathrm{E}\,L^2 = \frac{\tau}{8\pi\eta\,r}\,kT \qquad\qquad (4.44)$$

beschreiben läßt, wobei r der Kugelradius, h der Viskositätskoeffizient der Flüssigkeit, T ihre Temperatur sind.

Warum ist der Himmel blau? Das Blau des Himmels ist auf die Streuung der Sonnenstrahlen in der Erdatmosphäre zurückzuführen. Stellen wir uns vor, daß es in der Luft eine Unmenge an kleinen Würfelzellen gibt, deren Kantenlänge der Lichtwellenlänge (ca. $0,5 \cdot 10^{-4}$ cm) entspricht. Die chaotische Bewegung der Luftmoleküle bewirkt, daß sich die Anzahl der Moleküle im Würfelbereich zufällig von Würfel zu Würfel verändert. Sie wird sich auch im Bereich eines Würfels zufällig ändern, wenn wir Beobachtungen zu verschiedenen Zeitpunkten anstellen. An diesen *Fluktuationen der Luftdichte*, die in recht geringen Umfängen auftreten, erfolgt eben die Streuung des Lichtes.

Gemäß der modernen Theorie läßt sich die Intensität des Lichtes ΔI, das vom Luftvolumen ΔV in einem Abstand r vom Beobachter gestreut wird, durch die

Formel

$$\Delta I = a \, \frac{\Delta V}{r^2} \, \frac{1}{\lambda^4} \, kT \qquad\qquad (4.45)$$

beschreiben, wobei λ die Lichtwellenlänge, T die Lufttemperatur, a ein Proprtionalitätsfaktor, den wir hier nicht entschlüsseln werden, sind. Aus (4.45) ergibt sich, daß die Lichtstreuung umso intensiver erfolgt, je geringer die Wellenlänge ($\Delta I \sim 1/\lambda^4$) ist. Deshalb verschiebt sich das Spektrum des in der Erdatmosphäre gestreuten Lichtes zum *Kurzwellenbereich* hin, wodurch sich die beobachtete *blaue* Himmelsfarbe erklären läßt.

Die Nyquistsche Formel. Das Ohmsche Gesetz besagt, daß durch einen Stromkreis kein Strom fließen wird, wenn die elektromotorische Kraft (EMK) im Stromkreis ausbleibt. Das stimmt allerdings nicht ganz. Das liegt daran, daß Fluktuationen, die von der thermischen Bewegung der Elektronen im Stromleiter verursacht werden, das Auftreten der Fluktuationsströme bewirken. Deshalb kann gesagt werden, daß eine Fluktuations-EMK wirksam ist. Im Jahre 1927 zeigte der amerikanische Physiker Harry Nyquist (1889 – 1976), daß an den Enden eines Stromleiters mit dem Widerstand R, der die Temperatur T aufweist, die *Spannungsfluktuation* δV entsteht, deren mittleres Quadrat durch die Formel

$$E(\delta V)^2 = 4RkT\Delta v \qquad\qquad (4.46)$$

beschrieben werden kann, wobei Δv der Frequenzbereich ist, in dem die Spannungsfluktuationen gemessen werden.

Fluktuationen elektrischer Größen spielen in modernen Geräten eine große Rolle. Sie verursachen Geräusche in Nachrichtenkanälen, die grundsätzlich nicht zu beseitigen sind, sie sind für die Empfindlichkeitsgrenze der Meßgeräte ausschlaggebend. Neben Fluktuationen, die von der thermischen Elektronenbewegung in Stromleitern herrühren, sei noch auf einen wichtigen Typ von Fluktuationen hingewiesen, nämlich auf die Fluktuationen vieler Elektronen, die der erhitzten Katode der Elektronenstrahlröhre entweichen.

Fluktuationen und Temperatur. Betrachten wir nochmals die Ausdrücke (4.35) und (4.42). Es ist ersichtlich, daß die quadratische Fluktuation mit der absoluten Temperatur zusammenhängt: $\sqrt{\mathrm{Var}(\cdot)} \sim T$. Das besagen auch die Gleichungen (4.44) und (4.46). Der Zusammenhang zwischen der quadratischen Fluktuation einer physikalischen Größe und der Temperatur hat einen tiefen Sinn. Je höher die absolute Temperatur eines Körpers ist, desto stärker fluktuieren seine physikalischen Parameter.

Wie bereits gesagt, läßt sich die Körpertemperatur als Maß der mittleren Energie der Körperteilchen einsetzen. Es sei bemerkt, daß dieses nur unter der Voraussetzung stimmt, daß sich ein Körper im thermischen Gleichgewicht befindet. Wenn der Zustand einer Teilchengesamtheit jedoch fern vom Gleichgewicht ist (angenommen, es handele sich um den kosmischen Regen oder um ein beschleunigtes Teilchenbündel), so läßt sich die mittlere Teilchenenergie in diesem Fall nicht durch Temperaturmessungen ermitteln. Eine allgemeinere Behandlung des Begriffs Temperatur setzt ihren Zusammenhang nicht mit der mittleren Teilchenenergie, sondern mit Fluktuationen der physikalischen Körperparameter voraus. Dabei kann die Temperatur als Maß der Fluktuationen eingesetzt werden. Bei der Messung der Fluktuationen kann im Prinzip die absolute Temperatur der Körper ermittelt werden. Dafür eignen sich die Fluktuationen elektrischer Größen bestens.

Der Zusammenhang zwischen der Temperatur und den Fluktuationen weist insbesondere darauf hin, daß der Begriff Temperatur strenggenommen kein Analogon in der Newtonschen Mechanik hat. Die Temperatur setzt Wahrscheinlichkeitsvorgänge voraus und tritt als Maß der Dispersion zufälliger Größen auf.

Entropie und Wahrscheinlichkeit

Von der Formel der Arbeit, die ein Gas bei seiner isothermen Expansion verrichtet, zur Boltzmannschen Formel. Angenommen, wir haben ein ideales Gas mit der Masse m und der Temperatur T, das vom Volumen V_1 zum Volumen V_2 isotherm expandiert. Entsprechend Gleichung (4.6) ist die Arbeit, die ein Gas bei der isothermen Expansion verrichtet, gleich $(mRT/M)\ln(V_2/V_1)$. Gleichzeitig wird die Arbeit durch die Wärmemenge Q verrichtet, die das Gas den umgebenden Körpern entnimmt. Daraus folgt, daß

$$Q = \frac{mRT}{M} \cdot \ln\frac{V_2}{V_1} \tag{4.47}$$

ist. Durch Einsetzen des Ausdruckes (4.24) in die Zustandsgleichung des idealen Gases läßt sich (4.47) zu

$$Q = NkT \ln\frac{V_2}{V_1} \tag{4.48}$$

umformen, wobei N die Anzahl der Moleküle im Gas darstellt. Unter Beachtung von (4.10) kommen wir zu dem Schluß, daß die Zunahme der Gasentropie

$$\Delta S = Nk \ln\frac{V_2}{V_1} \tag{4.49}$$

beträgt. Die isotherme Gasexpansion ist ein *reversibler* Vorgang. Die Zunahme der Entropie beim reversiblen Vorgang darf den Leser nicht verwundern: Wir behandeln die Gasentropie, doch das Gas stellt hier kein abgeschlossenes System dar (es verrichtet am Kolben eine Arbeit, bezieht die Wärme von außen). Die gleiche Zunahme der Entropie wird beim *irreversiblen* Vorgang der Gasexpansion von V_1 bis V_2 zu verzeichnen sein, wenn das Gas ein abgeschlossenes System darstellt. Diesen irreversiblen Vorgang können wir wie folgt ablaufen lassen: Wir nehmen an, daß es im wärmeisolierten Gefäß mit dem Volumen V_0 eine Zwischenwand gibt. Das gesamte Gas befindet sich zunächst in der ersten Gefäßhälfte, nimmt also das Volumen V_1 ein. Die Zwischen-

wand wird entfernt, und es beginnt die Gasexpansion in die Leere. Den Expansions-
vorgang werden wir vom Zeitpunkt der Entfernung der Zwischenwand bis zum Zeitpunkt betrachten, wo das Gas das Volumen V_2 eingenommen hat. Die Entropiezunahme
läßt sich bei diesem Vorgang auch durch die Formel (4.49) beschreiben. Unter Verwendung des Beispiels mit der Gasexpansion in die Leere kann die Entropiezunahme
auf der Basis von *Wahrscheinlichkeiten* erklärt werden. Die Wahrscheinlichkeit, daß
sich ein Gasmolekül im Volumen V_1 befinden wird, ist offensichtlich gleich V_1/V_0. Für
die Wahrscheinlichkeit, daß sich zugleich mit dem ersten noch ein anderes Molekül im
Volumen V_1 befinden wird, gilt $(V_1/V_0)^2$. Die Wahrscheinlichkeit, daß sich alle N
Moleküle im Volumen V_1 versammeln, beträgt also $(V_1/V_0)^N$. Wir bezeichnen mit p_1 und
p_2 die Wahrscheinlichkeiten, daß sich alle Moleküle jeweils im Volumen V_1 und V_2
befinden. Die erste Wahrscheinlichkeit ist gleich $(V_1/V_0)^N$ die zweite $(V_2/V_0)^N$. Somit
erhalten wir das Verhältnis

$$\frac{p_2}{p_1} = \left(\frac{V_2}{V_1}\right)^N .$$

(4.50)

Unter Einsatz von (4.50) erhalten wir aus (4.49):

$$\Delta S = Nk \ln\frac{V_2}{V_1} = k \ln\left(\frac{V_2}{V_1}\right)^N = k \ln\frac{p_2}{p_1} .$$

(4.51)

Durch recht einfache Überlegungen kamen wir zu einem wichtigen Ergebnis – zur
berühmten Boltzmannschen Formel.

Die Boltzmannsche Formel. Im Jahre 1872 veröffentlichte Ludwig Boltzmann
(1844 – 1906) eine Erkenntnis, die besagt, daß die Entropie eines Systems in einem
gewissen Zustand proportional dem *Logarithmus der Zustandswahrscheinlichkeit* ist.
Der Proportionalitätsfaktor in dieser Formel wurde später konkretisiert und *Boltzmannsche Konstante* genannt. In der modernen Schreibweise sieht die Boltzmannsche
Formel wie folgt aus:

$$S = k \cdot \ln p .$$

(4.52)

Es ergibt sich (4.51) aus (4.52), wenn $S_1 = k \cdot \ln p_1$ und $S_2 = k \cdot \ln p_2$ sind und wenn
angenommen wird, daß $\Delta S = S_2 - S_1$ ist.

Wir nehmen an, daß ein System aus zwei Teilsystemen besteht. Das eine befinde
sich im Zustand 1 mit der Entropie S_1 und der Wahrscheinlichkeit p_1, das andere im
Zustand 2 mit der Entropie S_2 und der Wahrscheinlichkeit p_2. Wir bezeichnen die
Entropie und die Zustandswahrscheinlichkeit des Systems jeweils mit S und p. Die
Entropie ist additiv, deshalb gilt

$$S = S_1 + S_2 .$$

(4.53)

Der behandelte Zustand wird realisiert, wenn sich zugleich das erste Teilsystem im
Zustand 1 und das zweite im Zustand 2 befinden. Gemäß dem Theorem der Multipli-

kation der Wahrscheinlichkeiten ist

$$p = p_1 \cdot p_2 \ .$$

Wir sehen, daß (4.53) mit der Boltzmannschen Formel übereinstimmt:

$$S = k \ln (p_1 \cdot p_2) = k \ln p_1 + k \ln p_2 = S_1 + S_2 \ .$$

Makro- und Mikrozustände des Systems. Was ist unter der *Zustandswahrscheinlich-keit des Systems* in der Boltzmannschen Formel zu verstehen? Um dieses zu erklären, führen wir die Begriffe *Makro-* und *Mikrozustände* ein.

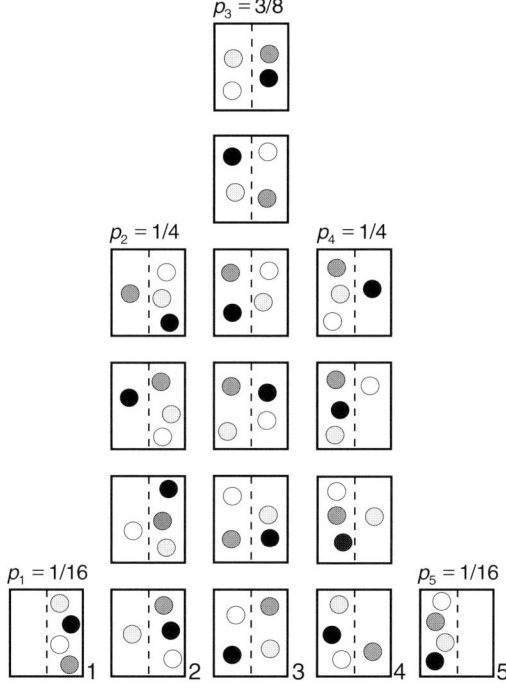

Abb. 4.12

Wir betrachten ein einfaches System, das nur aus vier Teilchen besteht. Jedes Teilchen kann sich mit gleicher Wahrscheinlichkeit in einem von zwei Zuständen befinden. Wir stellen uns ein Gefäß vor, das in zwei Hälften geteilt ist (in eine rechte und eine linke), die völlig gleich sind. Im Gefäß befinden sich nur vier Moleküle. Jedes Molekül kann in der rechten bzw. linken Hälfte mit gleicher Wahrscheinlichkeit entdeckt werden. Es sind fünf Makrozustände dieses Systems möglich: 1 – in der linken Hälfte gibt es kein einziges Molekül, 2 – in der linken Hälfte befindet sich ein Molekül, 3 – in der linken Hälfte befinden sich zwei Moleküle, 4 – in der linken Hälfte befinden sich drei Moleküle, 5 – in der linken Hälfte befinden sich vier Moleküle. Verschiedene Makrozustände lassen sich durch eine *verschiedene Anzahl der gleichwahrscheinlichen Verfahren* verwirklichen, mit anderen Worten, verschiedenen Makrozuständen entspricht eine unterschiedliche Anzahl der Mikrozustände. Das ist aus der Abbildung 4.12 ersichtlich, wo verschiedene Moleküle verschieden markiert sind. Man kann sehen, daß die Makrozustände 1 und 5 nach einem Verfahren verwirklicht werden können. Jedem von ihnen entspricht ein Mikrozustand. Den Makrozuständen 2 und 4 entsprechen je vier Mikrozustände. Dem Makrozustand 3 entsprechen sechs Mikrozustände, dieser Makrozustand läßt sich durch sechs gleichwahrscheinliche Verfahren realisieren. Wir haben es also insgesamt mit 16 Mikrozuständen zu tun. Sie alle sind gleichwahrscheinlich. Die Wahrscheinlichkeit eines Makrozustands ist *proportional zur Anzahl der ihm entsprechenden Mikrozustände.* Gerade diese Wahrscheinlichkeit wurde in die Boltzmannsche Formel aufgenommen. Es sei darauf hingewiesen, daß die Anzahl der Mikrozustände, die dem jeweiligen Makrozustand entsprechen, als *statistisches Gewicht* des Makrozustands bezeichnet wird.

Wir nehmen nun an, daß es im Gefäß, das in zwei Hälften geteilt ist, nicht vier, sondern N Moleküle gibt. In diesem Fall haben wir es mit $N+1$ Makrozuständen zu tun, die sich mit den Zahlen 0, 1, 2, 3, ..., N je nach der Anzahl der Moleküle bezeichnen lassen, die sich, sagen wir, in der linken Gefäßhälfte befinden. Das statistische Gewicht des n-ten Makrozustands ist gleich der Anzahl der Kombinationen aus insgesamt N Elementen zu je n:

$$C_N^n = \frac{N!}{(N-n)!n!} \quad . \tag{4.54}$$

Das ist die Anzahl der Mikrozustände, die dem n-ten Makrozustand entspricht. Die volle Anzahl der Mikrozustände läßt sich durch die Summe

$$\sum_{n=0}^{N} C_N^n$$

beschreiben. Für die Wahrscheinlichkeit des n-ten Makrozustandes gilt

$$p_n = \frac{C_N^n}{\sum_{n=0}^{N} C_N^n} \quad . \tag{4.55}$$

Ein Beispiel für den Einsatz der Boltzmannschen Formel. Wir nehmen an, daß ein Gas, bestehend aus N Molekülen, in die leere Hälfte expandiert. Sein Volumen verdoppelt sich. Es gilt, die Zunahme der Gasentropie festzustellen.

Der *Anfangszustand* des Gases ist der Makrozustand mit $n = 0$ (alle Moleküle befinden sich in der rechten Gefäßhälfte), der *Endzustand* der Makrozustand mit $n = N/2$ (die Moleküle verteilen sich gleichmäßig über beide Gefäßhälften, was einer Verdopplung des Gasvolumens entspricht). Wir nehmen hier an, daß N eine gerade Zahl (bei großen N-Werten ist diese Annahme unwesentlich) sei. Entsprechend (4.54) und (4.55) schreiben wir:

$$\frac{p_{N/2}}{p_0} = \frac{C_N^{N/2}}{C_N^n} = C_N^{N/2} = \frac{N!}{(N/2)!(N/2)!} \quad . \tag{4.56}$$

Laut der Boltzmannschen Formel beträgt die gesuchte Zunahme der Gasentropie

$$\Delta S = k \cdot \ln \frac{p_{N/2}}{p_0} = k \cdot \ln \frac{N!}{(N/2)!(N/2)!} \quad . \tag{4.57}$$

Da N eine sehr große Zahl ist, benutzen wir die Näherungsformel

$$\ln (N)! \approx N \ln N \quad , \tag{4.58}$$

wonach das Ergebnis (4.57) die folgende Form annimmt:

$$\Delta S = k \cdot N \ln 2. \tag{4.59}$$

Das gleiche Ergebnis folgt aus (4.49), wenn $V_2/V_1 = 2$ angenommen wird.

Die Entropie als Maß der Unordnung im System. Wir betrachten noch einmal die Abbildung 4.12. Die Makrozustände 1 und 5 lassen eine bestimmte Struktur des Systems eindeutig erkennen – das System ist in zwei Hälften geteilt. In der einen Hälfte gibt es Moleküle, in der anderen nicht. Der Makrozustand 3 läßt hingegen die genannte Struktur gar nicht erkennen, weil die Moleküle über beide Hälften gleichmäßig verteilt sind. Ist eine bestimmte innere Struktur vorhanden, sprechen wir von der *Ordnung* im System; ist das nicht der Fall, wird von der *Unordnung* gesprochen. Je höher der Ordnungsgrad eines Makrozustands ist, desto geringer ist sein statistisches Gewicht, um so kleiner auch die Anzahl der entsprechenden Mikrozustände. Die ungeordneten Makrozustände, für die das Fehlen einer inneren Struktur kennzeichnend ist, haben ein großes statistisches Gewicht. Sie lassen sich nach vielen Verfahren realisieren, mit anderen Worten, durch viele Mikrozustände.

Dadurch können wir die Entropie als *Maß der Unordnung im System* bezeichnen. Je größer die Unordnung im gegebenen Makrozustand ist, desto größer ist sein statistisches Gewicht und damit seine Entropie.

Statistische Erklärung des zweiten Hauptsatzes der Thermodynamik. Die Boltzmannsche Formel erlaubt, die vom zweiten Hauptsatz der Thermodynamik postulierte Zunahme der Entropie bei irreversiblen Vorgängen in einem abgeschlossenen System sehr einfach zu erklären. Die *Zunahme der Entropie* bedeutet, daß sich ein Systemübergang aus *weniger wahrscheinlichen* zu *mehr wahrscheinlichen Zuständen* vollzieht. Das Beispiel mit der Gasexpansion in die Leere veranschaulicht diese Behauptung: Bei seiner Expansion ging das Gas aus weniger wahrscheinlichen in mehr wahrscheinliche Makrozustände über.

Alle Prozesse laufen in abgeschlossenen Systemen derart ab, daß die Entropie dabei nicht abnimmt. Das bedeutet, daß allen in der Wirklichkeit ablaufenden Prozessen

Übergänge in mehr wahrscheinliche Zustände oder zumindest Übergänge zwischen gleichwahrscheinlichen Zuständen entsprechen.

Bei der wahrscheinlichkeitsbezogenen Auffassung tritt die Entropie als Maß der Unordnung im System auf. Das Gesetz der *Zunahme der Entropie in abgeschlossenen Systemen* ist folglich das Gesetz der Zunahme des Unordnungsgrades in diesen Systemen. Um es anders auszudrücken, entspricht der Übergang aus weniger wahrscheinlichen zu mehr wahrscheinlichen Zuständen den Übergängen von der Ordnung zur Unordnung. Schlägt zum Beispiel ein Hammer gegen den Amboß, so geht die geordnete Komponente der Bewegung der Hammermoleküle, verknüpft mit der fortschreitenden Bewegung des Hammers als Ganzem, in ungeordnete thermische Bewegung der Amboß oder Hammermoleküle über. Die *Energiemenge* bleibt in einem abgeschlossenen System im Laufe der Zeit konstant. Es verändert sich jedoch die *Energiequalität*. So sinkt zum Beispiel die Fähigkeit der Energie, eine nützliche Arbeit zu leisten. Die Zunahme der Entropie im abgeschlossenen System ist eigentlich eine langsame Zerstörung des Systems. Jedes abgeschlossene System kommt mit der Zeit unumgänglich in Unordnung und zerstört sich. Eine Isolation des Systems liefert es den zerstörenden Zufällen aus, die das System immer auf den Weg zur Unordnung lenken. Der französische Wissenschaftler Leon Brillouin sagte einmal, daß der zweite Hauptsatz der Thermodynamik vom Tod infolge der Isolation spreche.

Um den Ordnungsgrad eines Systems konstant zu halten, geschweige denn zu erhöhen, muß das System *geregelt* werden. Für die Regelung muß eine *Isolation des Systems*, wenn vorhanden, aufgehoben werden. Das System darf nicht abgeschlossen sein – das ist die erste Voraussetzung für die Regelung. Freilich wird ein System, das seine „Schutzhülle" eingebüßt hat, den äußeren desorganisierenden Faktoren verschiedener Art preisgegeben. Zugleich aber werden auch die regelnden Faktoren wirksam. Durch die Einwirkung der letzteren kann die Systementropie sinken. Das steht allerdings in keinem Widerspruch zum zweiten Hauptsatz der Thermodynamik: Das Absinken der Entropie hat einen lokalen Charakter – es verringert sich lediglich die Entropie des gegebenen Systems. Diese Verringerung läßt sich durch den Anstieg der Entropie in anderen Systemen mit Überschuß ausgleichen, insbesondere in den Systemen, die das gegebene System zu regeln haben.

Der zweite Hauptsatz der Thermodynamik und Fluktuationen. Die Wahrscheinlichkeitsauffassung gestattete nicht nur, den zweiten Hauptsatz der Thermodynamik zu erklären, sondern zeigte auch, daß seine Forderungen nicht kategorisch sind. Die vom zweiten Hauptsatz diktierte Entwicklungsrichtung der Prozesse ist nicht streng prädestiniert. Es handelt sich lediglich um die *wahrscheinlichste* Entwicklungsrichtung. Im Prinzip sind Verletzungen des zweiten Hauptsatzes der Thermodynamik zulässig. Für gewöhnlich sind keine solchen zu verzeichnen, weil sie *wenig wahrscheinlich* sind. Ein Gas expandiert von allein in die Leere. Das entspricht der wahrscheinlichsten Entwicklungsrichtung. Im Prinzip ist jedoch eine Situation möglich, wenn auch wenig wahrscheinlich, wo sich plötzlich solch eine Orientierung der Molekülgeschwindigkeiten im Gas ergibt, bei der das Gas sich von allein komprimiert. Ihre sehr geringe Wahrscheinlichkeit beruht auf der riesengroßen Anzahl der Moleküle in jedem Gasmakrovolumen. Die spontane Gaskompression sollten wir als Fluktuation der Gasdichte betrachten. Je mehr Moleküle im Gas sind, desto geringer wird bekanntlich die charakteristische Größe der relativen Fluktuation (es sei daran erinnert, daß diese sich proportional zu $1/\sqrt{N}$ verhält), um so weniger wahrscheinlich wird also die Beobachtung dieser Fluktuation in unserer Makrowelt sein. Gesetzt den Fall, die behandelte Erscheinung verlange die Teilnahme einer relativ geringen Anzahl von Molekülen. In diesem Fall wären bereits Fluktuationen verschiedener Art zu verzeichnen, die von Verletzungen des zweiten Hauptsatzes der Thermodynamik zeugen. Im vorausgegangenen Abschnitt handelte es sich um Fluktuationen der Luftdichte im Bereich eines recht kleinen Volumens, dessen lineare Abmessungen mit der Lichtwellenlänge vergleichbar sind. Diese Fluktuationen treten in spontanen Luftverdichtungen und -verdünnungen zutage, die nämlich die beobachtete blaue Farbe des Himmels bewirken.

Am wahrscheinlichsten ist es, daß ein Brownsches Teilchen der gleichen Anzahl von Stößen der Flüssigkeitsmoleküle von allen Seiten je Zeiteinheit ausgesetzt wird. Wegen der sehr geringen Größe des Teilchens sind ohne weiteres Druckfluktuationen möglich, wenn die Stöße von verschiedenen Seiten unterschiedlich häufig erfolgen, so daß das Teilchen in eine Richtung springen muß. Beim nächsten Sprung zeigt das Brownsche Teilchen anschaulich, wie sich von allein die der Flüssigkeit entnommene Wärme in die kinetische Energie der fortschreitenden Teilchenbewegung umwandelt.

Wir stellen somit fest, daß die Wahrscheinlichkeitsauffassung der Entropie und zugleich auch des zweiten Hauptsatzes der Thermodynamik einer tieferen Erkenntnis der Natur der in Makrosystemen ablaufenden Prozesse Rechnung trägt. Die den Zufall berücksichtigende Auffassung läßt nicht nur alle Rätsel erklären, die die Thermodynamik aufgab. Diese Auffassung ergibt mehr – sie läßt erkennen, daß der zweite Hauptsatz der Thermodynamik selbst *Zufallscharakter* trägt, daß er nur im Durchschnitt eingehalten wird, daß Fluktuationen aller Art diesen Hauptsatz ständig verletzen. Wir kommen zu einem wichtigen Schluß: *Dem zweiten Hauptsatz der Thermodynamik liegen nicht streng determinierte, sondern wahrscheinlichkeitsbedingte Gesetzmäßigkeiten zugrunde.*

Entropie und Information

Zusammenhang zwischen der Entropie und der Information. Im dritten Kapitel wurde gezeigt, daß der Begriff Information auf der Wahrscheinlichkeit beruht. Jetzt konnten wir uns davon überzeugen, daß die Wahrscheinlichkeit auch der Entropie zugrundeliegt. Es ist kein Zufall, daß die *Information* und die *Entropie* gleicher Natur sind. Die Zunahme der Entropie entspricht einem Systemübergang aus weniger geordneten zu mehr geordneten Zuständen. Dieser Übergang geht mit einer Verringerung der Informationsmenge einher, die eine Systemstruktur beinhaltet. Die Unordnung und Ungewißheit können als Mangel an Informationen betrachtet werden. Ihrerseits ist die Information nichts anderes als eine Reduzierung der Ungewißheit.

Gemäß dem zweiten Hauptsatz der Thermodynamik nimmt die Entropie eines abgeschlossenen Systems im Laufe der Zeit zu. Dieser Vorgang entspricht dem im dritten Kapitel behandelten Prozeß, bei dem Information infolge der Wirkung zufälliger Faktoren eingebüßt wird.

Die Fluktuationen physikalischer Parameter verursachen zufällige Verletzungen des zweiten Hauptsatzes der Thermodynamik. Es sind zufällige Abnahmen der Entropie zu verzeichnen. Diese Prozesse entsprechen den früher behandelten Erscheinungen, bei denen die Information aus dem Rauschen erzeugt wird. Durch gewisse Einwirkungen auf ein System läßt sich seine Entropie reduzieren (auf Kosten der Erhöhung der

Entropie anderer Systeme). Es geht hierbei um den Regelungsvorgang, der die Benutzung bestimmter Informationen voraussetzt.

Diese Tatsachen lassen auf eine Beziehung zwischen der Information und der Entropie schließen. Der ungarische Physiker Leo Szilard (1898 – 1964) war der erste, der auf diese Beziehung 1929 hinwies. Wenn also die *Entropie Maß der Unordnung*, Ungewißheit im System ist, so ist die *Information* hingegen *Maß der Ordnung* und der strukturellen Definiertheit. Dem Anstieg des Informationsgehalts entspricht die Abnahme der Entropie und umgekehrt, der Abnahme von Informationen entspricht die Zunahme der Entropie.

Boltzmannsche Formel und Hartleysche Formel. Uns ist die Hartleysche Formel bekannt (siehe Gleichung (3.1)), gemäß der die für die Ermittlung eines der N gleichwahrscheinlichen Ergebnisse erforderliche Information $I = \log_2 N_1$ beträgt. N_1 sei die Anzahl der Gleise auf einem Bahnhof. Der Dispatcher soll das Steuersignal zur Lenkung des kommenden Zuges auf ein Gleis schicken, das für den Zug bestimmt ist. Bei der Signalabgabe trifft der Dispatcher eine Wahl unter N_1 gleichwahrscheinlichen Ergebnissen. Dieses Steuersignal enthält die Information $I_1 = \log_2 N_1$. Wir nehmen ferner an, daß manche Gleise in Reparatur sind, so daß der Dispatcher lediglich unter N_2 Ergebnissen ($N_2 < N_1$) zu wählen hat. In diesem Fall enthält sein Steuersignal die Information $\log_2 N_2$. Die Differenz

$$\Delta I = I_1 - I_2 = \log_2 \frac{N_1}{N_2} \qquad (4.60)$$

ist die Information über die Instandsetzung mancher Gleise beziehungsweise die Information, die für eine Reduzierung der Anzahl der gleichwahrscheinlichen Ergebnisse von N_1 auf N_2 erforderlich ist.

Vergleichen wir die Existenz von N gleichwahrscheinlichen Ergebnissen mit der Anzahl N der gleichwahrscheinlichen Mikrozustände, d.h. mit dem statistischen Gewicht N eines Makrozustands. Gemäß der Boltzmannschen Formel bedeutet die Abnahme des statistischen Gewichts der Makrozustände von N_1 auf N_2 eine Zunahme der Systementropie:

$$\Delta S = -k \ln \frac{N_1}{N_2} \quad . \qquad (4.61)$$

Wir setzten hier das Vorzeichen Minus, weil die Entropie bei einer Verringerung des statistischen Gewichts abnimmt (die Zunahme ist negativ). Entsprechend (4.60) setzt die Zunahme der behandelten negativen Entropie eine Zunahme der Information $\Delta I = \log_2 (N_1/N_2)$ voraus. Nun stellen wir (4.60) und (4.61) einander gegenüber. Dabei beachten wir, daß $\log_2 (N_1/N_2) = \dfrac{\ln (N_1/N_2)}{\ln 2}$ ist und erhalten:

$$\Delta S = -\Delta I \frac{k}{\ln 2} \quad . \qquad (4.62)$$

Somit entspricht der Zunahme der Information ΔI eine Abnahme der Systementropie von $\Delta I \cdot k/\ln 2$.

Norbert Wiener pflegte zu sagen, daß die Information negative Entropie sei. Louis Brillouin schlug vor, nicht den Ausdruck „negative Entropie", sondern „Negentropie" zu verwenden.

Maxwellscher Dämon und seine Vertreibung. Im Jahre 1871 beschrieb Maxwell die folgende denkbare Situation, die wie ein Paradoxon aussah. Ein Gefäß mit Gas sei in zwei Hälften (A und B) durch eine Zwischenwand geteilt. In der Zwischenwand gebe es ein kleines Loch mit einem Ventil. Nehmen wir an, überlegte Maxwell, daß ein Wesen (er nannte es Dämon) das Ventil bedient. Es macht das Loch zu oder auf, um die schnellsten Moleküle aus der Gefäßhälfte A in die Hälfte B, die langsamsten Moleküle hingegen aus der Hälfte B in die Hälfte A passieren zu lassen. Im Ergebnis bewirkt der Dämon eine Temperaturerhöhung in der Hälfte B und eine Temperaturabnahme in der Hälfte A, ohne dabei eine Arbeit zu leisten, was offensichtlich dem zweiten Hauptsatz der Thermodynamik widerspricht. Bei der Betrachtung der Abbildung 4.13 mit dem Maxwellschen Dämon darf der Leser freilich nicht an einen bösen Geist denken. Es handelt sich vielmehr um eine Vorrichtung, die die Öffnung zu- und aufmacht, die die oben beschriebene „dämonische" Wirkungsweise haben könnte.

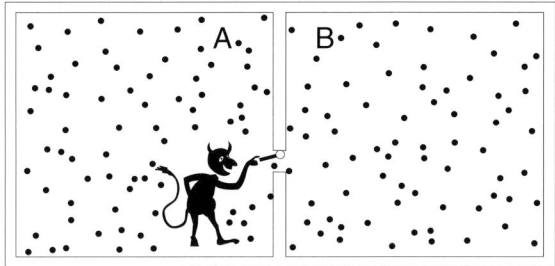

Abb. 4.13

Im Prinzip können wir uns drei Typen solcher Vorrichtungen vorstellen. Als erstes wäre eine Vorrichtung denkbar, die von den im Gefäß befindlichen Gasmolekülen gesteuert werden könnte. Stellen wir uns vor, es gäbe eine Tür, die sich nur nach rechts (oder nach links) öffnen läßt und auf die Energie der aufprallenden Moleküle reagiert: Die schnellen Moleküle öffnen sie, die langsamen nicht. Um auf Stöße einzelner Moleküle zu reagieren, müßte die Tür phantastisch leicht sein. Diese Tür, auch wenn wir sie herzustellen vermochten, könnte jedoch nicht die „dämonischen" Funktionen übernehmen. Auf sie würden gleichermaßen sowohl Fluktuationen bei der Bewegung der Gasmoleküle als auch Fluktuationen infolge der thermischen Bewegung der Stoffmoleküle einwirken, da sie ja aus einem Stoff gefertigt ist. Diese Tür hätte eine chaotische Wirkungsweise und könnte die Sortierung der Moleküle nicht übernehmen.

Der zweite Typ des Dämons wäre eine von außen bedienbare Vorrichtung. Nehmen wir an, daß wir auf irgendeine Weise Moleküle überwachen können, die das Loch in der Zwischenwand anfliegen. Die Kontrolleinrichtung sorgt für die jeweilige Signalgabe zum gewünschten Zeitpunkt, und das Ventil geht auf oder zu. Ohne technische Probleme zu berücksichtigen, müssen wir zugeben, daß ein solches Verfahren zur Sortierung der Moleküle im Prinzip möglich ist. Es kommt jedoch nicht in Frage, weil der Maxwellsche Dämon in einem *abgeschlossenen* System wirken soll. Das ist grundsätzlich wichtig, weil gerade in einem abgeschlossenen System die Entropieabnahme dem zweiten Hauptsatz widerspricht. Unser System ist jedoch nicht abgeschlossen, der Dämon bezieht Informationen von außen. Die Gewinnung von Informationen kann als Zufluß der negativen Entropie (Negentropie) in das System betrachtet werden, was einer Reduzierung der Systementropie gleichkommt.

In Frage kommt nur der letzte Typ des Dämons – ein Dämon in der Gestalt eines *vernunftbegabten* Wesens. Aber auch diese Variante ist ungeeignet, weil, um mit Einstein zu sprechen, ,,kein vernunftbegabter Mechanismus in einem Medium wirken kann, das sich im Gleichgewicht befindet". Man kann es auch so formulieren, daß das Leben genauso wie die Vernunft in einem abgeschlossenen, sich im Gleichgewicht befindlichen System unmöglich ist.

Die Entropie und das Leben. Ein lebender Organismus ist ein in höchstem Maße geordnetes System mit niedriger Entropie. Seine Existenz setzt ein kontinuierliches Konstanthalten der Systementropie auf einem niedrigen Niveau voraus, einen stetigen Widerstand gegen eine Unordnung bewirkende Faktoren und insbesondere gegen Faktoren, die eine Erkrankung verursachen. Man könnte versucht sein zu denken, der lebende Organismus entziehe sich den Forderungen des zweiten Hauptsatzes.

Das ist freilich nicht der Fall. Man bedenke, daß jeder lebende Organismus ein *nicht abgeschlossenes* System darstellt, das sich in einem Zustand befindet, der *fern vom Gleichgewicht* ist. Dieses System steht in aktiver Wechselwirkung mit der Umwelt, indem es aus der Umwelt pausenlos die Negentropie schöpft. Es ist zum Beispiel bekannt, daß die Nahrung eine niedrigere Entropie als Abfälle besitzt. Der Mensch lebt nicht, wie es gerade kommt. Er arbeitet, schafft und setzt die Entropie folglich aktiv herab. Das ist nur dadurch möglich, weil er eine erforderliche Menge an Negentropie (Information) von der Umwelt bekommt. Er bezieht die Information über zwei verschiedene Kanäle. Der erste ist die Belehrung (Ausbildung). Der zweite steht mit den physiologischen Austauschprozessen im Zusammenhang, die im Mensch-Umwelt-System ablaufen.

5 Der Zufall in der Mikrowelt

Nun wurde behauptet, daß es, wenn man bis zu den Atomen hinabsteigt, eine solche objektive Welt in Raum und Zeit gar nicht gibt und daß die mathematischen Symbole der theoretischen Physik nur das Mögliche, nicht das Faktische, abbilden.

Werner Heisenberg[1]

Spontane Mikroprozesse

Die klassische Physik ging davon aus, daß das Zufällige erst im großen Ensemble in Erscheinung tritt, zum Beispiel in einer Gesamtheit von Molekülen in einem Makrovolumen von Gas. Im Verhalten eines einzelnen Moleküls erspähte die klassische Physik dagegen keine Elemente des Zufälligen. Die Untersuchungen, die die Entstehung und Herausbildung der *Quantenphysik* bewirkten, zeigten, daß dieser Standpunkt der Wirklichkeit nicht entspricht. Es stellte sich heraus, daß der Zufall nicht nur in der Gesamtheit, sondern auch im Verhalten eines einzelnen Mikroobjekts (Teilchens) in Erscheinung tritt. Das veranschaulichen sehr gut die *spontan* ablaufenden Mikroprozesse.

Neutronenzerfall. Ein kennzeichnendes Beispiel für einen spontan ablaufenden Mikroprozeß liefert uns der Zerfall freier Neutronen. Für gewöhnlich sind die Neutronen im Atomkern gebunden. Zusammen mit den Protonen spielen sie die Rolle der „Bausteine", aus denen die Atomkerne bestehen. Die Neutronen kommen allerdings auch außerhalb der Atomkerne vor, als freie „Wanderer". Freie Neutronen werden zum Beispiel während der Spaltung von Urankernen gebildet.

Es stellte sich heraus, daß sich ein freies Neutron *zufällig, ohne jegliche Einwirkung von außen,* in drei Teilchen verwandeln kann – in ein Proton, ein Elektron und ein Antineutrino (genauer gesagt, in ein elektronisches Antineutrino). Dieser Prozeß wird allgemein als *Neutronenzerfall* bezeichnet und läßt sich wie folgt aufschreiben:

$$n \rightarrow p + e^- + \bar{v}_e \, ,$$

wobei n für das Neutron, p für ein Proton, e^- für ein Elektron und $\bar{v}_e$ für ein Antineutrino stehen. Wir halten das Wort „Zerfall" dabei für nicht sehr günstig, da der Gedanke aufkommen könnte, das Neutron bestünde aus einem Proton, Elektron und Antineutrino. In Wirklichkeit jedoch entstehen diese drei Teilchen zum Zeitpunkt des Neutronenuntergangs, es wäre sinnlos, im Neutroneninneren nach ihnen zu suchen.

Beim spontanen Neutronenzerfall spielt der *Zufall* seine Rolle. Zugleich läßt sich hierbei dialektisch auch die *Notwendigkeit* erkennen. Um dahin zu gelangen, werden wir eine große Anzahl von Neutronen betrachten. Zum Zeitpunkt $t = 0$ gebe es N_0 Neutronen in einem Volumen, wobei $N_0 \gg 1$ ist. Wir wollen diese Menge von Neutronen in dem Volumen zu verschiedenen Zeitpunkten t messen. Als Ergebnis können wir die Funktion $N(t)$ aufstellen, deren Kurve eine ganz bestimmte Gestalt besitzt (Abbildung 5.1). Es ist die Funktion

$$N(t) = N_0\, e^{-at} ,\tag{5.1}$$

wobei a eine gewisse Konstante darstellt. Sie wird für gewöhnlich als $1/\tau$ geschrieben. Messungen zeigen, daß $\tau = 10^3$ s beträgt.

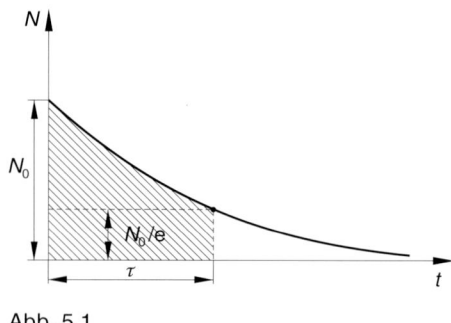

Abb. 5.1

Die Größe nennt man *Lebensdauer* des Neutrons. Diese Bezeichnung ist willkürlich gewählt. In der Tat ist die Größe keine wirkliche Lebensdauer des Neutrons, es handelt sich um die Zeit, die vergehen muß, bis die mittlere Anzahl der intakten (nicht zerfallenen) Neutronen sich e mal verkleinert hat. So folgt es aus (5.1), denn

$$N(\tau)/N_0 = e^{-\tau/\tau} = 1/e .$$

Was die wirkliche Lebensdauer des Neutrons anbelangt, so kann sie viel größer oder viel kleiner als τ sein. Es kommt auf den konkreten Fall an. Denn es ist grundsätzlich unmöglich vorauszusagen, wann dieses oder jenes Neutron zerfallen wird. Für eine Aussage, daß ein Neutron bis zum Zerfall eine Zeitlang leben wird, kommt nur die *Wahrscheinlichkeit* in Frage. Bei einer recht großen Anzahl von Neutronen ist die Wahrscheinlichkeit dafür, daß das Neutron innerhalb der Zeitspanne t nicht zerfällt, gleich dem Verhältnis $N(t)/N_0$. Aus (5.1) folgt, daß diese Wahrscheinlichkeit $e^{-t/\tau}$ beträgt.

Folgende interessante Eigenschaft ist zu beachten: Wenn wir von der Wahrscheinlichkeit sprechen, daß ein Neutron innerhalb der Zeitspanne t nicht zerfällt, setzen wir durchaus nicht voraus, daß diese Zeitspanne ab dem Zeitpunkt der „Geburt" des Neutrons gemessen wurde. Es ist dabei belanglos, wie lange ein Neutron bis zum Zeitpunkt $t = 0$ bereits lebte. Auf jeden Fall wird die Wahrscheinlichkeit, bis zum Zeitpunkt t intakt zu bleiben, $e^{-t/\tau}$ betragen. Es ist richtig, davon zu sprechen, daß Neutronen „immer jung" bleiben. Das bedeutet übrigens auch, daß es sinnlos wäre, nach den Ursachen des Zerfalls eines konkreten Neutrons in seinem Inneren selbst zu suchen, nach einem inneren Mechanismus zu forschen.

Man beachte auch, daß die Gesetzmäßigkeit (5.1), die eine Notwendigkeit zum Ausdruck bringt, nichts anderes ist als eine direkte Folge der Tatsache, daß der Neutronenzerfall unabhängig und zufällig erfolgt. Da dieser Vorgang so abläuft, ist die Verminderung der Neutronenzahl (mit anderen Worten, die Anzahl der Zerfälle) ΔN in der Zeitspanne von t bis $t + \Delta t$ nur der mittleren Neutronenzahl $N(t)$ zum interessierenden Zeitpunkt und der Dauer der Zeitspanne Δt proportional:

$$\Delta N = -a\,N(t)\,\Delta t\ .$$

Wir schreiben diese Gleichung wie folgt um: $\Delta N/\Delta t = -aN(t)$. Beim Grenzübergang für $\Delta t \to 0$ erhalten wir die Differentialgleichung, die als *Gleichung des exponentiellen Abnehmens* bekannt ist:

$$\mathrm{d}N/\mathrm{d}t = -a\,N(t)\ . \tag{5.2}$$

Die Funktion (5.1) ist die Lösung dieser Gleichung, die der Anfangsbedingung

$$N(0) = N_0$$

genügt.

Es sei noch darauf hingewiesen, daß ein Neutron, das nicht frei, sondern durch mächtige Atomkräfte zusammen mit anderen Neutronen und Protonen im Atomkern gebunden ist, seine Zerfallsfähigkeit einbüßt. In Einzelfällen bleibt diese Fähigkeit allerdings erhalten. Dann beobachten wir die Erscheinung der β-Radioaktivität, die wir später behandeln werden.

Die Instabilität der Elementarteilchen. Das Neutron ist durchaus nicht das einzige Elementarteilchen, das sich spontan in andere Teilchen zu verwandeln vermag. Über diese Beschaffenheit, die man *Instabilität* nennen kann, verfügen die meisten Elementarteilchen. Es gibt nur ganz wenige stabile Teilchen: Photon, Neutrino, Elektron und Proton.

Bei der Untersuchung der Instabilität verschiedener Teilchen entdecken wir weitere Erscheinungen des Zufalls. Als Beispiel nehmen wir ein Teilchen, das als Sigma-plus-Hyperon Σ^+ bezeichnet wird. Es hat eine positive elektrische Ladung, die betragsmäßig gleich der Elektronenladung ist, und eine Masse, die das 2328fache der Masse eines Elektrons beträgt. Wie auch das Neutron zerfällt dieses Teilchen spontan. Seine Lebensdauer (gemeint ist die gleiche „Lebensdauer" wie beim Neutron) beträgt $0.8 \cdot 10^{-10}$s. Im Unterschied zum Neutron besitzt das Hyperon nicht ein, sondern zwei mögliche Zerfallsverfahren:

$$\Sigma^+ \to p + \pi^0 \quad \text{oder} \quad \Sigma^+ \to n + \pi^+$$

(π^0 und π^+ sind ein neutrales bzw. ein positiv geladenes Pion). Etwa in 50% der Fälle zerfällt das Hyperon nach dem einen, in den übrigen Fällen nach dem anderen Verfahren. Nicht nur der Zerfallszeitpunkt, sondern auch das Zerfallsverfahren lassen sich nicht eindeutig voraussagen.

Die Instabilität der Atomkerne (Radioaktivität). Jedem chemischen Element entspricht nicht nur ein einzig möglicher Atomkern, sondern es kommen einige Typen von Atomkernen in Frage. Sie enthalten die gleiche Anzahl von Protonen (gleich der Ordnungszahl des jeweiligen chemischen Elements im Periodensystem), jedoch eine unterschiedliche Neutronenzahl; solche Atomkerne heißen *Isotope*. Die meisten Isotope des jeweiligen Elements sind *instabil* oder *nicht beständig*. Die instabilen Isotope des Elements verwandeln sich spontan in Isotope eines anderen Elements, wobei sie einige Teilchen ausstrahlen. Diese Erscheinung wird *Radioaktivität* genannt. Der französische Physiker Henry Becquerel (1852 – 1908) war der erste, der die Radioaktivität 1896 entdeckte. Das Wort Radioaktivität erschien zum ersten Mal in einer Arbeit des französischen Physikers Pierre Curie (1859 – 1906), der gemeinsam mit seiner Frau Marie Sklodowska-Curie (1867 – 1934) diese Erscheinung erforschte.

Untersuchungen ergaben, daß die Lebensdauer der instabilen Isotope bei verschiedenen Isotopen und Umwandlungsverfahren (für verschiedene Typen der Radioaktivität) recht unterschiedlich ist. Sie kann Millisekunden, aber auch Jahre oder sogar Jahrhunderte betragen. Es gibt Isotope mit einer Lebensdauer von über 10^8 Jahren. Die Untersuchung langlebiger instabiler Isotope in der Natur erlaubt es den Wissenschaftlern, das Alter von Gesteinen zu bestimmen.

Verschiedene Typen der Radioaktivität lassen sich unterscheiden. Dabei werden wir die Anzahl der Protonen im Kern (Ordnungszahl des chemischen Elements, Kernladungszahl) mit Z, die Summe der Anzahl der Protonen und Neutronen im Kern (die sogenannte Massenzahl) mit A bezeichnen. Der erste Typ der Radioaktivität ist die *α-Radioaktivität* oder der *α-Zerfall*. Dabei zerfällt der Ausgangskern $(Z; A)$ in ein α-Teilchen (einen Heliumkern, der aus zwei Protonen und zwei Neutronen besteht) und einen Kern mit der Protonenzahl $Z - 2$ und der Massenzahl $A - 4$:

$$X(Z; A) \rightarrow \alpha(2; 4) + Y(Z - 2; A - 4) \, .$$

Bei der *β-Radioaktivität* (*β-Zerfall*) verwandelt sich ein Neutron des Ausgangskerns in ein Proton, ein Elektron und ein Antineutrino, wie es beim freien Neutron der Fall ist. Das Proton bleibt im Inneren des neuen Kerns, das Elektron und das Antineutrino werden ausgestrahlt. Schematisch können wir den β-Zerfall wie folgt darstellen:

$$X(Z; A) \rightarrow Y(Z + 1; A) + e^- + \bar{\nu}_e \; .$$

Auch die *Protonenradioaktivität* ist zu beobachten:

$$X(Z; A) \rightarrow p + Y(Z - 1; A - 1) \, .$$

Es sei außerdem auf die *spontane Spaltung* des Atomkerns hingewiesen. Der Ausgangskern zerfällt von selbst in zwei etwa massengleiche Spaltbruchstücken (zwei neue Kerne), wobei einige Neutronen freigesetzt werden.

Als Beispiel zeigt die Abbildung 5.2 eine Kette spontaner Umwandlungen, wobei sich das Neptuniumisotop ^{237}Np ($Z = 93$; $A = 237$) letzten Endes in ein stabiles Wismutisotop ^{209}Bi ($Z = 83$; $A = 209$) verwandelt. Die Zerfallskette besteht aus „Kettengliedern", die den α- (volle Pfeile) bzw. den β-Zerfällen (graue Pfeile) entsprechen. Neben den Pfeilen sind die jeweiligen Werte der Lebensdauern angegeben, die aus Wahrscheinlichkeitssicht die restlichen Lebendauern angeben. Solche Ketten werden auch *radioaktive Familien (radioaktive Zerfallsreihen)* genannt.

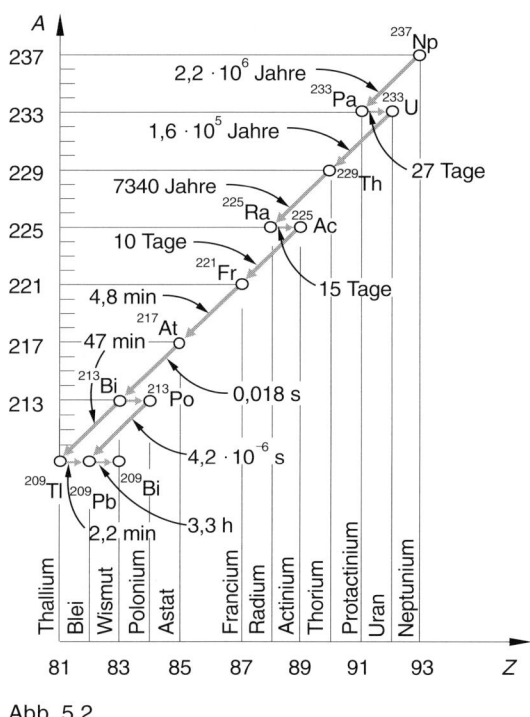

Abb. 5.2

Induzierte und spontane Übergänge im Kern. Wir wissen, daß die Atomenergie nur ganz bestimmte (für das jeweilige Atom) diskrete Werte annehmen kann. Diese erlaubten Zustände werden *Energieniveaus* des Atoms genannt. Wenn wir Atome durch Lichtbestrahlung anregen, so springen sie von unteren Energieniveaus auf die oberen über. Die angeregten Atome kehren auf untere Niveaus zurück, wobei wieder Licht zurückgestrahlt wird. Solche Atomsprünge von den einen Energieniveaus auf die anderen nennt man *Quantensprünge* bzw. *Quantenübergänge*.

Erfolgt ein Quantenübergang infolge einer Einwirkung auf das Atom, so wird er *erzwungener (induzierter)* Übergang genannt. Erfolgt er jedoch von selbst, so bezeichnen wir ihn als *spontanen* Übergang. Die mit der Atomanregung verbundenen Übergänge sind immer erzwungen. Die umgekehrten Übergänge können sowohl induziert als auch spontan ablaufen.

Wir betrachten der Einfachheit halber nur zwei Atomenergieniveaus – mit den Energiewerten E_1 und E_2 (Abbildung 5.3). Der Übergang $E_1 \rightarrow E_2$ ist ein erzwungener. Er erfolgt, wenn das Atom ein Photon absorbiert, das die Energie $\varepsilon_{12} = E_2 - E_1$ hat. Das Atom kann auf das Niveau E_1 entweder von selbst oder erzwungen zurückkehren. Dabei wird ein Photon mit der Energie ε_{12} emittiert. Der spontane Übergang $E_2 \rightarrow E_1$ ist ein zufälliges Ereignis. Den erzwungenen Übergang $E_2 \rightarrow E_1$ bewirkt ein am Atom vorbeifliegendes Photon. Die Energie dieses Photons soll ε_{12} betragen. In der Abbildung 5.3 werden alle drei Vorgänge gezeigt: a) Absorption eines Photons mit der Energie ε_{12} durch das Atom (dabei vollzieht das Atom den Übergang $E_1 \rightarrow E_2$); b) spontane Emission eines Photons mit der Energie ε_{12} durch das Atom (das Atom vollführt den Übergang $E_2 \rightarrow E_1$); c) erzwungene Emission eines Photons mit der Energie ε_{12} durch das Atom bei einer Wechselwirkung des Atoms mit einem primären Photon, das auch die Energie ε_{12} aufweist (auch hier handelt es sich um den Übergang $E_2 \rightarrow E_1$).

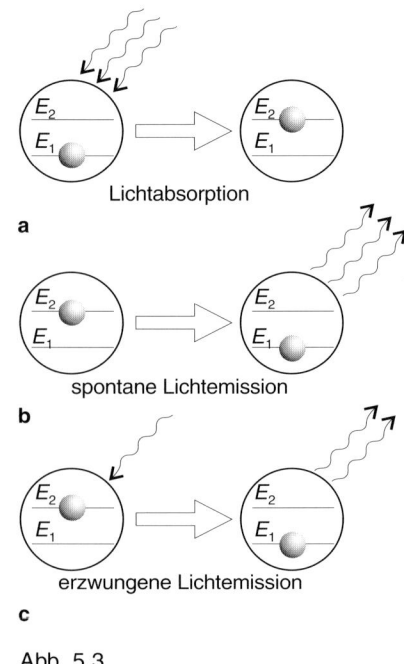

Abb. 5.3

Es sei darauf hingewiesen, daß ein erzwungen ausgestrahltes Photon alle Eigenschaften des primären Photons, das den Atomübergang bewirkt hat, gleichsam nachbildet. Es wird zum Beispiel die gleiche Flugrichtung haben wie auch das primäre Photon.

Wie wird die Laserstrahlung erzeugt? Viele anschaulich gehaltene Bücher, die der Lasertechnik gewidmet sind, erklären die Rolle der erzwungenen Photonenemission, die der gleichzeitigen Ausstrahlung einer Vielzahl eigens dazu gewählter Atome bzw. Moleküle (*aktive Zentren* genannt) zu verdanken ist. Die erzwungen emittierten Photonen bewegen sich in ein und derselben Richtung und bilden die vom Laser erzeugte Strahlung.

Um zu erklären, wie diese Strahlung entsteht, wird für gewöhnlich wie folgt verfahren: Zunächst werden aktive Zentren geeignet angeregt (zum Beispiel durch ihre Bestrahlung mit dem Licht einer leistungsstarken Quelle). Es kommt darauf an, daß die Anzahl der aktiven Zentren auf dem oberen Energieniveau größer ist als auf dem unteren. Dann werden Photonen mit Energien ausgestrahlt, die den Energiedifferenzen des oberen und des unteren Energieniveaus der aktiven Zentren entsprechen, und die Prozesse der induzierten Photonenemission durch die aktiven Zentren werden so häufiger ablaufen als die umgekehrten Vorgänge (Photonenabsorption). Wir sehen dieses ein, wenn wir beachten, daß jedes primäre Photon den Übergang eines aktiven Zentrums sowohl von unten nach oben (Lichtabsorption) als auch von oben nach unten (induzierte Emission) gleichwahrscheinlich hervorrufen kann. Ausschlaggebend ist deshalb, wo es mehr aktive Zentren gibt – auf dem oberen oder unteren Niveau. Gibt es mehr aktive Zentren auf dem oberen Niveau, so erfolgen die Übergänge von oben nach unten häufiger, dann werden also die Prozesse der induzierten Emission überwiegen. Im Ergebnis entsteht ein mächtiger Strom in einer Richtung ausgestrahlter Photonen (Abbildung 5.4). So wird die Laserstrahlung erzeugt.

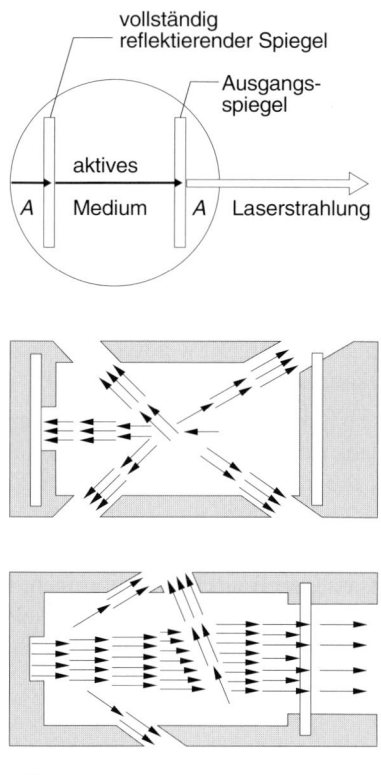

Abb. 5.4

Diese Erklärung ist völlig richtig. Es wird jedoch die Frage ausgeklammert, woher diejenigen primären Photonen kommen, die die induzierte Emission der neuen Photonen hervorrufen und den Prozeß der Laserstrahlung starten. Diese Photonen ergeben sich aus *spontanen* Übergängen der aktiven Zentren vom oberen auf das untere Niveau. Auf die für den Laserbetrieb grundsätzlich wichtige Rolle der induzierten Photonenemission hinweisend, dürfen wir nicht vergessen, daß die spontane Emission ausschlaggebend ist (sie bildet sozusagen eine *Grundlage* für den Prozeßablauf). Hier könnten wir unseren Bericht über die Lasertechnik abschließen. Doch der Leser hat noch einige Fragen an den Autor.

Leser: Sie haben gesagt, ein erzwungen ausgestrahltes Photon bilde alle Eigenschaften, insbesondere die Flugrichtung, des primären Photons nach.

Autor: Ganz recht.

Leser: Bei spontanen Übergängen entstehen ja Photonen mit zufälligen Flugrichtungen. Die bei der induzierten Emission ausgestrahlten Photonen sollen folglich auch verschiedene Flugrichtungen haben. Ein spontan entstandenes Photon ruft bei seinem Vorbeifliegen in der Nähe einer Vielzahl angeregter aktiver Zentren eine Lawine der induzierten Photonen in seiner Flugrichtung hervor. Das zweite spontan entstandene Photon bewirkt eine Lawine der induzierten Photonen in einer anderen Flugrichtung, das dritte in der dritten Richtung usw. Wie entsteht dann der Laserstrahl?

Autor: Die gleiche Richtung muß natürlich sein. Wir bezeichnen die Strahlrichtung mit *AA* (Abbildung 5.4). Das aktive Lasermedium hat eine Form, die sich entlang der Geraden *AA* erstreckt. Auf dieser Geraden werden zwei Spiegel angeordnet, ein Spiegel ist dabei kaum durchlässig. Die Photonen, die in Richtung *AA* (oder in der *AA*-nahen Richtung) zufällig entstanden sind, werden im aktiven Medium einen recht langen Weg zurücklegen, der durch mehrfache Reflexion an den Spiegeln vergrößert wird. Bei ihrer Wechselwirkung mit angeregten aktiven Zentren verursachen diese Photonen letzten Endes die Erzeugung eines mächtigen Stroms der erzwungen ausgestrahlten Photonen, die den Laserstrahl bilden. Was die Photonen anbelangt, die in anderen Flugrichtungen zufällig entstanden sind, so werden sie (und die jeweils induziert emittierten Photonen) im aktiven Medium einen recht kurzen Weg zurücklegen und schnell „ausscheiden". Das geht aus der Abbildung gut hervor. Oft werden die Spiegel durch Verspiegelungen der Endflächen des Laserresonators ersetzt.

Leser: Demnach verhält es sich so, daß die Laserstrahlung aus dem Rauschen (aus der spontanen Ausstrahlung) dank der *Selektivität* der Verstärkung entsteht, d. h., sie wird durch Verstärkung erzeugt, die hauptsächlich in Sollrichtung erfolgt.

Autor: So ist es. Hier haben wir es wiederum mit der bereits bekannten Situation zu tun, bei der die *Information aus dem Rauschen* gewonnen wird. Die geordnete (kohärente) Laserstrahlung wird gleichsam dem Rauschen entnommen. Dafür sorgen die Resonatorspiegel (Resonatorendflächen). Die *Verstärkung* der Selektion erfolgt auf Kosten der induzierten Emission, wenn das sekundäre Photon die Eigenschaften des primären nachbildet.

Von den Unbestimmtheitsrelationen zur Wellenfunktion

Wir konnten uns am Beispiel der spontanen Mikroprozesse davon überzeugen, daß das Zufällige in der Mikrowelt bereits im Verhalten eines einzelnen Objekts in Erscheinung tritt. Da kommen wir nicht umhin, einen Abschnitt über die *primäre* und *grundlegende* Rolle des Begriffs Wahrscheinlichkeit in der Quantenmechanik aufzunehmen. Wir beginnen mit der *Unbestimmtheitsrelation*, die der deutsche Physiker Werner Heisenberg (1901 – 1976) im Jahre 1927 vorschlug. Sie wird auch Unschärferelation genannt.

Unbestimmtheitsrelationen. Ein Teilchen, das sich nach den Gesetzen der Quantenmechanik bewegt, hat strenggenommen keine bestimmbare Bewegungsbahn. Das hängt damit zusammen, daß wir von einem Teilchen Impuls und Koordinaten nicht *zugleich* bestimmen können. Angenommen, ein Teilchen habe eine definierte Projektion des Impulses auf die x-Richtung. Es stellt sich heraus, daß seine x-Koordinate in diesem Zustand des Teilchens gar keinen bestimmbaren Wert aufweist. Der andere extreme Fall entspricht dem Zustand des Teilchens, bei dem seine x-Ortskoordinate hingegen einen bestimmten Wert hat und die Projektion des Impulses keinen bestimmbaren Wert aufweist. Zwischen diesen extremen Fällen erstreckt sich der Bereich der unzähligen Fälle, wo sowohl die x-Koordinate als auch die Projektion des Impulses auf die x-Richtung unbestimmbar sind. Sie haben jedoch Werte, die in einem gewissen Bereich schwanken. Es sei Δx ein Intervall, in dessen Bereich die Werte der x-Koordinate liegen; wir bezeichnen Δx als *Unbestimmtheit* der x-Koordinate. Dementsprechend behandeln wir auch die Unbestimmtheit der x-Projektion des Impulses Δp_x. Wie Heisenberg als erster zeigte, besteht zwischen den Unbestimmtheiten Δx und Δp_x eine Relation:

$$\Delta x \Delta p_x \approx \hbar \ , \tag{5.3}$$

wobei $\hbar = 1{,}05 \cdot 10^{-34}$ Js beträgt (Plancksche Konstante). Ähnliche Relationen gelten auch für andere Komponenten der Koordinaten und des Impulses eines Teilchens:

$$\Delta y \Delta p_y \approx \hbar \ , \quad \Delta z \Delta p_z \approx \hbar \ ,$$

Das sind die berühmten Heisenbergschen *Unbestimmtheits- oder Unschärferelationen*. Wir werden hier lediglich die Unschärferelationen für das Paar *Ortskoordinate–Impuls* behandeln. Es sei jedoch darauf hingewiesen, daß ähnliche Relationen auch für einige andere Größenpaare gelten, zum Beispiel für *Energie–Zeit*, *Winkel–Impulsmoment*. Wolfgang Pauli (1900 – 1958) äußerte sich gegenüber Werner Heisenberg: »Man kann die Welt mit dem p-Auge ansehen, man kann sie auch mit dem q-Auge ansehen; aber wenn man beides gleichzeitig tut, wird man irre.«[2]

Bei der Diskussion der Unbestimmtheitsrelationen werden wir uns im weiteren nur auf die Relation (5.3) stützen. Es wäre nicht richtig zu denken, daß diese Relation auf die Unmöglichkeit hinweist, eine beliebig genaue Messung des Impulses oder der Koordinate eines Teilchens durchzuführen. Sie behauptet nur, daß wir bei Teilchen nicht die Koordinate und zugleich den Impuls beliebig genau bestimmen können. Sind wir zum Beispiel bestrebt, die x-Koordinate eines Teilchens genauer festzuhalten (mit anderen Worten, Δx zu verringern), so reduziert sich unvermeidlich die Möglichkeit, die x-Projektion des Impulses ebenso exakt zu bestimmen. Im Extremfall, wo wir für die x-Koordinate des Teilchens einen bestimmten Wert ermittelt haben (das Teilchen ist genau lokalisiert), wird die Unbestimmtheit der x-Projektion seines Impulses beliebig groß sein. Umgekehrt gilt das auch: Wenn wir bestrebt sind, die x-Projektion des Teilchenimpulses möglichst genau festzuhalten, wird die x-Koordinate nicht so genau zu gewinnen sein.

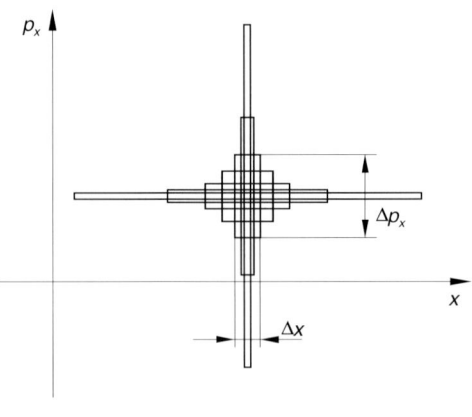

Abb. 5.5

Wir betrachten eine Ebene, wo die Werte der x-Koordinate eines Teilchens auf der einen Achse (x-Achse) aufgetragen werden. Die andere Achse ist für die Werte der x-Projektion des Impulses (p_x-Achse) bestimmt (Abbildung 5.5). Würden für das Objekt die Gesetze der klassischen Mechanik gelten, so könnten wir jeden beliebigen Objektzustand auf dieser Ebene als einen Punkt darstellen. Dem möglichen Zustand eines Teilchens entspricht auf dieser Ebene jedoch ein Rechteck mit dem Flächeninhalt $\hbar$. Möglich sind verschiedene Typen der Teilchenzustände, denen Rechtecke verschiedener Form entsprechen. Einige von ihnen sind in der Abbildung dargestellt.

Unbestimmtheitsrelationen und Welleneigenschaften des Teilchens. Im Jahre 1924 stellte der französische Physiker Louis Victor Duc de Broglie (1892 – 1987) eine Hypothese auf, der entsprechend ein Teilchen nicht nur die Eigenschaften eines *Partikels*, sondern auch einer *Welle* besitzt. Die Partikeleigenschaften (Energie ε, Impuls p) sind, nach de Broglie, mit den Wellencharakteristika (Frequenz ω, Wellenlänge λ) wie folgt verknüpft:

$$\varepsilon = \hbar\omega \ , \quad p = 2\pi\hbar/\lambda . \tag{5.4}$$

Viele Physiker meinten, daß diese Hypothese Unsinn sei. Es war unklar, was hinter dem Begriff „Wellenlänge des Partikels" steckt. Im Jahre 1927 wurden jedoch Versuche angestellt, bei denen ein Elektronenstrahl dünne Metallplättchen passierte. Das Ergebnis war umwerfend: Die von der Platte gestreuten Elektronen zeigten ein Bild der *Beugungsringe* (Abbildung 5.6). Die *Elektronenbeugung* wurde am Kristallgitter experimentell bestätigt! Die Beugungs- und Interferenzerscheinungen waren schon immer auf irgendwelche Wellen zurückgeführt worden. Deshalb wurden die Versuche, die die Elektronenbeugung nachgewiesen hatten, einmütig als Beweisführung für die Existenz der Welleneigenschaften beim Elektron aufgefaßt. Die Natur der ,,Elektronenwellen" blieb nach wie vor rätselhaft, doch an der Existenz solcher Wellen zweifelte bereits damals kein einziger Wissenschaftler mehr.

Wir werden zu diesen ,,Wellen" etwas später zurückkehren. Jetzt benutzen wir die Hypothese von de Broglie, um die Unbestimmtheitsrelation zu erklären. Angenommen, ein Schirm mit sehr schmalem Spalt, dessen Breite in Richtung der x-Achse gleich d ist, wurde in den Weg eines streng parallelen Elektronenbündels mit dem Impuls p gestellt, wobei die x-Achse auf der Bündelrichtung senkrecht steht (Abbildung 5.7).

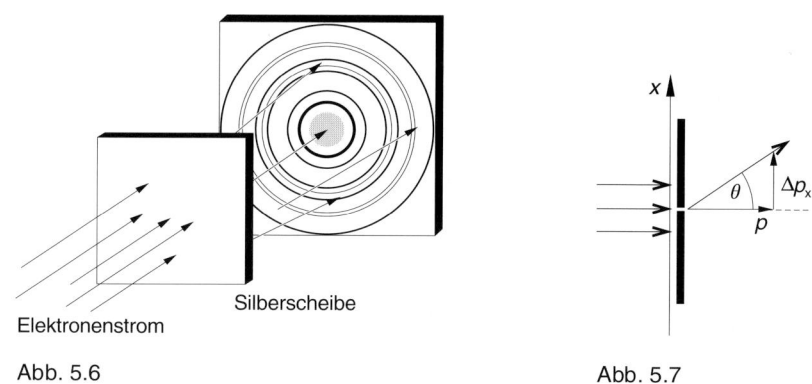

Elektronenstrom   Silberscheibe

Abb. 5.6   Abb. 5.7

Die Elektronen passieren den Spalt und werden gebeugt. Gemäß der klassischen Wellentheorie beträgt der Winkel zwischen der Richtung des Ausgangsbündels und der Richtung des ersten Beugungsmaximums $\theta \approx \lambda/d$. Bei der Betrachtung des λ-Wertes als der Wellencharakteristik des Elektrons und der Benutzung der zweiten Relation in (5.4) läßt sich der Winkel θ als $\theta \approx \hbar/pd$ darstellen. Wie soll jedoch dieser Fakt, daß der Winkel existiert, in der ,,Sprache der korpuskularen Größen" ausgedrückt werden? Diese Tatsache bedeutet, daß ein Elektron, das den Spalt passiert, einen Impuls Δp_x in Richtung der x-Achse gewinnt. Es ist klar, daß $\Delta p_x \approx p\theta$ ist. Unter Beachtung, daß $\theta \approx \hbar/pd$ ist, erhalten wir $\Delta p_x d \approx \hbar$. Bei der Behandlung der Größe d als der Unbestimmtheit Δx der x-Koordinate des Elektrons, das den Spalt passiert, erhalten wir die Unbestimmtheitsrelation (5.3).

Wellenfunktion. Ein Teilchen befinde sich in einem Zustand mit einem bestimmten Wert p_0 der x-Projektion seines Impulses. Wir wissen bereits, daß die x-Koordinate des Teilchens in diesem Zustand eine beliebig große Unbestimmtheit aufweist. Mit anderen Worten, das Teilchen ließe sich auf der x-Achse an jeder Stelle entdecken.

Bedeutet das nun, daß wir in diesem Fall von der x-Koordinate des Teilchens nichts behaupten können? Nein, so ist es nicht. Es stellt sich heraus, daß wir von der

Wahrscheinlichkeit sprechen können, daß die *x*-Koordinate des Teilchens in einem gewissen Bereich der Werte von *x* bis *x* + Δ*x* liegt. Diese Wahrscheinlichkeit wird wie folgt aufgeschrieben:

$$|\Psi_{p_0}(x)|^2 \Delta x \ .$$

Wir sehen, daß die Wahrscheinlichkeitsdichte dafür, daß das interessierende Teilchen im Punkt *x* zu finden ist, sich als Quadrat des Betrags einer Funktion $\Psi_{p_0}(x)$ angeben läßt. Diese Funktion wird für gewöhnlich *Wellenfunktion* genannt. Der Leser darf den Begriff Welle nicht wörtlich auffassen. Die Bezeichnung rührt daher, daß die Physiker in den 30er Jahren von den Wellenvorstellungen sehr fasziniert waren (unter dem Einfluß der Versuche mit der Elektronenbeugung). Sie sprechen deshalb lieber von der „Wellenmechanik" als von der „Quantenmechanik".

Der Zustand eines Teilchens, bei dem die *x*-Projektion des Impulses den Wert p_0 hat und die *x*-Koordinate keinen bestimmten Wert aufweist, wird also durch die Wellenfunktion $\Psi_{p_0}(x)$ beschrieben, deren Betrag in zweiter Potenz die Wahrscheinlichkeitsdichte dafür ist, daß das interessierende Teilchen am Punkt *x* aufgefunden wird. Es sollte nicht außer acht gelassen werden, daß das Meßergebnis für die Koordinate eines Teilchenes im Zustand $\Psi_{p_0}(x)$ jedesmal *zufällig* ist. Dieser oder jener Koordinatenwert läßt sich mit einer Wahrscheinlichkeitsdichte $|\Psi_{p_0}(x)|^2$ realisieren.

Wir haben nur einen Zustand des Teilchens ausgewählt, ohne zum Beispiel die Zustände zu behandeln, bei denen sowohl der Impuls als auch die Koordinate durch Unbestimmtheiten gekennzeichnet sind. Wir beschränkten uns außerdem auf das Paar Koordinate–Impuls, ohne andere Größen, zum Beispiel Energie–Impulsmoment zu behandeln. Wir glauben, daß dieses ausreicht, um den Hauptgedanken darzulegen: Jeder Zustand eines Teilchens läßt sich durch eine Funktion beschreiben, die die Wahrscheinlichkeit (oder die Wahrscheinlichkeitsdichte) bestimmter Charakteristiken des Teilchens ist. Dies bedeutet, daß die Quantenmechanik bereits eines Teilchens eine Theorie der Wahrscheinlichkeiten darstellt.

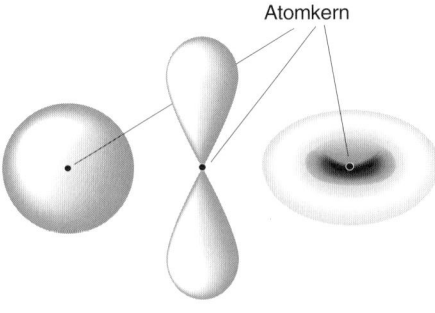

Atomkern

Abb. 5.8

Das Elektron im Atom. Die Elektronen können sich im Atom in verschiedenen Zuständen befinden. Der Zustand eines Elektrons kann sich zum Beispiel beim Übergang eines Atoms von einem Energieniveau auf das andere ändern. Wir werden die möglichen Zustände eines Elektrons in einem Atom mit Hilfe der Wellenfunktionen

$\Psi_j(x, y, z)$ beschreiben, wobei j ein Datensatz von Bestimmungsstücken ist, die einen Zustand kennzeichnen, x, y, z sind die Koordinaten des Elektrons. Entsprechend unseren früheren Feststellungen können wir bestätigen, daß $|\Psi_j(x, y, z)|^2$ die Wahrscheinlichkeitsdichte dafür angibt, ein Elektron im Zustand j und im Punkt (x, y, z) aufzufinden. Stellen Sie sich ein „Objekt" vor, dessen Dichte an verschiedenen Raumpunkten proportional zu $|\Psi_j(x, y, z)|^2$ ist, eine Art Wolke, deren Dichte sich von Punkt zu Punkt ändert. Im Wolkeninneren ist die Dichte am größten. Je nach Annäherung an die Wolkengrenze nimmt sie ab, bis der Nullwert erreicht ist. Somit tritt eine gewisse Wolkenform auf (obwohl eine genaue Grenzfläche fehlt). Diese „Wolke" entspricht also der wahrscheinlichkeitsbedingten „Gestalt" des Elektrons im Atom. In der Abbildung 5.8 werden einige elektronische „Wolken" gezeigt, nämlich für einige Zustände des Elektrons im Atom. Solche Bilder lösten veraltete Vorstellungen vom Elektron, das sich im Atominneren auf einer Bahn bewegt, ab.

Addition der Wahrscheinlichkeitsamplituden und Interferenz

In diesem Abschnitt werden wir uns davon überzeugen, daß die Wahrscheinlichkeiten in der Mikrowelt Gesetzen unterliegen, über die wir früher wenig wußten. Bemerkenswert ist, daß diese spezifischen Gesetze zu einer unerwarteten Schlußfolgerung berechtigen: Die Interferenz und Beugung sind im Prinzip möglich, auch wenn irgendwelche Wellen fehlen. Beide Phänomene lassen sich aus besonderen *Regeln für die Addition von Wahrscheinlichkeiten* erklären.

Rätselhaftes Benehmen eines Teilchens im Interferometer. Ohne auf technische Details einzugehen, behandeln wir einen Versuch, bei dem einige Teilchen eine Art Interferometer, bestehend aus zwei aneinander gelegte Spalte, passieren, wonach sie an einem Punkt eines speziellen Bildschirmes aufgezeichnet werden (Abbildung 5.9). Uns interessiert nur die x-Koordinate der aufgezeichneten Teilchen. Um im weiteren nicht mit der *Wahrscheinlichtskeitsdichte*, sondern mit der *Wahrscheinlichkeit* selbst zu tun zu haben, nehmen wir an, daß die x-Achse auf dem Schirm in kleine gleichgroße Abschnitte gegliedert ist, so daß wir unter der Wahrscheinlichkeit, den Punkt x zu treffen, die Wahrscheinlichkeit verstehen werden, den jeweiligen Abschnitt in der Nähe des x-Punktes zu treffen.

Angenommen, der Spalt A sei geschlossen, der Spalt B jedoch geöffnet. Nach der Aufzeichnung einer recht großen Anzahl von Teilchen erhalten wir auf dem Schirm eine gewisse Verteilung, die durch die Funktion $w_B(x)$ beschrieben wird (Abbildung 5.9a). Diese Funktion ist die Wahrscheinlichkeit, daß das Teilchen, das den Spalt B (beim geschlossenen Spalt A) passiert, den Punkt x trifft. Entsprechend den Bemerkungen im vorigen Abschnitt gilt:

$$w_B(x) = |\Psi_B(x)|^2 \, , \tag{5.5}$$

wobei $\Psi_B(x)$ die Wellenfunktion des Teilchens beschreibt, das den Spalt B passierte.

Wir möchten betonen, daß in der letzten Zeit die Bezeichnung *Wellenfunktion* durch den geeigneteren Begriff *Wahrscheinlichkeitsamplitude* bzw. *Amplitude der Wahrscheinlichkeitsdichte* immer mehr verdrängt wird. Somit wird mehr auf den Wahrscheinlichkeitscharakter der Beschreibung des Zustands eines Teilchens hingewiesen. Wir werden von nun an auch nur von der Wahrscheinlichkeitsamplitude sprechen. $\Psi_B(x)$ ist also die Wahrscheinlichkeitsamplitude, daß das Teilchen, das den Spalt B (beim geschlossenen Spalt A) passiert hat, den Punkt x trifft.

Wir nehmen jetzt an, daß der Spalt B geschlossen sei, der Spalt A hingegen geöffnet. In diesem Fall gewinnen wir auf dem Schirm die Verteilung $w_A(x)$ (Abbildung 5.9b):

$$w_A(x) = |\Psi_A(x)|^2 \; , \tag{5.6}$$

wobei $\Psi_A(x)$ die Wahrscheinlichkeitsamplitude ist, daß das den Spalt A (beim geschlossenen Spalt B) passierende Teilchen den Punkt x trifft.

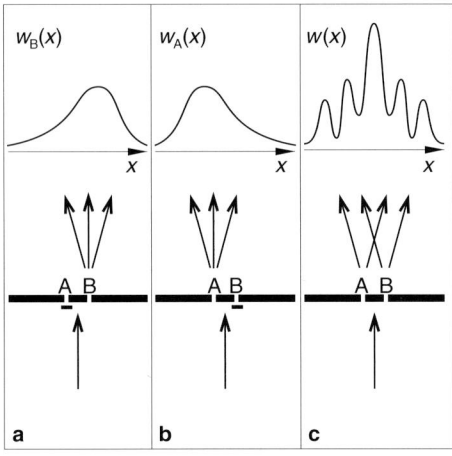

Abb. 5.9

Zum Schluß öffnen wir jetzt beide Spalte. Man könnte nun annehmen, daß das Teilchen beim Passieren eines Spaltes den anderen Spalt nicht „wahrnimmt". Es ist ihm egal, ob dieser andere Spalt auf oder zu ist. In diesem Fall wird die Verteilung auf dem Schirm eine Summe der Verteilungen (5.5) und (5.6) ergeben, was übrigens der *Additionsregel der Wahrscheinlichkeiten* entspricht:

$$w_{AB}(x) = w_A(x) + w_B(x) = |\Psi_A(x)|^2 + |\Psi_B(x)|^2 \; . \tag{5.7}$$

In der Realität beobachten wir jedoch auf dem Schirm nicht die Verteilung (5.7), sondern eine typische Interferenzverteilung (Abbildung 5.9c). Es zeigt sich, daß das Teilchen beim Passieren eines Spaltes den anderen Spalt doch irgendwie „wahrnimmt". Oder bringt das Teilchen es fertig, beide Spalte zugleich zu passieren, was ebensowenig verständlich ist? Wie passiert es das Interferometer wirklich?

Beim heimlichen Zuschauen wird das Interferenzbild gestört. Wir versuchen heimlich zuzuschauen, wie sich das Teilchen benimmt, wenn beide Spalte geöffnet sind. Im Prinzip ist das durchaus möglich. Wir können zum Beispiel neben jedem Spalt eine Lichtquelle anordnen und Photonen aufzeichnen, die das Teilchen in der Nähe des jeweiligen Spaltes gestreut hat. Solche Versuche wurden angestellt. Sie ergaben, daß das Teilchen jedesmal nur den einen Spalt passiert. Es stellte sich dabei auch heraus, daß sich die Verteilung auf dem Schirm durch die Funktion (5.7) beschreiben läßt. Das bedeutet, daß man beim ,,heimlichen Zuschauen" Einzelheiten feststellen kann, wie das Teilchen das Interferometer passiert. Dabei wird allerdings die *Interferenzverteilung gestört*.

Wir haben es also mit einer bemerkenswerten Situation zu tun. Ist das Licht aus (wir können nicht zugucken), so ist eine Interferenz zu verzeichnen, doch es bleibt ungeklärt, wie das Teilchen das Interferometer passiert. Ist das Licht an, so wird klar, wie es das tut, die Interferenz bleibt jedoch aus.

Addition der Wahrscheinlichkeiten oder der Wahrscheinlichkeitsamplituden? Wir wollen uns mit den oben erwähnten bemerkenswerten Ergebnissen auseinandersetzen. Es sei vorausgesetzt, daß ein Teilchen in unserem Fall zwei Möglichkeiten (zwei Alternativen) hat: entweder den Spalt A oder den Spalt B zu passieren. Ist das Licht aus, so sind diese beiden Möglichkeiten *nicht zu unterscheiden*. Sie lassen sich *unterscheiden*, wenn das Licht eingeschaltet wird. Somit wird die Möglichkeit geboten, ,,heimlich zuzuschauen", oder, in der Sprache der Technik, den Prozeß zu überwachen.

Einer der wichtigsten Schlüsse der Quantenmechanik lautet: *Sind die Alternativen unterscheidbar, so sind die ihnen entsprechenden Wahrscheinlichkeiten zu addieren; sind sie jedoch ununterscheidbar, so sind nicht die Wahrscheinlichkeiten selbst, sondern die Wahrscheinlichkeitsamplituden zu addieren.* Es gilt also beim eingeschalteten Licht die Wahrscheinlichkeiten, beim ausgeschalteten Licht deren Amplituden zu addieren. Im ersten Fall kommen wir zur Verteilung (5.7); im zweiten Fall erhalten wir die Verteilung

$$w(x) = |\Psi_A(x) + \Psi_B(x)|^2 \ . \qquad (5.8)$$

Diese Verteilung trägt Interferenzcharakter. Man kann zeigen, daß

$$|\Psi_A + \Psi_B|^2 = |\Psi_A|^2 + |\Psi_B|^2 + \left[|\Psi_B|^2 \frac{\Psi_A}{\Psi_B} + |\Psi_A|^2 \frac{\Psi_B}{\Psi_A} \right] \qquad (5.9)$$

ist. Der hier in eckigen Klammern befindliche Ausdruck gibt gerade den Interferenzcharakter der Verteilung $w(x)$ an. In der klassischen Physik wird nicht danach gefragt, ob die Ereignisse unterscheidbar oder ununterscheidbar sind. Dort sind die Ereignisse immer unterscheidbar. In der Mikrowelt haben wir es mit einer qualitativ anderen Situation zu tun. Hier ist nämlich eine volle *Ununterscheidbarkeit* dieser oder jener zufälligen Ereignisse möglich. Diese Möglichkeit fußt auf der grundsätzlichen *Identität* aller Teilchen ein und desselben Typs. Ein Elektron ähnelt dem anderen viel mehr als die sprichwörtlichen zwei Tropfen Wasser. Sicher, die Elektronen können sich in verschiedenen Zuständen befinden, so daß sie unterscheidbar werden. Ansonsten unterscheidet sich ein Elektron als physikalisches Objekt von jedem anderen Elektron durchaus nicht. Da haben wir es mit einer absoluten Identität zu tun. Sie hat letzten Endes ununterscheidbare Alternativen zur Folge.

Wir sehen, daß die Erscheinung der Interferenz nicht in den Rahmen der Wellenvorstellungen paßt. Bei Mikroerscheinungen ist die Interferenz nicht unbedingt auf Wellen zurückzuführen. Sie kann Folge der spezifischen wahrscheinlichkeitsbedingten Gesetze sein, genauer gesagt, Folge der Regel, daß bei ununterscheidbaren Ereignissen nicht die Wahrscheinlichkeiten selbst, sondern deren Amplituden zu addieren sind.

Quantenmechanische Superposition. Es gilt die Darstellung

$$\Psi_A(x) + \Psi_B(x) = \Psi(x) \, . \tag{5.10}$$

Die Funktion $\Psi(x)$ wird in der Quantenmechanik wie die Funktionen $\Psi_A(x)$ und $\Psi_B(x)$ behandelt. Wie diese Funktionen beschreibt sie einen bestimmten Zustand, etwa wie Ψ_A oder auch Ψ_B; sie ist die Wahrscheinlichkeitsamplitude eines zufälligen Ereignisses. In unserem Fall ist $\Psi(x)$ die Wahrscheinlichkeitsamplitude, daß ein Teilchen, das das Interferometer mit zwei offenen Spalten passiert, den Punkt x trifft. Man sagt, daß diese Amplitude *Superposition* der Amplituden Ψ_A und Ψ_B sei.

Wir können uns diese Superposition nicht anschaulich vorstellen. Ansonsten hat es den Anschein, als passiere das Teilchen zugleich den Spalt A und den Spalt B. Die Versuche jedoch, die nach Einzelheiten des Geschehens forschen, bewirken unverzüglich eine *Zerstörung der Superposition*. Sie wird jedesmal vernichtet – entweder zugunsten von Ψ_A (das Teilchen hat den Spalt A passiert) oder zugunsten von Ψ_B (das Teilchen hat den Spalt B passiert).

Wir sind hier mit einer weiteren Erscheinung des Zufälligen konfrontiert. Erwähnt haben wir bereits, daß das Ereignis, aus der Sicht des Teilchens diese oder jene Bildschirmstelle zu treffen, zufällig ist; die Wahrscheinlichkeiten (5.7) und (5.8) kennzeichnen gerade solche zufälligen Ereignisse. Es stellt sich heraus, daß auch der Vorzug, den das Teilchen diesem oder jenem Spalt gibt, zufällig ist. Das Teilchen passiert den Spalt A mit einer Wahrscheinlichkeit, die proportional zu $|\Psi_A|^2$ ist, den Spalt B jedoch mit einer Wahrscheinlichkeit, die proportional zu $|\Psi_B|^2$ ist.

Eine Welle oder die Summe der Wahrscheinlichkeitsamplituden? Die Wellenkonzeption erklärt die Entstehung des Interferenzbildes am besten. Sie vermag allerdings nicht das inverse Phänomen zu erklären, bei dem das Interferenzbild beim ,,heimlichen Zuschauen" vernichtet wird. Mit anderen Worten, die Wellenkonzeption kann die *Entstehung* der quantenmechanischen Superposition erklären, vermag aber keine Erklärung für die *Zerstörung* der Superposition während der Beobachtung zu geben.

Nachdem sich die Physiker davon überzeugt hatten und die Versuche gescheitert waren, die ,,de Brogliesche Welle" mit einem materiellen Wesen zu versehen, mußten die Forscher anerkennen, daß diese ,,Wellen" nichts Gemeinsames mit wirklich existierenden Wellen haben. Nicht von ungefähr entstand eine recht beeindruckende Bezeichnung – die *Wahrscheinlichkeitswellen*. Allmählich wurde der Begriff *Wellenmechanik* durch *Quantenmechanik* von allen seinen Positionen verdrängt, die *Wellenfunktion* wurde durch *Wahrscheinlichkeitsamplitude* ersetzt.

Bei der Erörterung der Interferenz und Beugung der Teilchen müssen wir also nicht auf irgendwelche rätselhaften Wellen zurückgreifen und nicht die Wahrscheinlichkeiten addieren, sondern die Wahrscheinlichkeitsamplituden, wenn behandelte Alternativen ununterscheidbar sind. Der Zugang über Wahrscheinlichkeiten erklärt sowohl die Entstehung der quantenmechanischen Superposition als auch deren Zerstörung erschöpfend.

Abschließend führen wir ein Beispiel an, das die Grenzen der Wellenkonzeption klar erkennen läßt. Es handelt sich hierbei um die Streuung sehr langsamer Neutronen am Kristall.

Neutronenstreuung am Kristall. Ein Neutronenstrahl mit Energiewerten von nur 0,1 eV wird an einem Kristall gestreut. Die von Kristallkernen gestreuten Neutronen werden mit Hilfe von Detektoren aufgezeichnet, deren Geber längs der x-Achse angeordnet sind (Abbildung 5.10). Der Kristallkörper enthält N Kerne. Zur Verfügung stehen also N Möglichkeiten. Jede Möglichkeit trägt der Neutronenstreuung an diesem oder jenem Kern Rechnung. Wir bezeichnen mit $\Psi_j(x)$ die Wahrscheinlichkeitsamplitude für ein am j-ten Kern gestreutes Neutron, den Punkt x zu treffen.

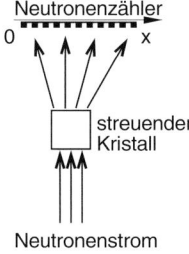

Abb. 5.10

Beachtenswert ist, daß die Neutronenstreuung an diesem oder jenem Kern nach zwei Verfahren erfolgen kann. Nach ersterem wird der *Neutronenspin* bei der Streuung *umgeklappt*, nach dem anderen nicht. Wir wollen erklären, was darunter zu verstehen ist. Ein Neutron können wir uns in gewissem Sinne als eine Art rotierenden Kreisel vorstellen. Der Kreisel kann entweder im oder gegen den Uhrzeigersinn rotieren. Es wird dementsprechend gesagt, daß der Neutronenspin entweder nach oben oder nach unten gerichtet ist. Die Kristallkerne ähneln ebenfalls rotierenden Kreiseln, d.h., wir können auch ihnen Spinrichtungen zuschreiben. Beim Zusammenstoß mit einem Kern kann das eine Kreiselbewegung vollführende Neutron seinen Drehsinn ändern oder auch nicht. Im ersten Fall kehrt sich der Spin um, im zweiten nicht. Ändert das Neutron bei der Neutronenstreuung seinen Drehsinn, so verändert sich irgendwie auch der Drehsinn des Kerns, an dem die jeweilige Streuung erfolgte. Wenn also die Streuung mit der Umkehr des Spins einhergeht, so liegt ein Fall mit unterscheidbaren Alternativen vor. Wir können behaupten, daß die Streuung gerade an dem Kern erfolgte, der seinen Drehsinn verändert hat. Erfolgte die Neutronenstreuung jedoch ohne Spinumkehr, so ist es grundsätzlich unmöglich festzustellen, an welchem Kern das Neutron gestreut wurde; da haben wir es mit *ununterscheidbaren* Alternativen zu tun.

Es sei ϕ die Wahrscheinlichkeitsamplitude der Neutronenstreuung mit Umkehr des Spins, $\varkappa$ die Wahrscheinlichkeitsamplitude ohne Spinumkehr. Wir bezeichnen mit $\Phi(x)$ die Amplitude der Wahrscheinlichkeit, daß ein Neutron mit umgeklapptem Spin den

Punkt x trifft, mit $K(x)$ das gleiche Geschehen für ein Neutron mit nicht umgeklapptem Spin. Die vom Detektorsystem festgehaltene Verteilung der gestreuten Neutronen läßt sich wie folgt ausdrücken:

$$w(x) = |\phi|^2 |\Phi(x)|^2 + |\varkappa|^2 |K(x)|^2. \tag{5.11}$$

Die verschiedenen Typen der Neutronenstreuung entsprechenden Alternativen sind unterscheidbar; deshalb besteht die Wahrscheinlichkeit $w(x)$ aus zwei Summanden (zwei Wahrscheinlichkeiten werden addiert). Seinerseits ist jeder Summand Produkt zweier Wahrscheinlichkeiten.

$|\Phi(x)|^2$ und $|K(x)|^2$ drücken wir jetzt durch die Amplituden $\Psi_j(x)$ aus: Erfolgt die Neutronenstreuung mit einer Umkehr des Spins, so sind die alternativen Möglichkeiten unterscheidbar; deshalb werden die *Wahrscheinlichkeiten addiert* und es gilt:

$$|\Phi(x)|^2 = \sum_{j=1}^{N} |\Psi_j(x)|^2. \tag{5.12}$$

Erfolgt jedoch bei der Neutronenstreuung keine Spinumkehr, so sind die Alternativen ununterscheidbar; deshalb werden die *Wahrscheinlichkeitsamplituden addiert* (es entsteht eine Superposition der Amplituden). Folglich gilt

$$|K(x)|^2 = \left| \sum_{j=1}^{N} \Psi_j(x) \right|^2. \tag{5.13}$$

Wir setzen die Ausdrücke (5.12) und (5.13) in (5.11) ein und erhalten:

$$w(x) = |\phi|^2 \sum_{j=1}^{N} |\Psi_j(x)|^2 + |\varkappa|^2 \left| \sum_{j=1}^{N} \Psi_j(x) \right|^2. \tag{5.14}$$

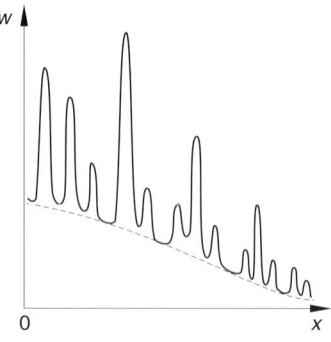

Abb. 5.11

In der Abbildung 5.11 wird die im Versuch gewonnene Verteilung der gestreuten Neutronen $w(x)$ angegeben. Sie besteht aus einem stufenlos veränderlichen Hintergrund

und einem Satz Interferenzmaxima. Den Hintergrund beschreibt der erste Summand in (5.14), die Interferenzmaxima werden durch den zweiten Summanden beschrieben.

Bei der Benutzung der Wellenkonzeption sollte vermutet werden, daß ein Neutron bei der Neutronenstreuung ohne Spinumkehr Welleneigenschaften aufweist (es entsteht ein Interferenzbild), während es bei der Neutronenstreuung mit Umkehr des Spins keine Welleneigenschaften besitzen müßte (es entsteht kein Interferenzbild). Wie schematisch diese Denkweise ist, liegt auf der Hand.

Wahrscheinlichkeit und Kausalität

Leser: Ich glaube, in der Mikrowelt wirken Zufälligkeiten in ungeheurer Anzahl. Ganz zufällig verwandelt sich das Neutron in drei neue Teilchen, ohne auch nur eine Einwirkung erlebt zu haben. Ein Atom ruht viele Jahre und explodiert plötzlich, mir nichts, dir nichts, wobei ein Atom eines anderen chemischen Elementes entsteht. Ein Elektron passiert zufällig einen Spalt im Interferometer und trifft ebenso zufällig einen Punkt auf dem Schirm. Bedeutet das etwa, daß die *Kausalität* in Erscheinungen der Mikrowelt plötzlich fehlt?

Autor: Nein, das nicht. Die Phänomene der Mikrowelt lassen die *dialektische Einheit des Zufälligen und des Notwendigen* nur besonders gut erkennen. Die Neutronen zerfallen auf zufällige Weise, ihre Anzahl ändert sich jedoch mit der Zeit nach einem bestimmten Gesetz. Ein Elektron trifft diesen oder jenen Punkt auf dem Schirm zufällig, die Verteilung der Treffer stellt jedoch bei vielen Elektronen eine Notwendigkeit dar. Es gibt keinerlei Gründe, daran zu zweifeln, daß die Kausalität in der Mikrowelt besteht. Wir sollten aber beachten, daß sie in der Mikrowelt anders in Erscheinung tritt als in der Makrowelt. In der Quantenmechanik sind nicht die einzelnen *Ereignisse*, sondern nur potentielle Möglichkeiten ihrer Verwirklichung, andersherum, die *Wahrscheinlichkeiten* der Ereignisse kausal verbunden. Die Wahrscheinlichkeitsamplitude (Wellenfunktion) ist einer bestimmten Bewegungsgleichung unterstellt. Ist die Wahrscheinlichkeitsamplitude zum Startzeitpunkt bekannt, so können wir bei Benutzung dieser Gleichung (*Schrödinger-Gleichung* oder Wellengleichung genannt) die Wahrscheinlichkeitsamplitude zu einem beliebigen Zeitpunkt finden.

Leser: Mir fällt es schwer zu begreifen, warum ein Neutron plötzlich zerfällt. Sind solche Teilchen vielleicht in Wirklichkeit irgendwelche komplizierten Systeme, deren physikalisches Wesen noch nicht erforscht ist?

Autor: Auf diese Frage kamen wir bereits beim ersten Gespräch (siehe Seite 11). Wie bereits erwähnt, erwiesen sich die Versuche, latente Parameter zu entdecken, die erklären könnten, warum ein Neutron zum Beispiel zum gegebenen Zeitpunkt zerfällt, als erfolglos. Ich möchte versuchen zu erklären, was hinter der gestellten Frage steckt. Bei der Fragestellung gingen Sie davon aus, daß die Wahrscheinlichkeit in der Mikrowelt nicht objektiv besteht, sondern mit unserer Unkenntnis irgendwelcher Einzelheiten verbunden ist. Ich glaube, daß sie sich nicht nur am Beispiel der Mikroerscheinungen, sondern auch an vielen früher angeführten Beispielen aus unserer normalen Makrowelt überzeugen konnten, daß die Wahrscheinlichkeit nicht nur subjektiv und auf unsere unvollständige Kenntnis zurückzuführen ist, sondern auch objektiv bestehen kann. Das ist sehr wichtig. Erst wenn die Wahrscheinlichkeit objektiv besteht, kann man ja von der primären und grundlegenden Rolle der durch die Wahrscheinlichkeit bedingten Gesetzmäßigkeiten sprechen.

Leser: Was wollen Sie damit sagen?

Autor: Wäre die Wahrscheinlichkeit nur mit dem Informationsmangel verbunden, so könnte sie im Prinzip auf dynamische Relationen zurückgeführt werden, die eindeutige Voraussagen voraussetzen. Es würde bedeuten, daß hinter den wahrscheinlichkeitsbedingten Gesetzmäßigkeiten die dynamischen stecken. In diesem Fall könnten wir behaupten, daß alles in der Natur letzten Endes streng zusammenhängt.

Leser: Jede Erscheinung, jedes Ereignis hat ja in der Natur letzten Endes eine Ursache, nicht wahr?

Autor: Eine Ursache besteht schon, da haben Sie recht. Warum glauben Sie aber, daß die objektive Wahrscheinlichkeit die Kausalität verneint?

Leser: Eine objektive Wahrscheinlichkeit setzt auch eine objektive Zufälligkeit voraus. Diese Zufälligkeit tritt jedoch ohne jegliche Ursache zutage. Einfach aus dem Grund, weil sie Zufälligkeit ist.

Autor: Ich werfe den Würfel und, sagen wir, eine Vier erscheint. Sie werfen den Würfel – es erscheint eine Eins. Was glauben Sie, sind das Erscheinen einer Vier und das Erscheinen einer Eins objektiv zufällige Ereignisse oder nicht?

Leser: Jedes von diesen Ereignissen hat bestimmte Ursachen. Das Erscheinen dieser oder jener Ziffer hängt letzten Endes von der Lage des Würfels in der Hand, vom Handschwung, vom Ruck, Luftwiderstand und vom Abstand zwischen der Hand und dem Fußboden und anderem ab.

Autor: Das stimmt. Und doch sind diese Ereignisse objektiv zufällig. Beim Werfen Ihres Würfels interessierten Sie sich ja nicht dafür, wie ich meinen Würfel warf. Uns interessiert überhaupt nicht, wie ein Würfel zu werfen ist, wir versuchten nicht, eigene und Partnerhandlungen irgendwie zu kontrollieren bzw. zu regeln. Deshalb sind das Erscheinen einer Vier bei mir und einer Eins bei Ihnen objektiv zufällige Ereignisse. Das Erscheinen einer Eins hängt in keiner Weise damit zusammen, daß zuvor eine Vier erschien.

Leser: Hier habe ich meine Zweifel.

Autor: Ich möchte ein anderes Beispiel anführen, und zwar die Ereignisse: Taxibestellungen per Telefon. Hinter jeder Bestellung verbirgt sich eine ganze Kette von Ursachen. Für den Dispatcher einer Taxizentrale sind kommende Bestellungen objektiv zufällige Ereignisse. Gar nicht deshalb, weil er die erwähnte Kette von Ursachen nicht kennt, sondern infolge eines ganz objektiven Umstands – die Handlungen der Personen, die Bestellungen aufgeben, sind nicht aufeinander abgestimmt. Da werden die Ereignisse gleichsam auf zwei verschiedenen Ebenen behandelt. Auf einer Ebene sind sie objektiv zufällig, auf der anderen hat jedes Ereignis seine ganz bestimmte Ursache. Sie sehen, die objektive Wahrscheinlichkeit stimmt mit der Kausalität schön überein.

Leser: Sie haben Beispiele aus der menschlichen Tätigkeit angeführt. Wie steht es aber mit Mikroerscheinungen? Greifen wir wieder auf den Neutronenzerfall zurück. Möge dieses Ereignis auf irgendeiner „Ebene" objektiv zufällig sein. Auf welcher Ebene soll man nach Ursachen forschen, die den Neutronenzerfall bewirken?

Autor: Der Neutronenzerfall ist in der Tat objektiv zufällig. Im Grunde genommen können wir die Lebensdauer des jeweiligen Neutrons nicht lenken. Es ist im Prinzip unmöglich, nicht infolge der Unkenntnis der Details. Ein Neutron hat keine ,,innere Uhr". Ein Neutron bleibt immer ,,jung". Es offenbart sich in der Wahrscheinlichkeit, daß ein Neutron eine Zeitlang leben wird, die nicht davon abhängt, wie lange es bereits bis zu dem Zeitpunkt lebte, an dem die Zeitmessung begann. Der Neutronenzerfall ist ein objektiv zufälliges und zugleich kein ohne Ursache auftretendes Ereignis. Es sei darauf hingewiesen, daß wir eine gewisse Ungenauigkeit in Kauf nehmen müssen, wenn wir behaupten, ein Teilchen verhielte sich aus eigenem Antrieb (spontan). Spontan kann sich strenggenommen nur ein total isoliertes Objekt verhalten. Da tasten wir uns an einen prinzipiellen Umstand heran, von dem bisher keine Rede war. Das liegt daran, daß ein Teilchen von der Natur her kein isoliertes Objekt ist – es steht mit der gesamten Umwelt in Wechselwirkung. Sein Wesen selbst läßt sich in dieser oder jener Form in Abhängigkeit von konkreten Umweltbedingungen realisieren. Der Begriff Wechselwirkung erfaßt dabei einen größeren Bereich, als es bei der Behandlung der normalen (Kräfte-) Wechselwirkungen der Fall ist.

Leser: Das sind wohl die nächsten Rätsel der Quantenmechanik?

Autor: Das sind keine Rätsel. Die Sache ist nämlich die, daß die Objekte auf einem bestimmten Niveau der Untersuchung physikalischer Erscheinungen ihre Isoliertheit prinzipiell einbüßen. Da werden die bis dahin bestehenden exakten Grenzen zwischen Feld und Stoff aufgehoben. In den Vordergrund treten die gegenseitigen Teilchenumwandlungen. Auf der Ebene der Mikrowelt hat die Idee, daß die Welt einheitlich ist und alle Erscheinungen allgemein miteinander verbunden sind, einen besonderen Sinn.

Leser: Wie soll ich mir anschaulich vorstellen, daß ein zerfallendes Neutron nicht isoliert ist?

Autor: In der Quantentheorie herrscht die Vorstellung, Vakuum sei nicht die Leere, sondern ein Raum, wo verschiedene Teilchen zufällig entstehen und vernichtet werden. Das Neutron steht mit ihnen in Wechselwirkung.

6 Wahrscheinlichkeit und Biologie

Alle Gestalten sind ähnlich, und keine gleichet der anderen;
Und so deutet das Chor auf ein geheimes Gesetz,
Auf ein heiliges Rätsel.

Johann Wolfgang von Goethe[1]

Einführung

Jean Baptiste de Lamarck (1744 – 1829). Im Jahre 1809 erschien die „Zoologische Philosophie" des französischen Naturforschers Jean Baptiste de Lamarck. In dieser Abhandlung unternahm er den ersten Versuch, eine Theorie der Artenabstammung aufzustellen. Dieser Versuch erwies sich als nicht erfolgreich, da sich der Verfasser von zwei falschen Vorstellungen leiten ließ. Erstens glaubte er, daß allen Lebewesen der innere Drang nach Vervollkommnung innewohnt. Darin sah er die vorantreibende Evolutionskraft. Selbstverständlich gibt es keine geheimnisvolle innere Kraft, die alle Arten zwingt, sich in Richtung des Fortschritts zu entwickeln. Woher sollte sie auch kommen? Etwa aus der Einmischung eines „Schöpfers"? Letzendlich reduzierte sich die Vermutung einer geheimnisvollen Kraft auf den Glauben an ein höheres Wesen.

Zweitens war Lamarck der Meinung, daß das äußere Milieu die Formänderung dieser oder jener Organe bei Lebewesen direkt beeinflusse. Es lebten einmal Giraffen mit kurzem Hals. Aus irgendwelchen Gründen veränderten sich die Umweltbedingungen. Ihre Nahrung war jetzt nur hoch über dem Boden anzutreffen – zum Beispiel war es das Laub hoher Bäume. Um die Nahrung zu erreichen, mußten die Giraffen ihre Hälse immer strecken. Im Ergebnis längerer Übungen – von Generation zu Generation – wurde der Hals der Giraffe immer länger.

Als Beweis führte Lamarck die allgemein bekannte Tatsache an, daß sich körperlich schwache Menschen, wenn sie regelmäßig Sport treiben, in Athleten verwandeln können. Er formulierte das folgende Gesetz: „Bei jedem Tier, das seine Entwicklung nicht beendet hat, bewirkt eine häufigere und längere Übung eines Organs seine Stärkung, weitere Entwicklung und Vergrößerung, dem Organ wird eine Kraft verliehen, die proportional zur Übungsdauer ist; bleibt jedoch das Training eines Organs ständig aus, so wird es schwächer, erlebt einen Verfall, eine Verminderung der Fähigkeiten, es verschwindet schließlich ganz." Lamarck irrte sich gewaltig. Trainierte Muskeln, ebenso wie gewonnene Fähigkeiten, werden bekanntlich nicht vererbt. In der Sprache der heutigen Wissenschaft würde man sagen, daß Lamarck keinen Unterschied zwischen dem Phänotyp, dem sichtbaren Merkmal, und dem Genotyp, den Erbanlagen, erkannte. Der *Genotyp* ist das Erbbild eines Organismus, es ist die Gesamtheit der von den Eltern geerbten Voraussetzungen. Der *Phänotyp* ist das Erscheinungsbild des

Organismus, die Gesamtheit seiner äußeren und inneren Merkmale; das sind alle auffallenden Merkmale – anatomische, physiologische, psychische und andere Merkmale. Der Phänotyp verändert sich im Laufe des Lebens eines Organismus im Ergebnis der Wechselwirkung zwischen dem Genotyp und der Umwelt. Durch regelmäßige Sportübungen, eifriges Lernen, durch eine richtige Organisation der Arbeit und Erholung kann jeder von uns seinen Phänotyp verbessern (verändern). Das alles übt allerdings auf den Genotyp keinen Einfluß aus.

Charles Darwin (1809 – 1882). Der englische Naturforscher Charles Darwin war Begründer der modernen Abstammungslehre, die nach ihm ,,Darwinismus" genannt wurde. In dem Buch ,,Über die Entstehung der Arten" dargelegt, erschien sie im Jahre 1859. Diese Lehre ruht auf drei ,,Säulen": *Variabilität, Vererbung, natürliche Auslese.* Die Umwelt beeinflußt den Organismus und kann zum Beispiel zufällige Genotypveränderungen verursachen. Diese Veränderungen werden vererbt und häufen sich im Organismus allmählich an. Die Veränderungen tragen unterschiedlichen Charakter. Manche erweisen sich zufällig als günstig, verbessern die Anpassungsfähigkeit der Organismen an die Umwelteinflüsse, andere sind weniger günstig, die dritten beeinträchtigen die Adaption und sind deshalb schädlich. Bei der Anhäufung dieser oder jener zufälligen Veränderungen in der Nachkommenschaft offenbart sich die Wirkung der natürlichen Auslese. Die mangelhaft angepaßten Individuen haben eine kleinere Nachkommenschaft und gehen vorzeitig zugrunde; sie werden letzten Endes durch Organismen mit besserer Anpassungsfähigkeit verdrängt.

Bei der Formulierung der Quintessenz der Darwinschen Lehre wiesen wir speziell auf die Rolle des Zufalls hin. Gut erkennbar ist hierbei die vertraute Idee von der *Informationsgewinnung aus dem Rauschen.*

Bei seiner Auseinandersetzung mit der Evolution der Arten akzeptierte Lamarck eigentlich nur deren *bloße Notwendigkeit.* Haben sich die Umweltbedingungen verändert, so verändert sich ein Organismus auf gewünschte Weise durch Übung bzw. Nichtübung jeweiliger Organe. Diese ,,Evolution" hat unbedingt zur Folge, daß die Organisation der Organismen immer komplizierter wird, so als ob jeder Art wirklich der innere Drang nach Fortschritt innewohnen würde.

Darwin faßte jedoch die Evolution als eine Einheit des Notwendigen und des Zufälligen auf. Die gleichgültige Natur bewirkt in den Organismen zufällige vererbbare Veränderungen, durch natürliche Auslese werden die Organismen schonungslos ausgemerzt, die sich zufällig als weniger angepaßt erweisen. Die Organismen, die an die Umweltbedingungen zufällig angepaßt sind, bleiben erhalten. Im Ergebnis vollzieht sich mit Notwendigkeit ein Prozeß der evolutionären Entwicklung der Arten. Die Entwicklung geht den Weg der Auslese von besser angepaßten Organismen. Dabei ist es der Natur gleichgültig, ob diese Organismen eine kompliziertere oder eine einfachere Organisation haben. Die Adaptionsmöglichkeiten können unter diesen oder jenen Verhältnissen recht vielfältig sein. Schließlich entsteht die große Vielfalt der Tier- und Pflanzenarten. Auf der Erde sind ca. 1,5 Millionen Tierarten und etwa eine halbe Million Pflanzenarten bekannt...

Die Lehre von Darwin wurde allgemein anerkannt. Sie hat jedoch eine ,,wunde Stelle", worauf Fleming Jenkins, ein Lehrer aus Edinburgh, Darwin im Jahre 1867 hinwies. Jenkins bemerkte, daß die Darwinsche Lehre keine klare Antwort auf die Frage gibt, wie die Anhäufung dieser oder jener Veränderungen bei der Nachkommenschaft abläuft. Zunächst sind ja die Merkmalsveränderungen nur bei einigen Individuen zu verzeichnen. Diese paaren sich mit normalen Individuen. Im Ergebnis, so behauptet Jenkins, kommt es zu keiner *Anhäufung* des abgewandelten Merkmals bei der Nachkommenschaft, sondern zu dessen *Verdünnung* und allmählicher Löschung bis hin zum Verschwinden (in der ersten Generation verbleibt nur die Hälfte der Merkmalsveränderung, in der zweiten 1/4, in der dritten 1/8, in der vierten 1/16 der Abwandlung usw.).

In den restliche fünfzehn Jahren seines Lebens überlegte Darwin, wie die von Jenkins gestellte Frage zu lösen sei. Eine Antwort fand er jedoch nicht.

Eine Lösung des Problems gab es aber bereits 1865. Diese fand der Abt des Augustinerklosters in Brünn (Brno) Johann Gregor Mendel. Leider wußte Darwin nichts von den Forschungen, die Mendel durchführte, und erfuhr auch nie von dessen Ergebnissen.

Johann Gregor Mendel (1822 – 1884). Seine berühmten Kreuzungsversuche an Erbsen begann Mendel drei Jahre vor der Herausgabe des Buches „Über die Entstehung der Arten". Dieses Buch las Mendel sehr aufmerksam und interessierte sich später für alle weiteren Arbeiten Darwins. Mendel war der Überzeugung, daß die Theorie Darwins noch nicht komplett sei, daß da bestimmt noch etwas fehle. Mit seinen Forschungen beabsichtigte Mendel gerade, Lücken in der Darwinschen Lehre zu schließen. Er befaßte sich mit der Hybridisation, er verfolgte das Schicksal der erblichen Veränderungen der Genotypen in verschiedenen Hybridengenerationen. Als Untersuchungsobjekt wählte er Erbsen.

Er nahm zwei Erbsensorten – mit gelben und mit grünen Körnern. Nach der Kreuzung dieser zwei Sorten stellte Mendel fest, daß es in der ersten Hybridengeneration nur gelbe Erbsenkörner gab. Die grünen Körner waren „spurlos" verschwunden. Danach sorgte Mendel für die Selbstbestäubung der gewonnenen Hybriden und bekam die zweite Hybridengeneration. Da erschienen wieder Individuen mit grünen Körnern. Ihre Anzahl war allerdings viel geringer als die Anzahl der Individuen mit gelben Körnern. Mendel zählte sorgfältig die grünen (y) und die gelben (x) Erbsen und bekam das folgende Verhältnis:

$$x : y = 6022 : 2001 = 3{,}01 : 1 \ .$$

Gleichzeitig führte Mendel weitere sechs Versuche durch. In jedem benutzte er zwei Erbsensorten, die nur einen Merkmalsunterschied aufwiesen. In einem der Versuche kreuzte er Erbsen mit glatten und solche mit runzligen Körnern. In der ersten Hybridengeneration waren nur Erbsen mit glatten Körnern zu verzeichnen, in der zweiten gab es auch eine Anzahl von Erbsen mit runzligen Körnern. Das Verhältnis der Anzahl von Pflanzen mit glatten Körnern zu denen mit runzligen Körnern betrug:

$$x : y = 5474 : 1850 = 2{,}96 : 1 \ .$$

In den übrigen fünf Versuchen wurden die Sorten gekreuzt, die Variationen in der Farbe der Haut, in der Fruchtform, in der Fruchtfarbe in unreifem Zustand, in der Blütenlage und in der Pflanzengröße (Zwerge und Riesen) aufwiesen.

Bei jedem Versuch trat in der ersten Hybridengeneration nur eines der zwei entgegengesetzten elterlichen Merkmale in Erscheinung. Mendel nannte es *dominantes*

Merkmal. Das andere Merkmal, das zeitweilig verschwand, nannte er *rezessives* Merkmal. Beim ersten der oben betrachteten Versuche war die gelbe Körnerfarbe das dominante Merkmal, die grüne Farbe das rezessive Merkmal. Beim zweiten Versuch entsprachen die glatten Körner dem dominanten, die runzligen dem rezessiven Merkmal. Für diese zwei Versuche wurde das Verhältnis $x : y$, also das Verhältnis aus der Zahl der Individuen mit dem dominanten Merkmal und der Zahl der Individuen mit dem rezessiven Merkmal, bereits angeführt. In den weiteren fünf Versuchen betrug das Verhältnis:

$$x : y = 705 : 224 = 3{,}15 : 1 \;;$$

$$x : y = 882 : 299 = 2{,}95 : 1 \;;$$

$$x : y = 428 : 152 = 2{,}82 : 1 \;;$$

$$x : y = 651 : 207 = 3{,}14 : 1 \;;$$

$$x : y = 787 : 277 = 2{,}84 : 1 \;.$$

In allen Fällen war der Quotient $x : y$ annähernd 3 : 1.

Folglich konnte Mendel mit Sicherheit behaupten, daß bei der Kreuzung der Pflanzen mit entgegengesetzten Merkmalen keine Verdünnung der Merkmale (wie Jenkins glaubte), sondern eine *Unterdrückung des einen Merkmals durch das andere* erfolgt. Es gilt deshalb, dominante und rezessive Merkmale zu unterscheiden; bei Hybriden der ersten Generation tritt nur das dominante Merkmal in Erscheinung, das rezessive ist voll unterdrückt (*Uniformität*sregel *für Hybriden der ersten Generation*); bei der Vermehrung durch Selbstbestäubung *teilen* sich die Hybriden der ersten Generation auf: In der zweiten Generation gibt es sowohl Individuen mit dominantem als auch mit rezessivem Merkmal, wobei deren Verhältnis etwa 3 : 1 beträgt.

Mendel begnügte sich jedoch damit noch nicht. Er sorgte für die Selbstbestäubung der Hybriden der zweiten Generation und gewann Hybriden der dritten und dann auch der vierten Generation. Er stellte fest, daß die Hybriden der zweiten Generation mit dem rezessiven Merkmal bei der weiteren Vermehrung weder in der dritten noch in der vierten Generation aufgespalten werden. So verhält sich auch etwa ein Drittel der Hybriden der zweiten Generation mit dem dominanten Merkmal. Zwei Drittel der Hybriden der zweiten Generation mit dem dominanten Merkmal werden beim Übergang zu Hybriden der dritten Generation aufgespalten, dabei beträgt das Verhältnis wieder 3 : 1. Die bei dieser Spaltung gewonnenen Hybriden der dritten Generation mit dem rezessiven Merkmal und ein Drittel der Hybriden mit dem dominanten Merkmal werden beim Übergang zur vierten Generation nicht aufgespalten, die übrigen Hybriden der dritten Generation werden wiederum im Verhältnis 3 : 1 aufgespalten.

Man beachte, daß das Phänomen der Hybridenspaltung einen wichtigen Umstand erkennen läßt: Die Individuen mit gleichen äußeren Merkmalen können unterschiedliche erbliche Eigenschaften besitzen, was erst in den äußeren Merkmalen ihrer Nachkommenschaft zutage tritt. Wir sehen, daß auf den Genotyp nicht mit Sicherheit aus dem Phänotyp geschlossen werden kann. Weist ein Individuum in seiner Nachkommenschaft keine Aufspaltung auf, so wird es als *homozygot* (reinrassig) bezeichnet; ist eine Aufspaltung zu verzeichnen, so heißt das Individuum *heterozygot* (mischerbig). Ein Beispiel für homozygote Individuen stellen alle Individuen mit dem rezessiven Merkmal unter den Hybriden der zweiten Generation dar.

Die von Mendel gewonnenen Ergebnisse sind in der Abbildung 6.1 zusammenge-
faßt. Die Organismen mit dem dominanten Merkmal sind hier weiß, die mit dem
rezessiven Merkmal grau. Bei der Betrachtung dieser Abbildung können wir eine
bestimmte Gesetzmäßigkeit feststellen. Mendel entdeckte diese Gesetzmäßigkeit und
lüftete somit das Geheimnis, wie die Vererbung der Merkmale von Generation zu
Generation erfolgt. Er bemerkte, daß die entdeckte Gesetzmäßigkeit von Wahrscheinlichkeiten geprägt ist.

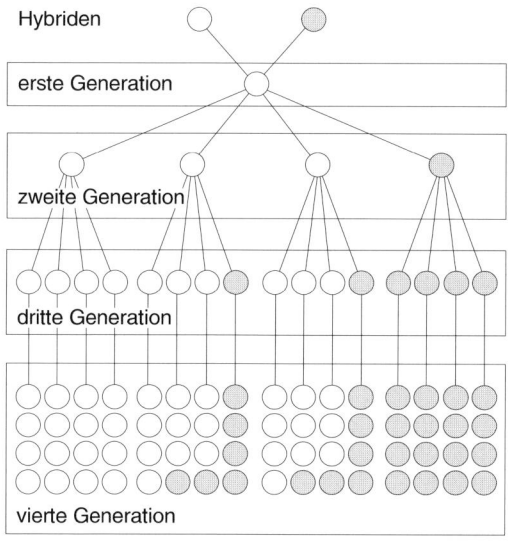

Abb. 6.1

Tatsächlich wurden Beobachtungen an Hybriden bereits vor Mendel angestellt. Aus
den Aufzeichnungen eines Zeitgenossen Mendels, Charles Naudain, der Gärtner im
Botanischen Garten von Paris war, geht zum Beispiel hervor, daß sich ab der zweiten
Generation die Gestalt der Hybriden auffallend verändert. Während in der ersten
Hybridengeneration eine perfekte Einheitlichkeit herrscht, weisen deren Nachkommen
sehr bunte Formen auf, wobei die einen den väterlichen, die anderen den mütterlichen
Arttyp nachbilden... Niemand vor Mendel unternahm jedoch systematische Forschungen unter Beachtung der festgestellten Einzelmerkmale, niemand zählte die Erscheinungen dieser oder jener Merkmale in verschiedenen Hybridengenerationen. Mendel
war der erste; er widmete diesen Versuchen acht Jahre seines Lebens. Im Unterschied
zu allen seinen Vorgängern durchdrang Mendel die *Gesetzmäßigkeiten der Merkmalsvererbung*.

Es wäre angebracht, den von Mendel entdeckten Gesetzen der Hybridenkreuzung
vom Standpunkt der modernen Genetik aus einen ganzen Abschnitt zu widmen. Doch
möchten wir hier nur noch erwähnen, daß Mendel über seine Forschungsergebnisse vor
der Gesellschaft der Naturforscher in Brünn im Februar 1865 berichtete. Die Anwesenden verstanden die Bedeutung des Vortrags nicht. Ihnen blieb verborgen, daß diese
Arbeit eine regelrechte Revolution in der Vererbungslehre herbeiführen würde. Im

Jahre 1866 wurde der Vortrag Mendels in den Brünner Berichten veröffentlicht und an 120 Forschungsanstalten in verschiedenen Ländern übersandt. Leider erhielt Darwin keinen dieser Berichte mit dem Beitrag „Versuche über Pflanzenhybriden".

In der Wissenschaft hat Mendel als Begründer der modernen Genetik längst einen Namen. Diese Anerkennung kam jedoch erst 1900, fünfzehn Jahre nach dem Tod des talentierten Forschers.

Gesetzmäßigkeiten der zufälligen Kombination von Genen bei der Kreuzung

Chromosomen und Gene. Vielleicht haben unsere Leser noch einige Fakten aus der *Zytologie* (Zellenlehre), einem Teilgebiet der Biologie, im Gedächtnis behalten. Es werden zwei Zellentypen unterschieden: *Geschlechtszellen* (*Gameten*) und *somatische* (leibliche bzw. *körperliche*) Zellen. Im *Kern* jeder Zelle gibt es fadenförmige Chromosomen, das sind riesengroße Moleküle der Desoxyribonucleinsäure (DNA – für den englischen Begriff deoxyribonucleic acid) in Verbindung mit Eiweißmolekülen. Die Chromosomen, genauer gesagt, die DNA-Moleküle enthalten alle Informationen, die den Genotyp des jeweiligen Organismus bestimmen. Einzelne Chromosomenabschnitte, die für die erblichen Merkmale „haften", werden *Gene* genannt. Jedes Chromosom besteht aus einigen Hundert Genen. Der Einfachheit halber wird ein Chromosom mitunter als ein Faden dargestellt, auf dem verschiedene Gene wie Perlen sitzen. Jeder biologischen Art entspricht ein *bestimmter Chromosomensatz*. Ausschlaggebend sind dabei die Anzahl der Chromosomen und deren Gencharakteristika. Der Hafer besitzt zum Beispiel 42 Chromosomen, die Taufliege *Drosophila* acht, der Schimpanse 48, der Mensch 46 Chromosomen. Der Kern jeder somatischen Zelle enthält einen vollen Chromosomensatz, der der jeweiligen Art entspricht. Das bedeutet, daß *jede Zelle* des Organismus alle *erblichen Informationen* enthält.

Die – für einige Arten angeführten – Chromosomenzahlen kennzeichnen die Chromosomensätze in somatischen, nicht aber in Geschlechtszellen. Jede Geschlechtszelle (Gamet) hat halb so viele Chromosomen wie die somatische Zelle.

Beginnen wir mit dem Chromosomensatz einer somatischen Zelle. Zu diesem Satz gehören zwei *Geschlechtschromosomen*. Bei weiblichen Individuen sind beide Chromosomenhälften gleich (zwei *X-Chromosomen*), bei männlichen sind sie unterschiedlich (ein *X-* und ein *Y-Chromosom*). Die somatischen Chromosomen der somatischen Zelle gliedern sich in *Paare*; die ein Paar bildenden Chromosomen (sie werden *homolog* genannt) sind einander sehr ähnlich. Jedes Chromosom enthält ein und dieselbe Anzahl von Genen, die in beiden Chromosomenfäden gleichermaßen angeordnet sind, und, was das Wichtigste ist, für ein und dieselben Merkmalsarten haften. Eine Erbse besitzt zum Beispiel ein Paar homologer Chromosomen, wobei jedes von ihnen ein Gen der Kornfärbung enthält. Dieses Gen hat, ebenso wie die anderen Gene, zwei Nebenarten (*Allele* genannt) – eine dominante und eine rezessive. Die dominante Nebenart des Farbgens (*dominantes Allel*) entspricht der gelben Farbe, die rezessive Nebenart (*rezessives Allel*) der grünen Farbe. Wenn das behandelte Gen in beiden homologen Chromosomen durch gleiche Allele repräsentiert wird, so ist das Individuum *homozy-*

got in bezug auf ein Merkmal, das in Frage kommt. Weisen beide homologen Chromosomen jedoch ungleiche Allele in einem Paar auf, so ist dieses Individuum *heterozygot*. In seinem Phänotyp tritt das Merkmal in Erscheinung, das dem dominanten Allel entspricht.

Wir betrachten nun den Chromosomensatz eines Gameten (der Geschlechtszelle). Der Gamet hat nur ein Geschlechtschromosom. Bei Weibchen ist es immer ein X-Chromosom, bei Männchen entweder ein X-Chromosom (in den einen Gameten) oder Y-Chromosom (in den anderen Gameten). Neben dem einzigen Geschlechtschromosom enthält ein Gamet je ein Chromosom aus jedem Paar der homologen Chromosomen. Angenommen, es gäbe nur zwei homologe Chromosomenpaare. Jedem Paar entspricht ein bestimmtes Merkmal. Ein Individuum sei in beiden Merkmalsarten heterozygot. Solch ein Individuum wird vier Gametentypen haben, was aus der Abbildung 6.2a gut ersichtlich ist (in der Abbildung sind Chromosomen als Träger der dominanten Allele weiß, als Träger der rezessiven Allele gerastert). In der Abbildung 6.2b ist das Individuum in einem Merkmal homozygot und im anderen heterozygot. In diesem Fall gibt es nur zwei Gametentypen.

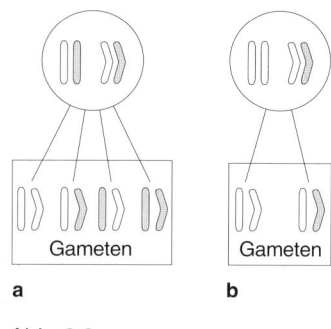

a   b

Abb. 6.2

Bei der Befruchtung wird der männliche Gamet mit dem weiblichen verschmolzen. Der befruchtete weibliche Gamet (*Zygote* genannt) besitzt einen vollen Chromosomensatz. In jedem Paar der homologen Chromosomen stammt ein Chromosom vom Vater, das andere von der Mutter. Ein Organismus entwickelt sich aus der Zygote durch *Zytokinese* (*Zellteilungen*). In jedem Fall geht einer Zellteilung die Verdopplung aller im Zellkern enthaltenen Chromosomen voraus. Als Ergebnis enthält ein Zellkern jeder somatischen Zelle des Organismus denselben Chromosomen- und Gensatz, den die Zygote besaß. Wird ein Organismus geschlechtsreif, erfolgen in ihm Sonderprozesse, die die Gametenbildung zur Folge haben. Wir werden auf diese Prozesse später noch eingehen.

Spaltungsgesetz. Wir wollen ein Merkmal näher betrachten. Es sei wie in einem der Mendelschen Versuche die Farbe der Erbsenkörner. Die Versuchsergebnisse werden wir unter Einsatz der modernen zytologischen Vorstellungen behandeln.

In der ersten Hybridengeneration sind alle Individuen im ausgewählten Merkmal heterozygot. In jeder somatischen Zelle sind beide Allele der Körnerfarbe vorhanden – gelb (dominantes Allel) und grün (rezessives Allel). Alle Körner dieser Hybriden sind freilich gelb. In Bezug auf das hier in Frage kommende Merkmal hat jede Hybride der ersten Generation zwei Gametentypen – mit einem dominanten Allel (A-Gameten) und mit einem rezessiven (a-Gameten). Es ist klar, daß es sowohl weibliche als auch männliche A- und a-Gameten gibt. Behandeln wir jetzt die Hybriden der zweiten Generation. Jeder neue Organismus entwickelt sich aus einer Zygote, die sich durch Verschmelzung des männlichen A- bzw. a-Gameten mit dem weiblichen A- oder a-Gameten bildet. Offensichtlich sind vier Alternativen möglich (Abbildung 6.3):

AA – die Verschmelzung des männlichen A-Gameten mit dem weiblichen A-Gameten,

Aa – die Verschmelzung des männlichen A-Gameten mit dem weiblichen a-Gameten,

aA – die Verschmelzung des männlichen a-Gameten mit dem weiblichen A-Gameten,

aa – die Verschmelzung des männlichen a-Gameten mit dem weiblichen a-Gameten.

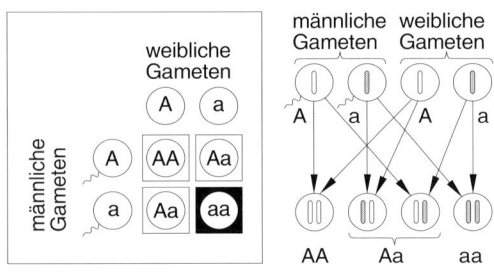

Abb. 6.3

Alle vier Möglichkeiten sind *gleichwahrscheinlich*. Unter einer recht großen Anzahl von Zygoten werden also AA-Zygoten ein Viertel, aa-Zygoten ein Viertel und, schließlich, Aa-Zygoten die Hälfte ausmachen (die Varianten Aa und aA sind gleichberechtigt, wenn man die Merkmalsvererbung in Betracht zieht). Enthält eine Zygote nur ein einziges dominantes Allel, so erscheint im Phänotyp das dominante Merkmal (gelbe Körnerfarbe). Die Pflanzen, die sich aus AA- und Aa-Zygoten entwickelt haben, werden folglich gelbe Körner haben, die Pflanzen hingegen, die sich aus aa-Zygoten entwickelt haben, werden grüne Körner haben. Wir sehen also, daß die Wahrscheinlichkeit der Entstehung eines Individuums mit dem dominanten Merkmal gleich 3/4 ist, die Wahrscheinlichkeit, ein Individuum mit dem rezessiven Merkmal zu bekommen, beträgt 1/4. Hieraus resultiert das Mendelsche Verhältnis 3 : 1, das die Merkmalsspaltung beim Übergang von der ersten zur zweiten Hybridengeneration kennzeichnet. Mendel konnte dieses Verhältnis nicht nur ermitteln, sondern es auch richtig erklären, wobei der Begriff *Wahrscheinlichkeit* bereits benutzt wurde. Dieses war das *erste Mendelsche Gesetz*, auch *Spaltungsgesetz* genannt.

Wir möchten hervorheben: Eine Zygote bildet sich durch *zufällige Verschmelzung* eines männlichen und eines weiblichen Gameten von diesem oder jenem Typ. Eine große Anzahl solcher zufälligen Verschmelzungen gehorcht *notwendigerweise* einer bestimmte Gesetzmäßigkeit, die im ersten Mendelschen Gesetz ihren Ausdruck findet.

Zu beachten ist, daß sich aus AA- und aa-Zygoten Homozygoten (wenn man ein Merkmal in Betracht zieht) entwickeln, während sich aus Aa-Zygoten Heterozygoten entwickeln, bei denen die Merkmalsspaltung im Übergangsprozeß zur nächsten Generation wiederum im Verhältnis 3 : 1 ablaufen wird.

Das Gesetz der unabhängigen Genverteilung. Wir untersuchen die Hybriden der zweiten Generation, wobei wir jetzt nicht ein, sondern zwei Merkmale in Betracht ziehen werden. Es sei vorausgesetzt (das ist sehr wichtig), daß sich die für die behandelten Merkmale verantwortlichen Gene in verschiedenen Paaren der homologen Chromosomen befinden. Als Beispiel können die Farbe der Erbsenkörner (ein Merkmal) und die Körnerform (das andere Merkmal) dienen. Wir bezeichnen mit A das dominante Allel der Farbe (gelb), mit a das rezessive Allel der Farbe (grün), mit B das dominante Allel der Form (glatt) mit b das rezessive Allel der Form (runzelig). Jede Hybride der ersten Generation besitzt vier Typen der männlichen und vier Typen der weiblichen Gameten: AB, Ab, aB, ab (siehe Abbildung 6.2a). Die Zygotenbildung erfolgt durch Verschmelzung zweier Gameten (männlich und weiblich), wobei jeder einen der vier Typen darstellt. Es sind 16 Alternativen möglich; sie sind aus der Abbildung 6.4 ersichtlich. Alle diese Möglichkeiten sind *gleichwahrscheinlich*.

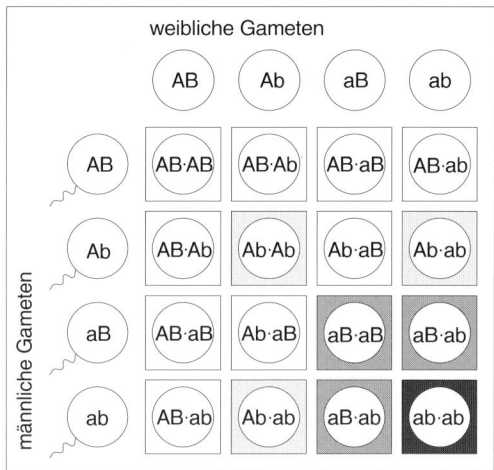

Abb. 6.4

Die Anteile der Zygoten verschiedener Typen (in bezug auf die Gesamtzahl der Zygoten, die recht groß sein muß) verteilen sich also wie folgt: 1/16 auf den Zygotentyp AB-AB, 1/16 für Ab-Ab, 1/16 für aB-aB, 1/16 für ab-ab, 1/8 für AB-Ab (unter Beachtung auch des Typs Ab-AB), 1/8 für AB-aB (unter Beachtung von aB-AB), 1/8 für AB-ab (unter Beachtung von ab-AB), 1/8 für Ab-aB (unter Beachtung von aB-Ab), 1/8 für Ab-ab (unter Beachtung von ab-Ab), 1/8 für aB-ab (unter Beachtung von ab-aB). Mit Rücksicht auf die Unterdrückung der rezessiven Allele durch die jeweiligen dominanten können wir schlußfolgern, daß die Wahrscheinlichkeit der Erscheinung eines Individuums mit gelben glatten Körnern in der zweiten Hybridengeneration gleich der Summe der Wahrscheinlichkeiten der Zygotenbildungen der Typen AB-AB, AB-Ab, AB-aB, AB-ab, Ab-aB ist. Sie beträgt also 9/16 (= 1/16 + 1/8 + 1/8 + 1/8 + 1/8).

Die Wahrscheinlichkeit des Auftretens eines Individuums mit gelben runzligen Körnern ist gleich der Summe der Wahrscheinlichkeiten der Zygotenbildungen der Typen Ab-Ab und Ab-ab, d. h. 3/16 (= 1/16 + 1/8). Die Wahrscheinlichkeit des Antreffens eines Individuums mit grünen glatten Körnern ist gleich der Summe der Wahrscheinlichkeiten der Zygotenbildungen der Typen aB-aB und aB-ab, also auch 3/16 (= 1/16 + 1/8). Schließlich ist die Wahrscheinlichkeit, daß ein Individuum mit grünen runzligen Körnern vorkommt, gleich der Wahrscheinlichkeit der Zygotenbildung ab-ab, also 1/16. Somit verhalten sich die Anteile verschiedener Phänotypen (in bezug auf die zwei interessierenden Merkmale) in der zweiten Hybridengeneration zueinander wie 9 : 3 : 3 : 1. Das ist also das Kernstück des *zweiten Mendelschen Gesetzes*, nach dem die Spaltung in einem Merkmal *unabhängig* von der Spaltung im anderen Merkmal abläuft.

Das Morgansche Gesetz. Das Gesetz der unabhängigen Verteilung der Gene gilt, wenn die in Frage kommenden Gene Bestandteile verschiedener Chromosomen in einem Gameten sind (und dementsprechend auch Bestandteile verschiedener Paare homologer Chromosomen in einer somatischen Zelle). Sind die Gene jedoch Bestandteile *ein und desselben* Chromosoms, so werden sie zusammen vererbt. Eben darauf ist die von dem amerikanischen Entwicklungsphysiologen und Genetiker Morgan entdeckte und untersuchte Abweichung vom zweiten Mendelschen Gesetz zurückzuführen, die jedesmal zu beobachten ist, wenn *gekoppelte* Gene (Gene als Bestandteile ein und desselben Chromosoms) für die behandelten Merkmale ausschlaggebend sind. Die gemeinsame Vererbung der gekoppelten Gene heißt das *Morgansche Gesetz*.

Thomas Hunt Morgan (1866 – 1945) begründete die Chromosomentheorie der Vererbung. Durch Verwendung der Chromosomenvorstellungen konnte er nicht nur die Mendelschen Gesetze begründen, sondern auch die Bedingungen für ihre Anwendbarkeit festlegen und außerdem noch mehrere neue Ergebnisse gewinnen. Zu diesen neuen Ergebnissen gehört nicht nur das Morgansche Gesetz, sondern auch das von Morgan entdeckte Phänomen des *crossing over* von Chromosomen.

Crossing over. Bei der Untersuchung der Vererbung der von gekoppelten Genen bedingten Merkmale stellte Morgan fest, daß die Genkopplung *nicht absolut* ist: In der zweiten Bastardgeneration gibt es Individuen, die ihre gekoppelten Gene zum Teil vom Vater, die übrigen von der Mutter geerbt haben. Nachdem die Versuche an der Taufliege *Drosophila* abgeschlossen worden waren, fand Morgan eine Erklärung für diese Tatsache. Er stellte fest, daß die Gametenbildung im Organismus (dieser Prozeß heißt *Meiose*) mit einer Art „Abschiedstanz" der homologen Chromosomen beginnt.

Stellen Sie sich zwei gestreckte homologe Chromosomenfäden vor, die sich vor dem Auseinandergehen und der Bildung verschiedener Gameten eng aneinandergeschmiegt haben (jedes Gen an ein entsprechendes Gen), wonach sie sich mehrmals verdrehten. Diese Verdrehung der Chromosomen oder ihr gegenseitiges Überkreuzen bewirkt, daß die intrazellulären Kräfte, die in die Gegenrichtung wirken, um die Chromosomen zu trennen, die Chromosomen *zerreißen*. Die Bruchstelle verändert sich zufällig von einem Paar überkreuzter Chromosomen zum anderen. Der Bruch ergibt, daß einem Gameten nicht ein ganzes Chromosom, sondern *einander ergänzende* Bruchstücke beider homologen Chromosomen zukommen; die anderen Bruchstücke dieser Chromosomen bilden den anderen Gameten. Dieser Vorgang ist schematisch in der Abbildung 6.5 dargestellt. Es sei darauf hingewiesen, daß entsprechende Gene beider Chromosomen (es handelt sich um Allele) zum Zeitpunkt des Bruches in direktem Kontakt miteinander stehen. Wo der Bruch auch geschehen mag, ein Allel des einen Chromosoms wird deshalb von einem Gameten, ein Allel des anderen Chromosoms vom anderen Gameten aufgenommen. Das heißt, es wird keinen Gameten geben, der ein Allel des behandelten Gens nicht erhalten hat. Das können wir uns so vorstellen, daß die ,,tanzenden" Chromosomenpaare vor dem Abschied irgendwelche ihrer Teile austauschten, es müssen unbedingt korrespondierende Teile sein. Letzten Endes ergibt sich, daß jeder neugebildete Gamet immerhin einen vollständigen Gentypensatz besitzt, der dem jeweiligen Chromosom eigen ist. Dabei erfolgt eine *zufällige Umordnung* der väterlichen und der mütterlichen Allele.

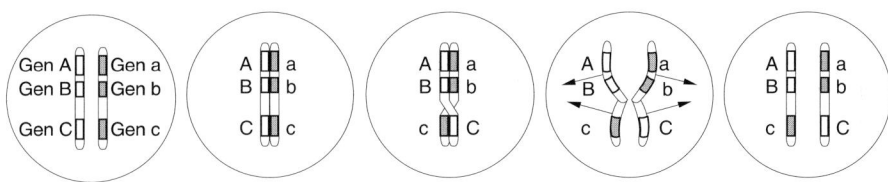

Abb. 6.5

Der Zufall spielt beim *crossing over* der Chromosomen eine große Rolle. Zufällig erfolgt der Bruch in diesem oder jenem Chromosomenpaar, ebenso wie die Umordnung der elterlichen Allele.

Die Erscheinung des Überkreuzens von Chromosomen (*crossing over*) vergrößert das Wirkungsfeld des Zufalls und fördert somit die Entwicklung innerhalb der Arten, indem zusätzliche Möglichkeiten für das ,,Mischen" der elterlichen Genkarten geschaffen werden. Gleichzeitig bewahrt diese Erscheinung die jeweilige Art vor eventuellen zufälligen genetischen Anschlägen auf die Art selbst. Gesetzt den Fall, es erfolgte eine zufällige Kreuzung von Individuen zweier verschiedener Arten und es entstanden Bastarde. Bei diesen Bastarden sind in jedem ,,homologen Paar" Chromosomen vereint, die eine recht unterschiedliche Genstruktur aufweisen, da diese Chromosomen von Eltern stammen, die zu verschiedenen Arten gehören! Wenn die Zeit heranrückt, Geschlechtszellen zu bilden, werden solche Chromosomen außerstande sein, den gemeinsamen ,,Abschiedstanz" zu vollführen, da erhebliche Strukturdifferenzen vorliegen. Es bilden sich also keine Gameten; eine zweite Bastardgeneration kann folglich nicht entstehen. Deshalb haben zum Beispiel Maultiere (Bastarde eines Esels und eines Pferdes) keine Nachkommenschaft.

Junge oder Mädchen? Wir haben bereits erwähnt, daß beide Sexchromosomen bei Frauen gleich sind – es sind die X-Chromosomen. Die Sexchromosomen sind bei Männern hingegen unterschiedlich – es handelt sich um ein X- und ein Y-Chromosom. Etwa die Hälfte männlicher Gameten ist Träger des X-, die andere Hälfte Träger des Y-Chromosoms. Verbindet sich der X-Gamet des Mannes mit dem weiblichen Gameten, so bildet sich die X-Zygote, aus der sich ein Mädchen entwickeln wird. Verbindet sich jedoch der männliche Y-Gamet mit dem weiblichen, so bildet sich die XY-Zygote, aus der sich ein Junge entwickeln wird.

Mutationen

Wir haben uns mit den zufälligen Gencodeveränderungen auseinandergesetzt, die bei der Kreuzung als Ergebnis der Kombination der elterlichen Gene ablaufen. Alle diese Veränderungen sind durch den vorhandenen Genbestand (Genpool) beschränkt. Dabei bilden sich keine neuen Gene. Zugleich gibt es zufällige erbliche Veränderungen, die mit der Kombination von Genen nicht zusammenhängen. Sie sind auf Umwelteinflüsse zurückzuführen, die auf die Genstruktur der Chromosomen einwirken, sowie auf zufällige Störungen im biologischen Mechanismus, der für die Speicherung der genetischen Informationen bei Teilungen der somatischen Zellen und während der Meiose zu sorgen hat. Diese erblichen Veränderungen heißen *Mutationen*.

Erscheinungsformen der Mutationen. Es gibt eine ernsthafte Erkrankung, *Hämophilie* genannt, bei der das Blut des Menschen unfähig ist zu gerinnen. Diese Krankheit wird vererbt und kommt nur bei Männern vor. Es hat sich herausgestellt, daß die Hämophilie die Folge der *Mutation* eines im X-Sexchromosom befindlichen Gens ist. Da die Frauen zwei X-Chromosomen besitzen, widersetzt sich das normale Gen in einem Chromosom dem mutanten Gen in dem anderen. Das mutante Gen ist rezessiv. Es wird durch das normale Gen unterdrückt. Deshalb leiden Frauen nicht unter Hämophilie. Anders sieht die Sache jedoch bei Männern aus. Der Sexchromosomensatz besteht bei Männern aus zwei *verschiedenen* Chromosomen – einem X- und einem Y-Chromosom. Da gibt es kein entsprechendes normales Gen, das das Gen der Hämophilie unterdrücken könnte. Im Ergebnis erkrankt ein Mann, der von seiner phänotypisch gesunden Mutter ein X-Chromosom mit dem mutanten Gen geerbt hat, an der Hämophilie.

Zum Glück treten solche Mutationen nicht allzu häufig zutage. Eine kurzfingrige Hand, ein sechster Finger, das Herz auf der rechten Seite sind recht seltene Mutationserscheinungen. Viel häufiger treten andere Mutationen auf, wie zum Beispiel verschiedenfarbige Augen, erheblicher Haarausfall (einschließlich der Glatzenbildung), eine ungewöhnliche Farbe des Haarkleides bei Tieren usw. Auch bei Pflanzen sind des öfteren Mutationen anzutreffen. Sie treten hier in großer Vielfalt auf: Der Stiel, die Blätter und die Blüten können davon betroffen sein.

Worauf sind die Mutationen zurückzuführen? Diese oder jene konkrete Mutation stellt ein recht seltenes Phänomen dar. Zum Beispiel beträgt die Wahrscheinlichkeit, daß ein auf gut Glück ausgewählter Gamet mit einem X-Chromosom eine die Hämophilie bewirkende Mutation haben wird, nur 10^{-5}. Die anderen Mutationen sind noch seltener zu beobachten – ihre Wahrscheinlichkeit beträgt im Mittel etwa 10^{-6}. Es sollte allerdings die Vielfalt der Mutationen beachtet werden. Mutationen können viele verschiedene Gene aus der riesigen Gesamtheit betreffen, die jedem Gameten zukommt. Nicht unwesentlich ist auch, daß Mutationen vererbt, daß sie *angehäuft* werden. So gesehen sind Mutationen keine seltenen Erscheinungen. Es wurde ermittelt, daß sich ein Gamet als Träger irgendeiner Mutation unter etwa jedem zehnten Gameten entdecken läßt.

Das Auftreten einer konkreten Mutation ist ein *zufälliges* Ereignis. Dieses Ereignis hat jedoch objektive Ursachen. Ein Organismus entwickelt sich im Ergebnis mehrfacher Zellteilungen. Die Zytokinese beginnt damit, daß im Zellkern die Selbstverdopplung (Reduplikation) der Chromosomen und, folglich, der DNA-Moleküle erfolgt. Jedes DNA-Molekül stellt gleichsam eine exakte Kopie von sich her – mit dem gleichen Genbestand. Der komplizierte Prozeß der Reduplikation eines DNA-Moleküls geht mit zufälligen Störungen einher. Die genetischen Informationen werden in der DNA sehr sparsam, auf molekularer Ebene, aufgezeichnet. Beim Kopieren der Informationen sind „Druckfehler" verschiedener Art möglich, die auf die thermische Bewegung der Stoffmoleküle zurückzuführen sind. Diese „Druckfehler" entstehen infolge der un-vermeidlichen *Fluktuationen* im Verhalten der Teilchen. In einem DNA-Molekül kann z.B. die Menge der Wasserstoffionen in der Nähe einer Stickstoffverbindung während der Reduplikation zufällig zunehmen. Diese Fluktuation kann die Abspaltung einer Base von der DNA, also eine Störung in der Struktur des jeweiligen Gens, bewirken.

Bei allen Arten, die sich auf geschlechtlichem Wege vermehren, werden an die Nachkommenschaft nur die Mutationen weitergegeben, die die geschlechtlichen Zellen betreffen. Sehr wesentlich wirken sich deshalb die zufälligen Störungen aus, die bei der Bildung der Geschlechtszellen erfolgen, und zwar im Prozeß der Meiose. Diese Störungen können nicht nur einzelne Gene, sondern auch die Chromosomen insgesamt betreffen. Einzelne Gameten können ein Chromosom mit verzerrter Genstruktur oder überhaupt ein Chromosom weniger bekommen. Möglich ist auch die Gametenbildung mit überflüssigen Chromosomen.

Die Mutationen sind jedoch nicht einzig und allein auf die thermische Bewegung der Moleküle zurückzuführen. Man fand heraus, daß verschiedene Umwelteinflüsse Mutationen bewirken können. Diese heißen *mutagene* Einflüsse. Zu ihnen gehören einige chemische Substanzen und Strahlen verschiedener Art: Röntgenstrahlen, beschleunigte geladene Teilchen, Neutronenstrahlen usw.

Nutzen und Schaden von Mutationen. Vom Standpunkt der Evolution aus bringen Mutationen ohne Zweifel einen Nutzen. Mehr als das: Sie sind notwendig. Die riesengroße Genvielfalt bei jeder Art und die große Vielfalt der Arten, die es auf der Erde gibt, sind Folgen zahlreicher Mutationen, die im Laufe der Jahrmillionen erfolgten (und auch heute noch erfolgen). Vom Standpunkt der einzelnen Organismen aus betrachtet sind die Mutationen in der Regel schädlich, in Einzelfällen sogar tödlich. Als Folge einer längeren Evolution erblickt ein Organismus mit einem komplizierten Genotyp, der an die Lebensbedingungen recht gut angepaßt ist, das Licht der Welt. Eine zufällige Veränderung im Genotyp bewirkt hierbei eher irgendwelche Störungen im eingespielten biologischen Mechanismus.

Wir sehen also, daß Mutationen zugleich nutzbringend (sogar notwendig) und schädlich sind. Wenn Mutationen bei einer Art sehr häufig auftreten (z.B. infolge einer radioaktiven Verseuchung der Umwelt), so steigt dadurch die Letalität (Sterblichkeit). In der Folge verringert sich deren Bestand, möglich wird auch das Aussterben der Art. Wenn Mutationen bei einer Art hingegen sehr selten vorkommen, so kann sich diese Art bei einer erheblichen Veränderung der Umweltbedingungen an sie nicht anpassen und geht auch zugrunde. Die Mammute zum Beispiel konnten sich an die veränderten Umweltbedingungen (starke Abkühlung während der Eiszeit) nicht anpassen und sind ausgestorben. Es wirkt sich also artvernichtend aus, wenn es sehr viele Mutationen gibt, und diese sehr häufig auftreten; ebenso wenn es praktisch keine Mutationen gibt oder wenn sie sehr selten auftreten.

Organismus und Mutationen. Die Anpassung der Organismen an die Umweltbedingungen setzt auch die Anpassung an Mutationen voraus. Infolgedessen sinkt der Grad des von der Mutation zugefügten Schadens erheblich. Diese Anpassung ist natürlich, weil die Entwicklung einer Art in direktem Zusammenhang mit der Überlebensrate ihrer Vertreter steht.

Wir wollen diesen Zusammenhang im Rahmen der Genetik diskutieren. Nehmen wir an, die jeweilige Zygote sei im Ergebnis der Verschmelzung eines normalen und eines mutierten Gameten entstanden. Den mutierten Gameten verursacht ein verdorbenes (mutiertes) Gen in einem Chromosom. Dieses Gen sei für lebenswichtige Prozesse verantwortlich, so daß es sich wirklich um eine regelrecht gefährliche Mutation handelt. Dem mutierten Gen widersetzt sich das normale Gen im Chromosomenpaar. In Bezug auf das normale Gen kann das mutierte Gen entweder eine dominante oder rezessive Wirkung aufweisen. Betrachten wir diese beiden Möglichkeiten.

Übt das mutierte Gen eine *dominante* Wirkung aus, so startet es seine ,,verhängnisvolle Tätigkeit" unverzüglich. Im Ergebnis geht ein Organismus bereits in der embryonalen Periode zugrunde. Die Darwinsche Auslese erfüllt hier ihre sanitäre Mission lange vor der Ausbreitung der dominanten Mutation in der Nachkommenschaft. Es erfolgt keine Anhäufung der dominanten mutierten Gene. Anders verhält sich die Sache, wenn das mutierte Gen *rezessiv* ist. Es wird durch das normale Gen unterdrückt, deshalb erweist sich der jeweilige Organismus als phänotypisch gesund. Hinzu kommt noch, daß es auch in seiner Nachkommenschaft phänotypisch gesunde Individuen geben wird. Erst in sehr seltenen Fällen kann sich das rezessive mutierte Gen manifestieren, wenn es zu irgendeinem Nachkommen zugleich durch den väterlichen und den mütterlichen Gameten gelangen wird.

Wir hätten beinahe gewagt zu behaupten, die weise Natur trüge Sorge dafür, das Risiko der verderblichen Mutationen zu verringern. Das ist jedoch nicht der Fall. Es herrscht das große Prinzip der Auslese von Organismen, die sich am besten anpassen können. Über eine andere ,,Weisheit" verfügt die Natur nicht.

Leider fördern die Menschen mitunter selbst die Gefahr von Mutationen. Die Wahrscheinlichkeit, daß zwei rezessive mutierte Gene bei einem Nachkommen vorliegen, wird größer, wenn Ehen zwischen Verwandten sowie im Bereich einer *engen Menschengruppe* geschlossen werden, zum Beispiel im Bereich einer Gemeinde, einer Sekte, einer irgendwo tief im Gebirge liegenden Siedlung usw. Dort, wo solche Ehen gang und gäbe sind, kommen Ausbrüche verschiedener Erbkrankheiten (sie werden *rezessive Krankheiten* genannt) unvermeidlich vor. Es gibt etwa fünfhundert solche Krankheiten. Sie bewirken Taubstummheit, geistige und körperliche Behinderungen. Somit vergrößert jede künstliche Trennung der Menschen – ihre Gliederung in abgeschlossene Gruppen – die genetische Gefahr, da dadurch die Wahrscheinlichkeit der rezessiven Krankheiten steigt.

In der zweiten Hälfte unseres Jahrhunderts stieg die Mutationsgefahr infolge der Kernwaffenversuche stark an. Die radioaktive Strahlung ist ein mutagener Faktor mit großen Auswirkungen. In einem Teststoppabkommen vereinbarten 1963 die USA, die UdSSR und Großbritannien die Einstellung von Kernwaffenversuchen zumindestens in der Atmosphäre, im Weltraum und unter Wasser. 1967 folgte der Weltraum- und Meeresbodenvertrag, 1968 der Kernwaffensperrvertrag und 1972 das B-Waffenabkommen. Notwendig und vernünftig, aber (noch) eine Vision ist die vollständige Abrüstung.

Gesetz der homologen Reihen in der erblichen Veränderlichkeit. Jede einzelne Mutation ist eine zufällige, nicht zielgerichtete und nicht vorhersagbare Erscheinung. Wenn auch bei einer Art eine Vielzahl von Mutationen auftritt (das läßt sich am besten an Pflanzen beobachten), so weist das Mutationsbild insgesamt doch auf eine *Gesetzmäßigkeit* hin. Dieser notwendige Zusammenhang wird durch das *Gesetz der homologen Reihen* in der erblichen Veränderlichkeit bestätigt. Es wurde von dem russischen Genetiker Nikolai Iwanowitsch Wawilow (1887 – 1943) entdeckt. Aus einer großen Zahl von Daten leitete er ab, daß die genetisch verwandten Arten durch ähnliche (homologe) Reihen der ererbten abgewandelten Merkmale gekennzeichnet sein müssen. Wenn die Mutationen zum Beispiel bei Roggen mehrere häufig auftretende erbliche Merkmale bewirken, so müssen auch Weizen, Gerste, Hafer und einige andere Kulturen dieselbe Reihe von Merkmalen aufweisen.

Das von Wawilow entdeckte Gesetz wird manchmal dem Periodensystem der Elemente gleichgesetzt. Es soll damit unterstrichen werden, daß dieses Gesetz es erlaubt, neue Mutanten (wie das Periodensystem neue Elemente) vorauszusagen. Während einer Forschungsreise in den Pamir fand Wawilow 1917 eine Weizennebenart mit Blättern, deren Ansatz mit keiner Ligula (zartes Blatthäutchen) versehen war. Damals kannten die Biologen weder ligulalosen Roggen noch ligulalose Gerste. Nach dem Wawilowschen Gesetz müßten solche Roggen- und Gerstenebenarten vorkommen. Und im Jahre 1918 fand man den ligulalosen Roggen dann auch. Durch Bestrahlung der normalen Gerste mit Röntgenstrahlen erhielt man später, im Jahre 1935, auch die ligulalose Gerste.

Die Evolution aus der Sicht der Genetik

Es gab eine Zeit, in der manche Biologen versuchten, die Lehre von Darwin der von Mendel entgegenzustellen. Diese Gegenüberstellung gehört zu den ärgerlichsten Irrtümern. Heute scheint sie absurd zu sein. Es wird allgemein anerkannt, daß es gerade die Genetik war, die die Darwinsche Theorie der Entstehung der Arten wissenschaftlich begründete und erklärte, wie die Vererbung abgewandelter Merkmale erfolgt. Heute ist der Darwinismus eine logisch aufgebaute, in hohem Ansehen stehende Lehre, die wertvolle Empfehlungen für die praktische Tätigkeit geben kann. Diese Lehre wurzelt tief in der modernen Genetik.

Nichtgerichtete hereditäre Variabilität. Der sowjetische Biologe Iwan I. Schmalgausen verwies darauf, daß jede Art und jede ihre Population in sich „eine Reserve an erblicher Veränderlichkeit" birgt. Diese Reserve wird durch die natürliche Auslese bei der Veränderung der Umweltbedingungen beansprucht.

Es gibt zwei Hauptmechanismen des Aufkommens der nichtgerichteten hereditären Variabilität. Zum einen ist es die *Mutationsveränderlichkeit*. Es sind eben die Mutationen, die letzten Endes der großen Vielfalt der Arten und der Genvielfalt innerhalb einer Art zugrunde liegen. Die durch Mutationen bedingten Abwandlungen vollziehen sich sehr langsam, aber kontinuierlich, pausenlos und seit langer Zeit. Viel unmittelbarer wirkt sich der Mechanismus des Aufkommens der hereditären Variabilität im Ergebnis einer zufälligen *Kombination der elterlichen Gene* bei der Kreuzung aus. Dabei sind die

Genkombinationen infolge der Verschmelzung zufälliger Paare verschiedengeschlechtiger Gameten und Genkombinationen infolge der Aufnahme der zufällig vermischten Teile der Chromosomenpaare in einem Gameten (*crossing over*) zu unterscheiden.

Natürlich sind Abwandlungen bei Genkombinationen durch den vorhandenen Genbestand beschränkt. Dieser Genbestand ist allerdings sehr groß. Es wurde berechnet, daß sich aus dem Genbestand eines Vaters und einer Mutter im Prinzip bis zu 10^{50} verschiedene menschliche Genotypen konstruieren lassen. Das ist eine unvorstellbar große Zahl. Auf der Erde leben heute weniger als 10^{10} Menschen. Man kann praktisch unmöglich zwei genetisch identische Personen finden (mit Ausnahme der Zwillinge, die sich aus einer Zygote entwickeln). Jeder Mensch ist genetisch gesehen einzigartig; er besitzt den Genotyp, den es in der Welt nur in einem Exemplar gibt.

Darwinscher Dämon kontra Maxwellscher Dämon. Im vierten Kapitel erkundeten wir den *Maxwellschen Dämon*. Ohne Informationen von außen zu beziehen, konnte dieser „Dämon" im Prinzip keine Sortierung der Moleküle vornehmen – er konnte die schnelleren Moleküle von den langsamen nicht trennen, um erstere in einer Gefäßhälfte zu konzentrieren. Die Hilflosigkeit des Maxwellschen Dämons ließ die grundsätzliche *Unmöglichkeit* erkennen, *Atome bzw. Moleküle zu sortieren*, was in vollem Einklang mit dem zweiten Hauptsatz der Thermodynamik steht.

Bei der Behandlung der in der belebten Natur ablaufenden natürlichen Auslese gebrauchte der amerikanische Biochemiker und Verfasser von Science-fiction-Literatur Isaac Asimov (geb. 1920) den Begriff *Darwinscher Dämon*. Im Unterschied zum hilflosen Maxwellschen Dämon wirkt dieser Dämon sehr erfolgreich. Er selektiert und läßt Organismen mit höheren Überlebenschancen und weiteren Vermehrungsmöglichkeiten in die nächste Generation passieren. Worin besteht nun der grundlegende Unterschied zwischen dem Darwinschen Dämon und dem Maxwellschen? Die Antwort ist einfach: Sie wirken auf *verschiedenen* Ebenen. Alle Vorgänge beginnen auf der atomaren bzw. molekularen Ebene. Auf dieser Ebene entstehen zufällige, nicht zielgerichtete Mutationen, erfolgen zufällige Genrekombinationen. Hätte der Darwinsche Dämon hier funktionieren können, so hätte er sich gleich daran gemacht, die „günstigsten" Mutationen, die „gelungensten" Genkombinationen auszuwählen. Das geschieht nicht, weil die Auslese auf der atomaren oder molekularen Ebene unmöglich ist.

Hier wird nun das *Verstärkungsprinzip* wirksam. Wir wollen annehmen, daß ein mutiertes Gen von einer Zygote aufgenommen wurde. Je nach der Entwicklung des Organismus erfolgen mehrfach Zellteilungen; woraus es sich ergibt, daß das mutante Gen etwa 10^{15} mal vervielfältigt wurde. Eine ebenso große Verbreitungszahl erlebt auch die zufällige Genkombination, die in der behandelten Zygote verwirklicht wurde. Somit ergibt sich eine *mehrfache Verstärkung* der *zufälligen Abwandlungen* des genetischen Codes beim Werdegang eines Phänotyps. Auf diese Weise vollzieht sich ein Übergang von der atomar-molekularen Ebene auf das Niveau der *Makroerscheinungen*. Auf diesem Niveau ist eine Auslese durchaus möglich. Wir möchten hervorheben, daß der Darwinsche Dämon nicht versucht, die abgewandelten genetischen Codes zu selektieren. In diesem Sinne unterscheidet er sich vom Maxwellschen Dämon. Er wirkt auf Phänotypen der Organismen ein, wo jede Veränderung des genetischen Codes 10^{15} mal größer wird. Es erübrigt sich wohl zu erklären, wie der Darwinsche Dämon wirkt. Die Realisierungsformen der natürlichen Zuchtwahl sind in vielen Biologiebüchern beschrieben. Es sei nur soviel gesagt, daß dieser Dämon recht unerbittlich ist. Sehr rigoros merzt er die Phänotypen aus, deren Anpassungsfähigkeit sich zufällig als mangelhaft erwiesen hat. Von denen jedoch, die eine zufriedenstellende Adaptivität an die Umweltbedingungen aufweisen, gibt er den besser angepaßten Lebewesen den Vorzug, die schlechter angepaßten werden in der Regel ebenfalls ausgemerzt.

Der Darwinsche Dämon wirkt übrigens nicht so direkt: Die Prüflinge bekommen von ihm eine zusätzliche Chance. Die heute unbrauchbaren Abwandlungen des genetischen Codes können sich morgen als sehr nützlich erweisen. Heute bringen sie gar keinen Nutzen, fügen sogar Schaden zu, morgen sind sie vielleicht nutzbringend. Daraus folgt, daß sich die Zeit zu nehmen angesagt ist – der ,,Urteilsverkündung'' ist nicht vorzugreifen. Die zufällig entstandene Abwandlung im genetischen Code mag im Laufe einiger Phänotypgenerationen ,,schlummern'', als rezessives Gen verschleiert, und plötzlich später von Nutzen sein.

Der Effekt des Darwinschen Dämons, mit anderen Worten, die natürliche Auslese, steht in keinem Widerspruch zum zweiten Hauptsatz der Thermodynamik. Die Lebewesen existieren nur dank dem Zufluß der Negentropie aus der Umwelt, also durch die Erhöhung der Entropie in diesem Milieu. Diese Erhöhung der Entropie ist das ,,Entgelt'' für Dienstleistungen des Darwinschen Dämons.

Die Vielfalt der Arten. Die auf der Erde zu beobachtende Vielfalt der Arten, wo neben den simpelsten auch sehr komplizierte, hoch organisierte Lebewesen koexistieren, ist das Ergebnis der Evolution, die nunmehr über zwei Milliarden Jahre andauert. Vor zwei Milliarden Jahren existierten auf der Erde nur einige Bakterienarten und Blaugrünalgen. Einige hundert Millionen Jahre später erschienen einzellige Organismen mit dem ausgestalteten Zellkern. In weiteren hundert Millionen Jahren entstanden Hohltiere, Würmer und Weichtiere. Vor etwa einer halben Milliarde Jahren kamen Fische auf, später Lurche, noch später Kriechtiere. Vor etwa einhundert Millionen Jahren entwickelten sich Säugetiere. Bei einer Untersuchung des Evolutionsprozesses ist unschwer zu erkennen, daß sich hier kein einfacher Übergang von weniger komplizierten Arten zu den komplizierteren vollzog. Freilich starben Arten aus, deren Anzahl war nicht klein; nichtsdestoweniger gibt es auch heute noch neben den komplizierten eine riesengroße Anzahl von einfachen Arten. Die Arten evolutionierten nicht in der Richtung *von den primitiven zu den komplizierteren*, sondern *von den weniger angepaßten zu den besser angepaßten* Arten, da die natürliche Auslese gerade in dieser (und in keiner anderen) Richtung abläuft. Dieser Prozeß zeichnet sich dadurch aus, daß sich die *Anzahl der Arten vergrößert*, daß ihre Vielfalt immer größer wird. Sicher werden dabei immer besser organisierte Arten entstehen, so daß der Evolutionsprozeß einen Fortschritt bedeutet.

Mehrere Gründe erklären, warum die Evolution eine Vergrößerung der Anzahl verschiedener Arten bewirkt. Erstens steigt mit der Zeit die erbliche Veränderlichkeit – die Mutationen summieren sich, auch der Genbestand wird größer. Zweitens gibt es eine größere Anzahl der Adaptationsvarianten bei jeder Veränderung der Umwelteinflüsse. Die natürliche Auslese läßt alle akzeptablen Varianten passieren. Dabei können Varianten sowohl mit einer komplizierteren als auch mit einer weniger komplizierten Organisation selektiert werden. Drittens beweist eine einmal entstandene Art ihre Beständigkeit. Sie widersetzt sich insbesondere der Gefahr, sich in anderen Arten aufzulösen. Wir erinnern uns, daß Bastarde aus der Kreuzung zwischen verschiedenen Arten keine geschlechtlichen Zellen bilden können und, folglich, keine Nachkommenschaft haben. Bei der Behandlung des Prozesses, bei dem die Anzahl der Arten zunimmt, soll aber auch die umgekehrte Richtung beachtet werden, zum Beispiel die Ausmerzung einer Art infolge des Kampfes ums Überleben zwischen den Arten oder das Zugrundegehen einer Art infolge ihrer Unfähigkeit, sich an jäh und sehr stark veränderte Umweltbedingungen anzupassen.

Unvoraussagbarkeit neuer Arten. Im Kapitel 4 betrachteten wir Fluktuationen in einer Schar von Gasmolekülen und vergewisserten uns, daß Fluktuationen der Ausmaße, die ein einzelnes Molekül betreffen, groß sind. Sie sind mit den Durchschnittswerten der Größen selbst vergleichbar. Die Fluktuationen der Größen, die ein Makrosystem charakterisieren, sind hingegen sehr klein. Ein Makrosystem läßt sich deshalb nicht auf der Basis der Wahrscheinlichkeits-, sondern der dynamischen Gesetze beschreiben, was eben in der Thermodynamik auch der Fall ist. Es stellt sich heraus, daß zahlreiche zufällige Abweichungen im Verhalten einzelner Moleküle beim Übergang von der atomar-molekularen Ebene zur Makroebene einander gleichsam kompensieren. Im Ergebnis kann eindeutig vorausgesagt werden, wie sich ein Makrosystem als Ganzes verhalten wird.

In der belebten Natur treffen wir auf eine qualitativ andere Situation. Einzelne Fluktuationen, die zufällige Abwandlungen dieses oder jenes genetischen Codes charakterisieren, werden 10^{15} mal verstärkt und manifestieren sich auf der Makroebene – im phänotypichen Organismus. Da erfolgt keine gegenseitige Kompensation solcher Fluktuationen. *Jede Fluktuation nimmt Makrodimensionen an.* Deshalb können wir behaupten, daß der Evolutionsprozeß in der belebten Natur *grundsätzlich unvorhersagbar* in dem Sinne verläuft, daß die Entstehung dieser oder jener konkreten Art nicht vorherbestimmbar ist. Mit anderen Worten, die Entstehung jeder Art erweist sich als eine zufällige Erscheinung. Sie kann ausgemerzt werden, eine neue Art läßt sich schaffen, jedoch ist es unmöglich, eine ausgestorbene Art wieder herzustellen. In diesem Sinne kann jede heute existente Art als einzigartig angesehen werden.

Ein Wort zum Schluß. Wir haben mehrere Phänomene diskutiert, die aus der Biologie – genauer aus der Genetik und der Evolutionslehre – stammen. Gerade in diesen Problemen zeigt sich die *fundamentale Rolle der Wahrscheinlichkeitsgesetze* besonders prägnant, gerade hier läßt sich die *grundsätzliche Rolle des Zufalls* gut erkennen. Doch das Thema ,,Wahrscheinlichkeit und Biologie" ist viel umfangreicher. Es umfaßt weitere Problemkreise, die im vorliegenden Buch nicht behandelt werden konnten. Zu solchen Problemen gehören die Entstehung des Lebens auf der Erde, die Populationsschwankungen, die Nachzeichnung der im Nervensystem ablaufenden Prozesse, die Entwicklung eines Gehirnmodells und vieles andere mehr.

Auf ein letztes Wort

*Es gibt keine Sicherheit, wenn es physikalisch oder moralisch
möglich ist, daß die Sache sich anders verhält ... (Wir sind) dazu
verdammt ..., (uns) mit der größten Wahrscheinlichkeit begnügen zu müssen ...*

François-Marie Voltaire[1]

Diese bewundernswert symmetrische Welt verläßt sich auf Wahrscheinlichkeiten

Der Autor möchte an dieser Stelle auch die Betrachtungen ergänzen, die in dem Buch
,,Symmetrie, Symmetrie!'' darin mündeten, die Symmetrien und Asymmetrien als die
Basisvorstellungen anzusehen, aus denen wir das Abbild von der uns umgebenden Welt
formen.

Autor: Sie haben das Buch ,,Wie der Zufall will?'' kennengelernt. Es regte Sie
hoffentlich an, Ihre Muster von den Gesetzen dieser Welt zu überdenken.

Leser: Ich muß gestehen, daß es Dinge gibt, die ich schwerlich einsehen will. Ich kann
mich zum Beispiel nicht mit dem Gedanken abfinden, daß der Zufall zur Problemlösung
ausgenutzt werden kann. Ich meine die Monte-Carlo-Methode, die Wirkungsweise des
Homöostaten und des Perzeptrons. Das alles ähnelt einem ,,Wunder''.

Autor: Mitunter beschränken sich solche ,,Wunder'' auf nichts anderes als die Zufallszahlentabelle.

Leser: Ihr Vergleich ist mir schleierhaft.

Autor: Jede neue Ziffer erscheint in der Tabelle unabhängig davon, welche Ziffern
zuvor in die Tabelle aufgenommen worden sind. Und doch weist die Tabelle im großen
und ganzen eine Stabilität auf. Die Ziffern erscheinen unabhängig voneinander, zugleich ergibt es sich aber, daß die Häufigkeiten des Auftretens jeder beliebigen Ziffer
durchaus determiniert sind.

Sie werden sich übrigens vergeblich bemühen, eine Folge zufälliger Ziffern ,,frei-
händig'' zu schreiben. Da haben Sie beispielsweise 8, 2, 3, 2, 4, 5, 8, 7... geschrieben
und ertappen sich beim Gedanken, daß hier die 1 und die 6 fehlen. Unwillkürlich
korrigieren Sie Ihre Handlungen mit Rücksicht auf bisherige Leistungen. So werden
Ihre Versuche scheitern, eine Tabelle zufälliger Zahlen zu erstellen.

Sie müssen einfach einsehen, daß das Eintreten eines nächsten zufälligen Ereignisses keinesfalls mit dem Eintreten der vorigen Ereignisse verknüpft ist. Deshalb scheint
die Stabilität, die sich im Abbild einer Vielzahl zufälliger Ereignisse ergibt, unglaublich

zu sein. Doch gerade aus diesem „Wunder" resultieren letzten Endes die wunderbaren Eigenschaften des Perzeptrons oder der Monte-Carlo-Methode.

Leser: Ich gebe zu, daß das „Grundübel" letztendlich in der Zufallszahlentabelle steckt. Worauf sind die rätselhaften Eigenschaften dieser Tabelle nun aber zurückzuführen?

Autor: Das läßt sich sehr zugespitzt formulieren: An allem ist die Symmetrie schuld.

Leser: Das müssen Sie mir erklären.

Autor: Bei der Festlegung der nächsten Ziffer, die Ihre Tabelle ergänzen soll, sorgen Sie sich ja darum, daß jede beliebige Ziffer mit einer gewissen Symmetrie zu den anderen Ziffern erscheint. Mit anderen Worten, jede Ziffer von Null bis Neun soll die gleichen Chancen für ihr Auftreten haben.

Leser: Angenommen, ich nehme aus einem Säckchen Kugeln, die mit verschiedenen Ziffern versehen sind. Welche Art der Symmetrie meinen Sie hier?

Autor: Zum Beispiel die Symmetrie in bezug auf den gegenseitigen Kugelaustausch. Stellen Sie sich vor, alle Kugeln haben plötzlich ihre Plätze gewechselt. Liegt die obige Symmetrie vor, so werden Sie den Platzwechsel nicht bemerken. Doch damit nicht genug; wenn Sie die Kugeln in das Säckchen jedesmal zurücklegen und sie sorgfältig mischen, stellen Sie somit gleichsam die ursprüngliche Situation wieder her und sorgen dafür, daß eine Symmetrie bei jedem nächsten Zug herrscht. Sie sehen, daß die Erläuterungen recht seriös sind. Die Symmetrie und die Asymmetrie gehören zu den fundamentalen Begriffen, die dem naturwissenschaftlichen Weltbild zugrunde liegen.

Leser: Ich habe auch Ihr Buch „Symmetrie, Symmetrie!" gelesen und war verwundert, wie tief die Symmetrie alle Erscheinungen berührt, die es in unserer Welt gibt. Nun sehe ich, daß dieses auch für den Zufall zutrifft.

Autor: In der Tat handelt das Buch nicht von den Symmetrien schlechthin, sondern von der dialektische Einheit der Symmetrie und der Asymmetrie. In ihm wurde versucht, den Begriff Symmetrie zu analysieren und zu zeigen, daß die Vorstellungen von der Symmetrie und der Asymmetrie dem physikalischen Weltbild zugrunde liegen. Im vorliegenden Buch untersuchten wir auch nicht den Zufall schlechthin, sondern die Durchdringung des Notwendigen und des Zufälligen, die sich übrigens durch die Wahrscheinlichkeit ausdrückt.

Leser: Damit deuten Sie einen Zusammenhang zwischen dem Notwendigen-Zufälligen und der Symmetrie-Asymmetrie an.

Autor: Ja, diese Verbindung ist sehr tiefgreifend. Die Grundsätze der Symmetrie-Asymmetrie durchdringen die Naturgesetze wie auch die Gesetze des menschlichen Schaffens, und die Prinzipien der Wahrscheinlichkeit spielen eine ebenso wichtig Rolle.

Leser: Ich hätte gerne mehr über den Zusammenhang zwischen der Symmetrie und der Wahrscheinlichkeit gehört.

Autor: Die klassische Definition der Wahrscheinlichkeit beruht unmittelbar auf der Auswertung der gleichmöglichen Ergebnisse. Die gleichmöglichen Ergebnisse sind ihrerseits immer mit einer bestimmten Symmetrie verknüpft. Auf gleichmögliche Ergebnisse trafen wir nicht nur beim Würfeln – oder Münzenwerfen. Ich möchte Sie auch an den statistischen Zusammenhang zwischen den Makrozuständen und der Anzahl gleichmöglicher Mikrozustände erinnern (siehe Kapitel 4). Erinnern Sie sich auch an die Diskussion der gleichmöglichen Alternativen bei der Behandlung der Mendelschen Gesetze (Kapitel 6). In allen diesen Fällen wurde die Wahrscheinlichkeit eines Ereignisses als eine Größe bestimmt, die proportional zur Anzahl gleichmöglicher (anders gesagt: symmetrischer) Ergebnisse ist, und das jeweilige Ereignis läßt sich mit gewissen dieser Ergebnisse realisieren. Mit anderen Worten, die Wahrscheinlichkeit eines Ereignisses ist die Summe der Wahrscheinlichkeiten der jeweiligen gleichmöglichen Ergebnisse.

Leser: Was halten Sie von der Vermutung, daß selbst die Regel von der Addition der Wahrscheinlichkeiten auf einer gewissen Symmetrie beruht?

Autor: Das ist ein interessanter Gedanke.

Leser: Lassen Sie uns die Wahrscheinlichkeit dafür ermitteln, daß entweder das eine Ergebnis oder das andere eintreten wird, wobei es gleichgültig sei, welches es sein wird, weil jedes Ereignis ein Resultat hervorbringt. Die Symmetrie bezieht sich in diesem Beispiel auf die Unabhängigkeit, mit der ein Ereignis in bezug auf das Auswechseln eines Ergebnisses durch das andere gewonnen wird.

Autor: Wir können weitergehen. Angenommen, es gäbe eine noch tieferliegende Symmetrie, die sich auf die Ununterscheidbarkeit des ersten und des zweiten Ergebnisses bezieht (solche Situationen wurden im Kapitel 5 diskutiert). In diesem Fall wird die Regel der Addition der Wahrscheinlichkeiten durch die Regel der Addition der Wahrscheinlichkeitsamplituden ersetzt.

Leser: Ein Zusammenhang zwischen der Symmetrie und der Wahrscheinlichkeit läßt sich so wirklich gut erkennen.

Autor: Diesen Zusammenhang können wir noch besser erkennen, wenn wir den Begriff Information einsetzen. Sie erinnern sich daran, daß die Information grundsätzlich auf der Wahrscheinlichkeit aufbaut (siehe Kapitel 3). Zwischen der Information und der Symmetrie besteht die folgende Beziehung: Einem symmetrischeren Zustand entspricht eine kleinere Informationsmenge.

Leser: Dann können wir behaupten, daß die Entropie mit zunehmender Symmetrie eines Zustands größer wird?

Autor: Genau das ist der Fall. Schauen Sie sich die Abbildung 4.12 an. Der Zustand mit dem größten statistischen Gewicht und, folglich, mit der höchsten Entropie ist ein Zustand, der der gleichmäßigen Molekülverteilung in beiden Gefäßhälften entspricht. Er ist offensichtlich auch am meisten symmetrisch (in bezug auf ein imaginäres Spiegelbild, dessen Ebene das Gefäß in zwei Hälften teilt).

Leser: Wenn dieser Gedanke weitergeführt wird, dann führt das dazu, daß der Mensch im Schaffensprozeß den Symmetrieanteil verringert. Andererseits wird jedoch die Symmetrie selbst bei der menschlichen Tätigkeit weitgehend ausgenutzt. Besteht hier nicht ein Widerspruch?

Autor: Da besteht kein Widerspruch. In seinem Schaffen benutzt der Mensch nicht die Symmetrie schlechthin, sondern den Spielraum zwischen der Symmetrie und der Asymmetrie. Davon war bereits die Rede. Freilich setzen die aufgeworfenen Fragen eine eingehendere Diskussion voraus. Hier können wir einige Probleme nur anschneiden, ohne auf Details eingehen zu können.

Im Buch über die Symmetrie haben wir hervorgehoben, daß ein gewisses Gleichmaß die Anzahl der eventuellen Struktur- bzw. Verhaltensvarianten einschränken will und in dieser Richtung wirksam ist. Es liegt auf der Hand, daß die Notwendigkeit die gleiche Ausrichtung besitzt. Andererseits bewirkt die Asymmetrie, daß die Anzahl der möglichen Varianten vergrößert wird und so wirkt auch der Zufall. Im vorliegenden Buch wurde mehrmals betont, daß der Zufall neue Möglichkeiten schafft, neue Alternativen eröffnet.

Leser: Das bedeutet, daß wir das folgende „Kräfteverhältnis" vorfinden: Auf der einen Seite stehen die Symmetrie und die Notwendigkeit, auf der anderen hingegen die Asymmetrie und der Zufall.

Autor: Ja, das „Kräfteverhältnis" stimmt. Ich möchte Sie auch an Buridans Esel erinnern. Diese Fabel leitete das Buch „Symmetrie, Symmetrie!" ein.

Leser: Ich erinnere mich gut daran. Ein Philosoph, der Rektor der Pariser Universität, Johannes Buridan, ließ seinen Esel zwischen zwei gleich großen Heuhaufen von beiden gleich weit entfernt stehen. Der Philosoph mußte für längere Zeit verreisen, und sein Esel starb vor Hunger, weil er sich für keinen der beiden Heuhaufen entscheiden konnte.

Autor: Diese Fabel wurde als Beispiel für die Spiegelsymmetrie verwendet. Welch ein Bild: Zwei gleichgroße Heuhaufen und ein Esel, der keinem der Heuhaufen den Vorzug geben kann, genau dazwischen.

Leser: Die Symmetrie ist des Esels Tod.

Autor: Die Fabel spielt auf den durch sie determinierten Willen des Esels an. In Wirklichkeit lebt ein Esel jedoch nicht in einer schlechthin „symmetrischen Welt", sondern in einer „symmetrischen Welt des Zufalls". Ein unbedeutender Zufall (eine Fliege narrt den Esel, der Esel zuckt oder weicht zur Seite aus) zerstört die Symmetrie, wenn auch nur geringfügig – ein Heuhaufen ist nun näher als der andere. Somit verschwindet auch das Problem der Wahl, und es endet die Qual. Die Physiker pflegen in solchen Fällen zu sagen, hier erfolge eine spontane Störung der Symmetrie.

Leser: Hieraus wird sicherlich nicht geschlossen, daß die Symmetrie nur Unheil, der Zufall hingegen die Rettung bringt!?

Autor: Ich bin sicher, daß eine einseitige Ausdeutung zu kategorisch wäre. Seinerzeit konnten wir uns davon überzeugen, daß die Symmetrie die Anzahl der Verhaltensvarianten und der Alternativen verringert. Es ist vernünftig anzunehmen, daß diese Verringerung zu einer unter Umständen hoffnungslosen Situation, in eine Sackgasse führen kann. Lebenswichtig könnte dann ein rettender Zufall sein. Andererseits können sich ein übergroßes Maß an Chancen, ein Überfluß an verschiedenen Varianten, eine erhebliche Unordnung auch als unheilvoll erweisen. Dann kommt uns die Ordnung zu Hilfe, uns retten also die Symmetrie und die Notwendigkeit.

Leser: Die Gefahren, die uns durch den Zufall drohen, benennen wir bestimmt und klar. Welche Gefahr droht uns von seiten der Symmetrie? Wenn man sich freilich nicht so dumm verhält wie Buridans Esel.

Autor: Erstens sollten Sie das Beispiel mit dem Esel immer vor Augen haben, nicht als ein Bild aus dem Leben der Tiere, sondern als Demonstration eines Problems. Zweitens kann ich ohne Mühe ein Beispiel aus der Praxis anführen, das belegt, wie gefährlich die Symmetrie sein kann. Die Projektanten von modernen Brücken, Hochhäusern und Türmen wissen sehr genau, daß eine Konstruktion nicht völlig symmetrisch sein darf, um die Gefahren von Resonanzschwingungen abzuwenden, die in einer tadellos symmetrischen Konstruktion entstehen und sie zerstören können. Bekannt sind Fälle, wo Brücken infolge der Resonanzschwingungen zerstört wurden, hervorgerufen z.B. durch eine im Gleichschritt marschierende Kolonne von Soldaten, rhythmische Windböen usw. Es kann viele solcher Ursachen geben, die äußerlich ganz harmlos aussehen. Bei der Errichtung von Großbauten wird deshalb immer die Symmetrie einer Konstruktion ein wenig gestört, indem einzelne asymmetrische Träger, Konsolen, Platten usw. auf zufällige Weise in der Konstruktion vorgesehen werden.

Leser: Den Gefahren von Symmetrien wird also – sind sie erkannt – bewußt begegnet. Es genügt, daß eine Fliege den Esel irritiert, ein überflüssiger Träger eingebaut wird, ...

Autor: Sie lenken auf einen sehr wichtigen Umstand hin. Gerade die Instabilität ist es, die die Möglichkeit bietet, die Symmetrie ohne Mühe zu stören, insbesondere eröffnet sie eine Art und Weise für eine spontane Störung.

Leser: Sie sprechen von einer instabilen Symmetrie, die Sie bisher unerwähnt ließen.

Autor: Die Untersuchungen der instabilen Symmetrie begannen erst vor etwa 15 Jahren. Daraus entstand eine neue Richtung der Wissenschaft, die Katastrophentheorie. Diese Theorie erforscht, welche Zusammenhänge zwischen der Symmetrie und dem Zufall mit Rücksicht auf die Entwicklung verschiedener Prozesse und Erscheinungen bestehen.

Leser: Der Name der Theorie klingt nicht sehr zuversichtlich.

Autor: Die hier behandelten Katastrophen spielen sich auf ganz verschiedenen Ebenen ab. Angenommen, ein Teilchen rufe einen stürmischen Prozeß im Geiger-Müller-Zählrohr hervor. Nur durch Auslösung dieses Prozesses kann das Teilchen überhaupt registriert werden. Dieser Vorgang stellt, bezogen auf die Mikrowelt, eine Katastrophe dar. Eine große Brücke oder ein modernes Düsenflugzeug gehen infolge der in deren Konstruktionen entstandenen Resonanzschwingungen plötzlich in die Brüche. Das ist ein Beispiel für eine Katastrophe in Ausmaßen, die uns vertraut sind. Es besteht eine ziemlich große Vielfalt an Beispielen für Katastrophen – als solche können die jähe Kristallisation einer unterkühlten Flüssigkeit, ein Bergsturz, die Strahlungserzeugung im Laser angesehen werden. In all diesen Fällen zeichnet sich ein System durch instabile Symmetrie aus, die unter der Wirkung zufälliger Faktoren verschiedener Art gestört werden kann. Diese zufälligen Faktoren können eine zunächst unbedeutend erscheinende Wirkung ausüben und recht harmlos erscheinen. Sie zerstören jedoch die Symmetrie und lösen somit die im instabilen System stürmisch ablaufenden Prozesse aus, die als eine Art Katastrophe angesehen werden können.

Leser: Offensichtlich treten gerade in der Katastrophentheorie tiefgreifende Beziehungen zwischen der Symmetrie-Asymmetrie und der Notwendigkeit-Zufälligkeit besonders prägnant zutage.

Autor: Diese neue Qualität zu untersuchen und zu beschreiben ist sehr wichtig. Doch das ist ein Thema für ein anderes Buch.

Literatur

Anmerkungen und Quellenangaben

Vorwort

[1] Goethe, J. W. v. *Wilhelm Meisters Lehrjahre*. S. 72.
[2] Glemann, M.; Warga, T. 1979.

Einleitung

[1] Friedrich II. *Brief an Voltaire vom 26.12.1773.* – »Je älter man wird, desto mehr
     überzeugt man sich davon, daß Seine geheiligte Majestät der Zufall drei Viertel
     aller Geschäfte dieses armseligen Universums besorgt.« .
[2] Blaue Schmeißfliege – *Calliphora vicina*.
[3] Laplace, P. S. de, 1932.
[4] Engels, F. *Der Ursprung der Familie, des Privateigentums und des Staates*. S. 193.
[5] Rényi, A. 1969, S. 63/64.

Kapitel 1

[1] Pascal, B. 1954, S. 18; Rényi, A. 1969, S. 89.
[2] Maistrow, L. E. 1967, 1980.

Kapitel 2

[1] Witting, H. 1966, S.12.

Kapitel 3

[1] Wiener, N. 1948/1963.
[2] Berg, A. I. u. a. 1968, 1972.
[3] Rastrigin, L. 1984, S. 81.
[4] Rastrigin, L. 1984, S. 43.
[5] Lucretius Carus, T. 1989, S. 39, I 159 bis 166.
[6] Lucretius Carus, T. 1989, S. 39, I 155, I 205.
[7] Völz, H. 1982, S. 337.
[8] Swift, J. 1981, S. 202/203.

Kapitel 4

[1] Gibbs, J. W. *The Collected Works of J. W. Gibbs*, New York 1928, I. Teil, S. 166
     (übersetzt in J. D. Fast, *Entropie*, Hilversum/Eindhoven 1960, S. 3).
[2] Hering, Martin, Stohrer – In: F. Hund, 1979.

Kapitel 5

[1] Heisenberg, W. S. 115.
[2] Hund, F. 1972, S. 5 (q steht für die (x, y, z)-Ortskoordinaten).

Kapitel 6

[1]   Goethe, J. W. v. Bd. 12. 1966, S. 219.

Auf ein letztes Wort

[1]   Voltaire, F.-M. 1979.

Berg, A. I. ; Birjukow, B. W. *Kybernetik – ein Weg zur Lösung von Steuerungsproblemen.* In: *Blickpunkt 2000. Perspektiven, Hypothesen und Probleme.* Leipzig/Jena/Berlin 1972.
Berg, A. I.; Tschernjak, J. I. *Information und Leitung.* Berlin (Dietz) 1968.
Engels, F. *Der Ursprung der Familie, des Privateigentums und des Staats.* In: Marx, K.; Engels, F. *Ausgewählte Schriften in sechs Bänden, Band 6.* Berlin (Dietz) 1976.
Friedrich II. *Biefwechsel.* Berlin 1982.
Glemann, M.; Warga, T. *Werojatnostch w igrach raswletschenijach.* Moskwa 1979.
Goethe, J. W. von *Goethes Werke in zwölf Bänden.* Berlin/Weimar (Aufbau) 1966.
Heisenberg, W. *Der Teil und das Ganze.* München (Piper) 1969.
Hund, F. *Die Rolle des Dualismus Welle – Teilchen beim Werden der Quantentheorie.* Opladen (Westdeutscher Verlag) 1979.
Hund, F. *Werner Heisenberg und die Physik unserer Zeit.* Leipzig 1972
Kolmogorow, A. N. *Grundbegriffe der Wahrscheinlichkeitsrechnung.* Berlin (Springer) 1933.
Laplace, P. S. de *Philosophischer Versuch über die Wahrscheinlichkeit.* Leipzig 1932 (Ostwalds Klassiker).
Lucretius Carus, T. *Vom Wesen des Weltalls.* Leipzig (Philipp Reclam jun.) 1989.
Maistrow, L. E. *Teoria werojatnostej.* Moskwa 1967.
Pascal, B. *Œuvres Completes. Bibliothèque de la Plèiade (mit Anmerkungen von J. Chevalier).* Paris (Gallimard) 1954.
Rastrigin, L. A. *This Chancy, Chancy, Chancy World.* Moskow (Mir Publishers) 1984.
Rényi, A. *Briefe über Wahrscheinlichkeit.* Berlin (Deutscher Verlag der Wissenschaften) 1969.
Swift, J. *Reisen in verschiedene ferngelegene Länder der Erde von Lemuel Gulliver, erst Wundarzt, später Kapitän mehrerer Schiffe.* Berlin (Rütten & Loening) 1981.
Völz, H. *Information I.* Berlin (Akademie) 1982.
Voltaire, F.-M. *Philosophisches Wörterbuch.* Leipzig (Philipp Reclam jun.) 1979.
Wiener, N. *Cybernetics or Control and Communication in the Annimal and the Machine.* Paris (Hermann) 1948.
Wiener, N. *Regelung und Nachrichtenübertragung in Lebewesen und in der Maschine.* Düsseldorf/Wien (Econ) 1963.
Witting, H. *Mathematische Statistik.* Stuttgart 1966.

Ergänzende Literatur

Kapitel 1

Heermann, Ch. *Von der Zahl zum Gesetz.* Berlin (Kinderbuchverlag) 1974.
Hilsberg, I.; Warmuth, E. *Wie der Zufall es will?* Berlin (Walter Warmuth) 1992.

Kapitel 2

Dinges, H; Rost, H. *Prinzipien der Stochastik.* Stuttgart (Teubner) 1982.
Topsøe, F. *Spontane Phänomene.* Braunschweig/Wiesbaden (Vieweg) 1990.

Kapitel 3

Rényi, A. *Tagebuch über die Informationstheorie*. Berlin (Deutscher Verlag der Wissenschaften) 1982.
Wolkenstein, M. W. *Entropie und Information*. Berlin (Akademie) 1990.

Kapitel 4

Kompanejez, A. S. *Statistische Gesetze der Physik*. Leipzig (Teubner) 1972.
Reif, F. *Statistische Physik und Theorie der Wärme*. Berlin/New York (Walter de Gruyter) 1987.

Kapitel 5

Ballif, J. R.; Dibble, W. E. *Anschauliche Physik*. Berlin/New York (Walter de Gruyter) 1987.
Hey, T.; Walters, P. *Quantenuniversum*. Heidelberg (Spektrum) 1991.

Kapitel 6

Singer, M.; Berg, P. *Gene und Genome*. Heidelberg (Spektrum) 1992.
Smith, J. M. *Biologie, Probleme, Themen, Fragen*. Berlin (Akademie) 1990.

Sachwortverzeichnis